高等职业教育汽车专业适用教材

机械基础

蒋桂芝　主　编
申超英　刘侃侃　副主编

中国轻工业出版社

图书在版编目（CIP）数据

机械基础/蒋桂芝主编．—北京：中国轻工业出版社，2014.2
高等职业教育汽车专业适用教材
ISBN 978－7－5019－9593－6

Ⅰ.①机…　Ⅱ.①蒋…　Ⅲ.①机械学—高等职业教育—教材
Ⅳ.①TH11

中国版本图书馆 CIP 数据核字（2013）第 291852 号

内容简介

本书是根据高职高专院校汽车类专业的课程教学改革需求，对传统的《机械设计基础》教材进行整编编写而成的，主要内容有平面机构的运动简图及自由度、平面连杆机构、凸轮机构、齿轮传动轮系、轴系、液压传动、液力传动、气压传动等。

本书可作为高职高专院校汽车类各专业《机械基础》课程的教材，也可供相关技术人员的培训使用。

责任编辑：王　淳
策划编辑：王　淳　张　岩　　责任终审：孟寿萱　　封面设计：锋尚设计
版式设计：王超男　　责任校对：燕　杰　　责任监印：张　可

出版发行：中国轻工业出版社（北京东长安街 6 号，邮编：100740）
印　　刷：北京君升印刷有限公司
经　　销：各地新华书店
版　　次：2014 年 2 月第 1 版第 1 次印刷
开　　本：710×1000　1/16　印张：13.5
字　　数：272 千字
书　　号：ISBN 978－7－5019－9593－6　　定价：32.00 元
邮购电话：010－65241695　传真：65128352
发行电话：010－85119835　85119793　传真：85113293
网　　址：http：//www.chlip.com.cn
Email：club@chlip.com.cn
如发现图书残缺请直接与我社邮购联系调换
131172J2X101ZBW

前　言

随着生活水平的不断提高汽车的保有量大幅度增长，汽车领域先进技术不断涌现，这对汽车专业技能人才的数量和素质都提出了更高、更新的要求，特别是汽车维修行业更为突出。为适应汽车维修企业的需求，培养高素质的汽车专业技能人才，我们特此编写了这本适合汽车专业的教材。

在编写过程中，我们首先力求以企业需要为依据，科学确定培养目标，以学生就业为导向，合理安排理论知识和技能结构；其次反映汽车专业的技术发展，突出表现汽车专业领域的新知识、新技术、新工艺等，使学生更多的了解或掌握该专业的最新相关技能。本教材在内容设置方面，尽量突出学生岗位技能的培养，力求图文并茂，通俗易懂，使学生易于接受。

参加本书编写的有关人员都是长期担任专业基础课的教师，每位参编者都有较为扎实的基础理论知识和专业技能，丰富的教学和生产实践经验，增加了本书的实用性和通用性。本书由蒋桂芝担任主编，申超英、刘侃侃担任副主编。其中，蒋桂芝编写第一章、第二章、第三章、第六章、第八章；申超英编写第五章、第七章；刘侃侃编写第四章、第九章、第十章。申超英负责全书统稿工作。

本书在编写过程中参考了兄弟院校的教材、精品课程、网络课程等，在此诚挚感谢！由于我们的水平有限，疏漏错误之处在所难免，欢迎选用本书的广大师生和读者提出宝贵意见，以便修订时调整与改进。

编者
2013 年 9 月

目　录

第一章　绪　论 …… 1

第一节　课程的性质、内容、任务和学习方法 …… 1

第二节　机械概述 …… 3

第二章　平面机构的运动简图及自由度 …… 7

第一节　机构的组成　运动副及其分类 …… 7

第二节　平面机构运动简图 …… 9

第三节　平面机构的自由度计算 …… 12

第三章　平面连杆机构 …… 18

第一节　铰链四杆机构的基本形式及其应用 …… 18

第二节　铰接四杆机构中曲柄存在的条件 …… 24

第三节　铰接四杆机构的演化 …… 27

第四节　曲柄摇杆机构的基本特性 …… 30

第四章　凸轮机构 …… 33

第一节　凸轮机构的应用与分类 …… 33

第二节　从动件的常用运动规律 …… 37

第五章　齿轮传动 …… 40

第一节　齿轮传动特点、类型 …… 40

第二节　渐开线标准直齿圆柱齿轮及其传动 …… 42

第三节　其他类型齿轮传动 …… 50

第四节　齿轮的使用及加工 …… 61

第六章　轮系 …… 71

第一节　轮系的分类与应用 …… 71

第二节　定轴轮系的传动比计算 …… 74

第三节　周转轮系的传动比计算 …… 79

第七章　其他类型传动 …… 85

第一节　带传动 …… 85

第二节　摩擦轮传动 …… 93

第三节　链传动 …… 96

第四节　螺旋传动 …… 102

第八章　轴系 …… 108
第一节　轴 …… 108
第二节　轴承 …… 115
第三节　键、销及其联接 …… 137
第四节　联轴器、离合器和制动器 …… 145
第五节　螺纹及其联接 …… 161
第九章　液压传动和液力传动 …… 174
第一节　概述 …… 174
第二节　液压传动系统的特点 …… 176
第三节　液压传动的基本参数 …… 177
第四节　液压元件 …… 178
第五节　液压传动在汽车上的应用实例 …… 192
第六节　液力传动概述 …… 197
第七节　液力传动在汽车上的应用 …… 198
第十章　气压传动 …… 201
第一节　概述 …… 201
第二节　气压传动组件 …… 202
第三节　气压传动在汽车上的应用 …… 207
参考文献 …… 210

第一章　绪　　论

机械是人类进行生产劳动的主要工具，也是社会生产力发展水平的重要标志。在日常生活和生产中，我们无时无刻不在接触各种机器。机器的种类有很多，其构造、用途千差万别各不相同，但是组成机器的机构、零件的种类却很有限。本课程就是研究构成机构的各种零件、机构的运动规律等，为正确选择零件，把握机械的传动特点，更好的使用机器打基础。

第一节　课程的性质、内容、任务和学习方法

一、性　　质

本课程是职业技术院校机械、机电类专业的一门专业基础课程，同时也是一门能直接用于生产的设计性课程。它将为学习专业技术课程和今后在工作中合理使用、维护机械设备，以及进行技术改造提供必要的理论基础知识，也是机械工程技术人员必须掌握的专业基础理论知识。

二、内　　容

（1）常用机械传动　常用机械传动包括带传动、螺旋传动、链传动、齿轮传动、蜗杆传动和轮系。主要讨论机械传动的类型、组成、工作原理、传动特点、传动比计算和应用场合等。

（2）常用机构　常用机构包括平面连杆机构、凸轮机构及其他常用机构。主要讨论它们的结构、工作原理、设计方法和应用场合等。

（3）轴系零件　轴系零件包括常用联接、轴、轴承、联轴器、离合器和制动器。主要讨论它们的结构、特点、常用材料和应用场合，并介绍有关标准和选用方法。

三、任　　务

本课程的任务是：培养学生掌握常用机构和通用零件的基本知识、基本理论和基本技能；初步具有选用和设计常用机构和通用零件的能力以及使用和维护一

般机械的能力；为学习专业课程和新的科学技术打好基础，为解决生产实际问题和技术改造工作打好基础。

通过本课程的学习，学生应达到下述基本要求：

(1) 熟悉常用机构的工作原理、特点、应用及设计的基本知识；

(2) 熟悉通用零件的工作原理、特点、标准，掌握通用零件的选用和设计的基本方法；

(3) 具有与本课程有关的解题、运算、绘图和使用技术资料的技能；

(4) 初步具有选用和设计通用零件和简单机械传动装置的能力；

(5) 初步具有分析和处理机械中常用机构、通用零件经常发生的一般故障的能力；

(6) 初步具有正确使用和维护一般机械的能力。

四、学习方法

课程的学习方法与课程的特点有关。根据本课程的特点，在学习方法上应当注意以下几点：

(1) 结合学习本课程及时复习和巩固有关先修课程的知识。如前所述，不少先修课程是学习本课程的基础。显然，这些先修课程的学习情况如何？将影响本课程的学习。因此为了给学习本课程奠定坚实的基础，还应当结合学习本课程及时复习和巩固有关先修课程的知识。

(2) 注意培养综合运用所学知识的能力。本课程是一门综合性课程，学习本课程的过程也是综合运用所学知识的过程，而综合运用所学知识解决设计问题的能力又是设计工作能力的重要标志。所以在学习本课程时应当注意培养综合运用所学知识的能力。

(3) 正确对待理论设计与经验设计。按照长期生产实践和科学实验总结出来的机器、机构或零件的现代设计理论、设计方法和实验数据进行设计，称为理论设计。这是本课程主要介绍的方法，也是机械设计时主要采用的方法。

根据实践经验，并且参考同类机器、机构或零件进行设计，称为经验设计。经验设计虽无详尽的理论分析和精确的计算，但它是由实践中总结出来的，有一定的实际价值，因而不应轻视经验设计。

(4) 正确处理计算和绘图的关系。设计时，有些零件的主要尺寸是由计算确定的，然后根据所得尺寸通过绘图来确定其结构。但是，有些零件在确定主要尺寸之前，需要先绘出计算简图，取得某些计算所需条件后，才能确定其主要尺寸和结构。有时候还需要根据计算结果再修改设计草图。所以设计中计算与绘图并非截然分开，而是互相依赖、互相补充和交叉进行的。

(5) 注意单个机构、零件的设计与机器总体设计之间的联系。为了讨论方便，本课程对常用机构和通用零件是分别讨论的。但是，机器又是由若干机构、构件和零件组成的不可分割的整体，各机构、各零件与机器之间有着非常密切的联系。因此，设计机构和零件时，不仅要熟练掌握常用机构和通用零件的设计原理和方法，而且要从机器的总体设计出发，弄清它们之间的联系。

第二节　机 械 概 述

一、机器和机构

1. 机器

机器是执行机械运动的装置，用来变换或传递能量。

机器的种类繁多，由于机器的功用不同，其工作原理、构造和性能也各异。但是从机器的组成部分与运动的确定性和机器的功能关系来分析，所有机器都具有下列三个共同特征：

1）任何机器都是由许多构件组合而成的。如图 1 –1 所示的汽车发动机，是由气缸、活塞、连杆、曲轴、轴承等构件组合而成的。

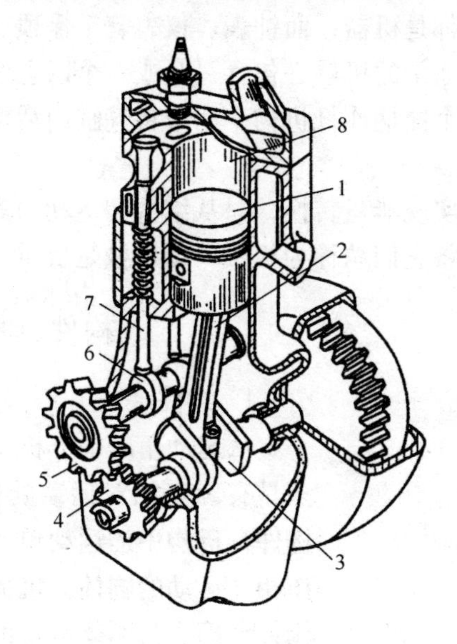

图 1 –1　发动机

1—活塞　2—连杆　3—曲轴　4、5—齿轮　6—凸轮　7—顶杆　8—气缸体

2）各运动实体之间具有确定的相对运动，如量、物料与信息。

各运动实体之间具有确定的相对运动。如图 1 –1 所示的活塞 1 相对于气缸 8 的往复移动，曲轴 3 相对两端轴承的连续转动。

3）能实现能量转换、代替或减轻人类的劳动，完成有用的机械功。例如：发动机可以将热能转换为机械能；发电机可以把机械能转换为电能；运输机器可以改变物体在空间的位置；金属切削机床能够改变工件的尺寸、形状。

根据以上分析，可以对机器得到一个明确的概念：机器就是人为实体（构件）的组合，它的各部分之间具有确定的相对运动，并能代替或减轻人类的体力劳动，完成有用的机械功或实现能量的转换。

按其用途，机器可分为发动机（原动机）和工作机。

发动机是将非机械能转换成机械能的机器。例如电动机是将电能转换成机械能的机器，内燃机是将热能转换成机械能的机器。

工作机是利用机械能来做有用功的机器。例如车床、铣床、磨床等金属切削机床都是工作机。

2. 机构

机构是用来传递运动和动力的构件系统。

与机器相比较，机构也是人为实体（构件）的组合，各运动实体之间也具有一定的相对运动，但不能做机械功，也不能实现能量转换。

机器与机构的区别在于：机器的主要功用是利用机械能做功或实现能量的转换；机构的主要功用在于传递或转变运动的形式。例如汽车发动机、机床、轧钢机、纺织机和拖拉机等都是机器，而钟表、仪表、千斤顶、机床中的变速装置或分度装置等都是机构。通常的机器必包含一个或一个以上的机构。图1－1所示的汽车发动机，其中有一个曲柄连杆机构，用来将气缸内活塞的往复运动转变为曲柄（曲轴）的连续转动。

如果不考虑做功或实现能量转换，只从结构和运动的观点来看，机器和机构两者之间没有区别，而将它们总称为机械，即机械是机器与机构的总称。

二、构件、零件和部件

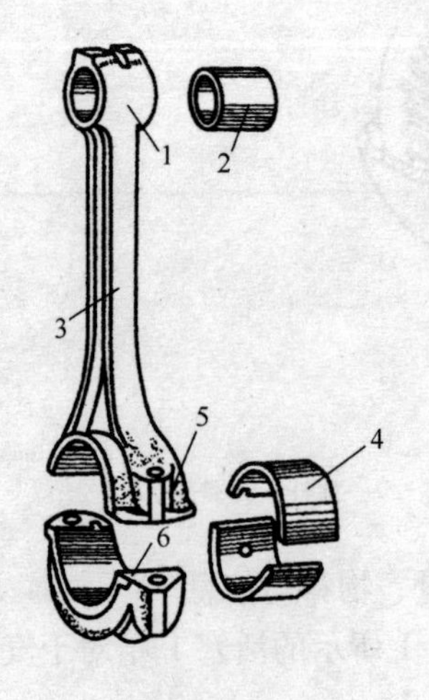

图1－2　连杆

1—连杆小头　2—轴套　3—连杆体

4—大头轴瓦　5—连杆大头　6—大头盖

1. 构件

从运动角度来分析，机器及机构都是由许多具有确定相对运动的构件组合而成，因此，构件是机构中的运动单元，也就是相互之间能作相对运动的物体。机械中应用最多的是刚性构件，即作为刚体看待的构件。一个构件，可以是不能拆开的单一整体，如图1－1所示的曲轴。也可以是几个相互之间没有相对运动的物体组合而成的刚性体，如图1－2所示的连杆，便是由几个可拆卸的构件组合而成的刚性体。它由连杆体、轴瓦、螺栓和螺母等物体组合而成。因此，构件可能是一个零件，也可能是若干个零件的刚性组合体。

构件按其运动状况，可分为固定构件和运动构件两种。固定构件又称为机架，一般用来支持运动构件，通常就是机器的基体或机座，例如各类机床的床身。运动构件又称为可动构件，是机构中可相对机架运动的构件。

2. 零件

从制造角度来分析机器，可以把机器看成由若干机械零件（简称零件）组成的。零件是指机器的制造单元。机械零件按其功能和结构特点又可分为通用机械零件（图1-3）和专用机械零件（图1-4）两大类。通用机械零件是指各种机器经常用到的零件，如螺栓、螺母、弹簧和齿轮等；专用机械零件是指仅在某种机器上才用到的零件，如内燃机曲轴、汽轮机叶片和机床主轴等。

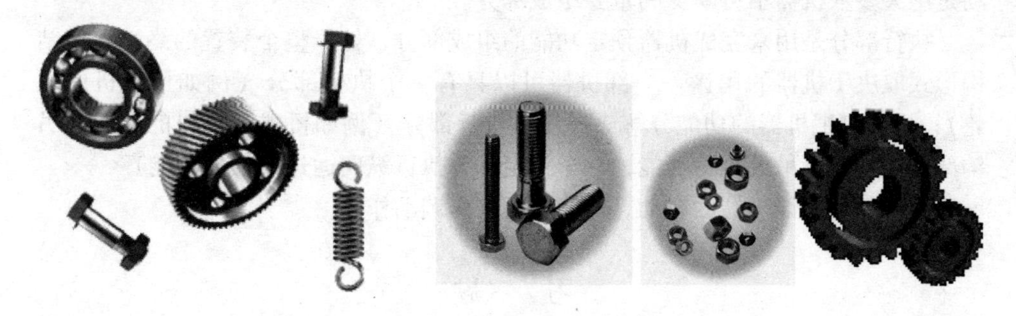

图1-3 通用机械零件

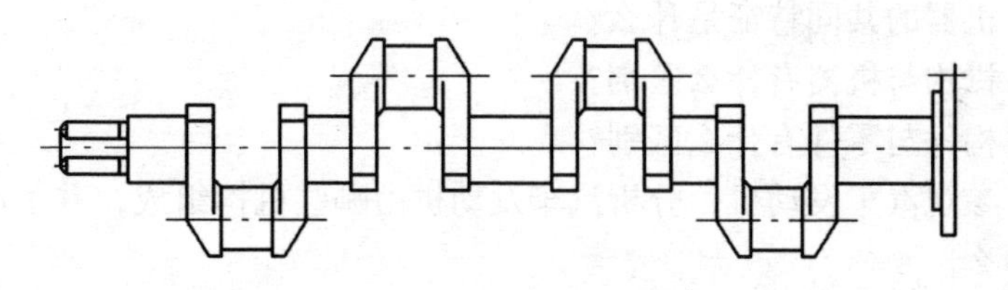

图1-4 专用机械零件

3. 部件

从装配角度来分析机器，可以认为较复杂的机器是由若干部件组成的。部件是指机器的装配单元。例如车床就是由主轴箱、进给箱、溜板箱及尾架等部件组成的。部件有大有小，大的如主轴箱，小的如滚动轴承。部件亦可分为通用部件与专用部件。如减速器、滚动轴承和联轴器等属于通用部件；而汽车转向器等则属于专用部件。把机器划分为若干部件，对设计、制造、运输、安装及维修等都会带来许多方便。

三、机器的组成

机器的发展经历了一个由简单到复杂的过程。人类为了满足生产及生活的需要，设计和制造了类型繁多、功能各异的机器。一部机器由原动机、传动机、工作机和控制器组成。

原动机是驱动整部机器以完成预定功能的动力源。常用的发动机（原动机）有电动机、内燃机和空气压缩机等。通常一部机器只用一个原动机，复杂的机器也可能有好几个动力源。一般地说，它们都是把其他形式的能量转换为可以利用的机械能。原动机的动力输出绝大多数呈旋转状态，输出一定的转矩。在少数情况下也有用直线运动马达以直线运动的形式输出一定的推力或拉力。

传动装置是将动力部分的运动和动力传递给工作部分的中间环节。例如金属切削机床中常用的带传动、螺旋传动、齿轮传动、连杆机构和凸轮机构等。机器中应用的传动方式主要有机械传动、液压传动、气动传动及电气传动等。机械传动是绝大多数机器不可缺少的重要组成部分。

执行部分是用来完成机器预定功能的组成部分，处于整个装置的终端，其结构形式取决于机器的用途。一部机器可以只有一个执行部分（例如压路机的压轮）；也可以把机器的功能分解成好几个执行部分（例如桥式起重机的卷筒、吊钩部分执行上下吊放重物功能，小车行走部分执行纵向运送重物的功能）。

控制部分保证机器的启动、停止和正常协调动作。

习　题

1－1　什么是机器，它起什么作用?

1－2　机器的共同特征是什么?

1－3　机构与机器有什么区别?

1－4　构件与零件有什么区别?

1－5　参观汽车发动机，分析汽车发动机由哪些机构组成，并了解这些机构的作用是什么。

第二章　平面机构的运动简图及自由度

机构是由若干构件组合而成的，但是若干构件不一定能组成机构。如图2－1（a）所示三铰接杆及图2－1（b）所示的两根齿轮轴，都是不能运动的构件组合体，因而不能称为机构。又如图2－2所示五铰接杆，虽然各构件可动，但当构件1按一定规律运动时，其余构件不能获得完全确定的运动。由此可见，构件的组合体必须具备一定条件时才能成为机构。研究机构的组成及其具有确定运动的条件，对于分析与设计机构都是十分重要的。本章主要讨论这方面的问题。

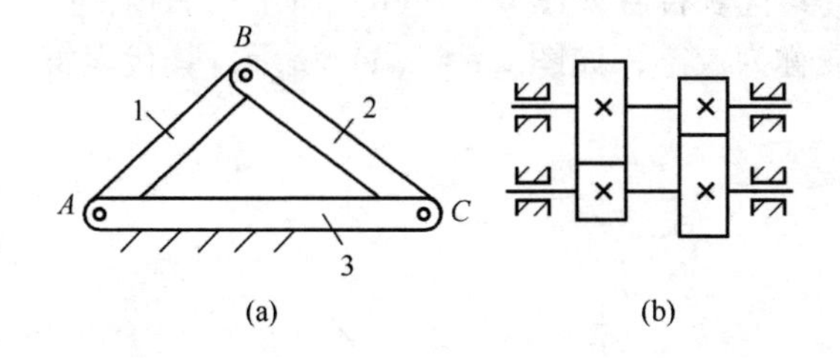

图2－1　三铰接杆和齿轮轴

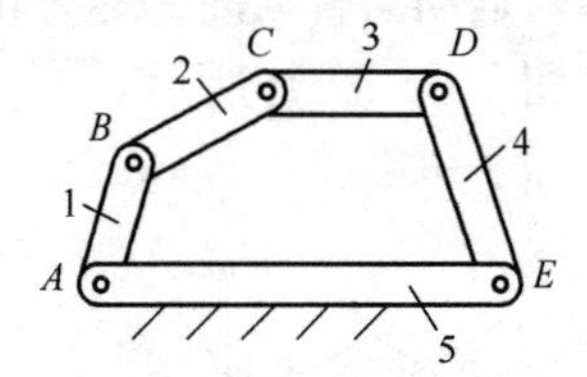

图2－2　五铰接杆

分析机构或设计机构时，工程上常用规定的简单符号和线条，绘制出机构运动简图，来表示机构的运动关系。如何绘制机构运动简图，也是本章要讨论的内容。

所有构件的运动都在同一个平面内或运动平面相互平行的机构称为平面机构，否则称为空间机构。本章仅讨论平面机构的情况，因为在生活和生产中，平面机构应用最广。

第一节　机构的组成　运动副及其分类

一、运　动　副

机构中任一个构件，总是以一定方式与其他构件相互接触并组成活动连接。两构件连接后，构件间的相对运动就受到限制，运动自由度随之减少。机构正是靠着构件间的连接，约束构件间的相对运动并使其具有确定的相对运动。

机构中两构件之间直接接触并能作相对运动的可动连接，称为运动副。例如轴与轴承之间的连接，活塞与气缸之间的连接，凸轮与推杆之间的连接，两齿轮的齿和齿之间的啮合等。显然，不仅构件是机构的组成要素，运动副也是机构的组成要素。机构就是用运动副连接起来的构件系统。

二、运动副的分类

根据运动副对构件相对运动约束及两构件接触方式的不同，运动副可分类如下：

1. 平面运动副

若运动副只允许两构件在同一平面内或相互平行平面内作相对运动，则称该运动副为平面运动副。

在平面运动副中，两构件之间的直接接触有三种情况：点接触、线接触和面接触。按照接触特性，通常把运动副分为低副和高副两类。

（1）低副　两构件通过面接触构成的运动副称为低副。根据两构件间的相对运动形式，低副又分为移动副和转动副。两构件间的相对运动为直线运动的，称为移动副，如图 2 – 3（a）所示，其代表符号如图 2 – 3（b）所示；两构件间的相对运动为转动的，称为转动副或称为铰链，如图 2 – 4（a）所示，其代表符号如图 2 – 4（b）所示。

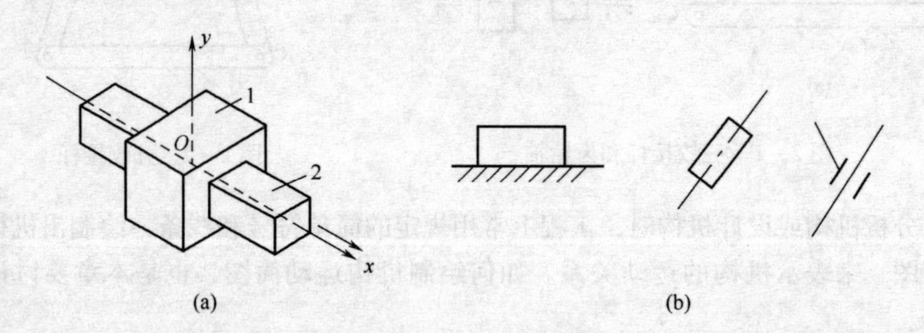

图 2 – 3　移动副

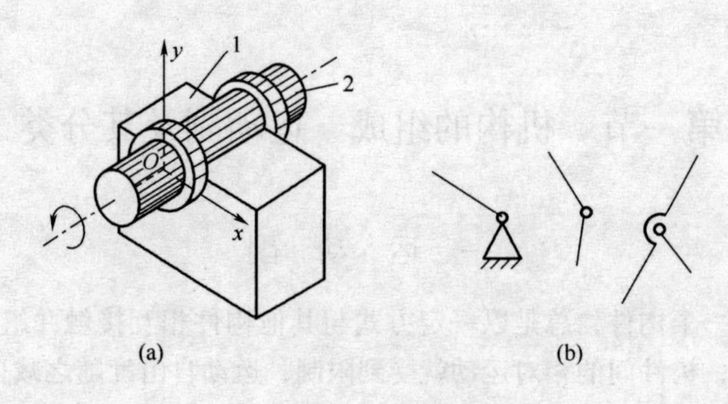

图 2 – 4　转动副

（2）高副　两构件通过点或线接触构成的运动副称为高副。如图2-5所示，凸轮1与尖顶推杆2构成高副，如图2-6所示，两齿轮轮齿啮合处也构成高副。

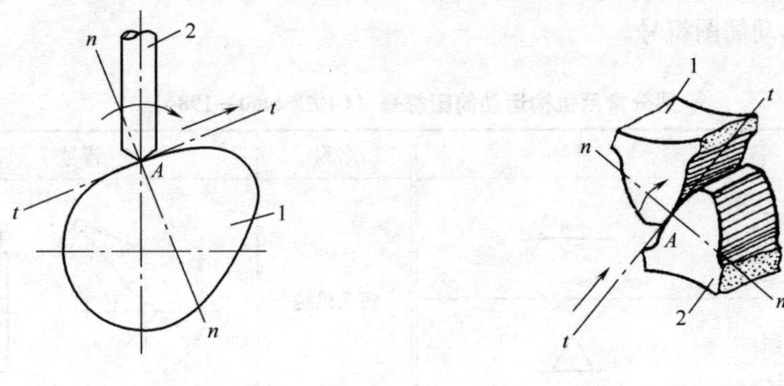

图2-5　凸轮高副　　　图2-6　齿轮高副

低副因通过面接触而构成运动副，故其接触处的压强小，承载能力大，耐磨损，寿命长，且因其形状简单，所以容易制造。低副的两构件之间只能作相对滑动；而高副的两构件之间则可作相对滑动或滚动，或两者并存。

2. 空间运动副

若运动副能允许两构件作空间相对运动，则称该运动副为空间运动副。常用空间运动副有螺旋副［图2-7（a）］和球面副［图2-8（a）］。图中箭头表示构件的相对运动的方向，图2-8（b）为代表符号。

常用运动副的规定符号可参看有关资料。

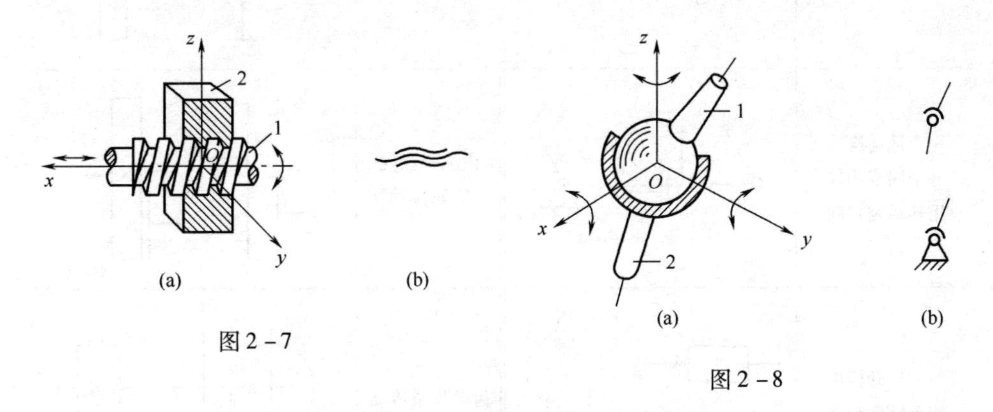

图2-7　　　图2-8

第二节　平面机构运动简图

实际构件的外形和结构往往很复杂，在研究机构运动时，为了突出与运动有关的因素，将那些无关的因素删减掉，保留与运动有关的外形，用规定的符号来代表构件和运动副，并按一定的比例表示各种运动副的相对位置。这种表示机构各构件之间相对运动的简化图形，称为机构运动简图。部分常用机构运动简图符号见表 2－1，其他常用零部件的表示方法可参看 GB/T 4460—1984 机械制图　机构运动简图符号。

表 2－1　　部分常用机构运动简图符号（GB/T 4460—1984）

名称	符号	名称	符号
轴、杆、连杆等构件		棘轮机构	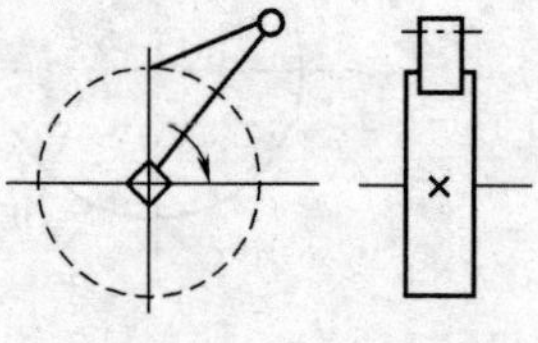
轴、杆的固定支座（机架）			
一个构件上有两个转动副		链传动	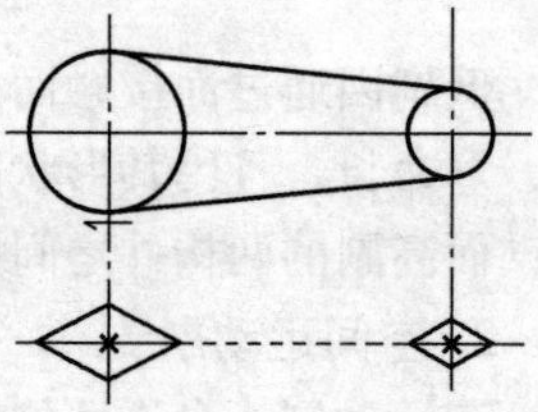
一个构件上有三个转动副	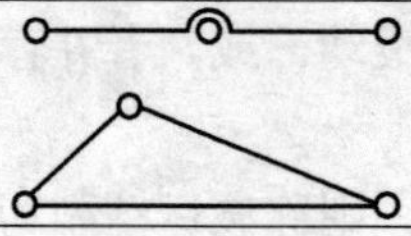		
两个运动构件用转动副相联	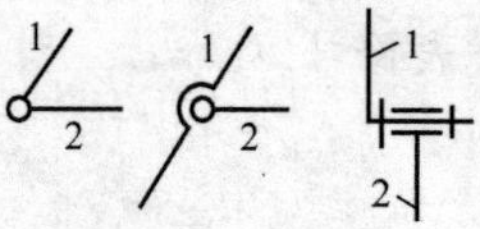	外啮合圆柱齿轮传动	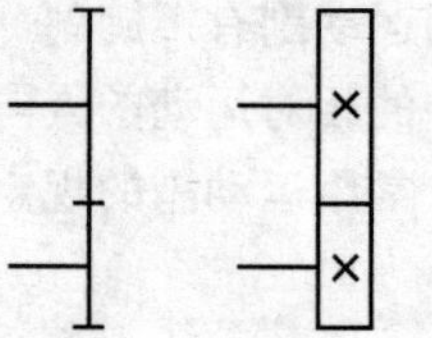
一个运动构件一个固定构件用转动副相联	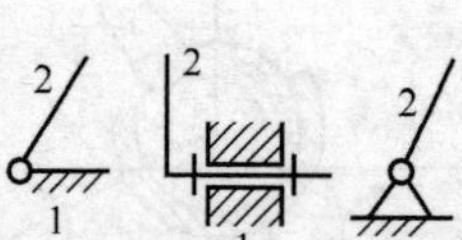	内啮合圆柱齿轮传动	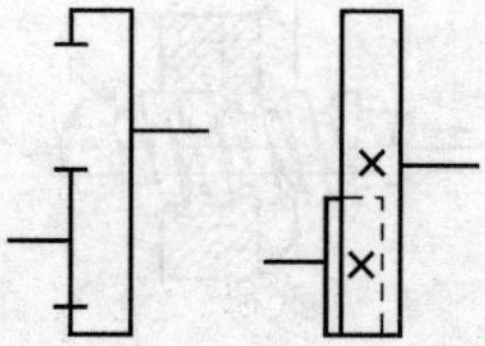
两个运动构件用移动副相联	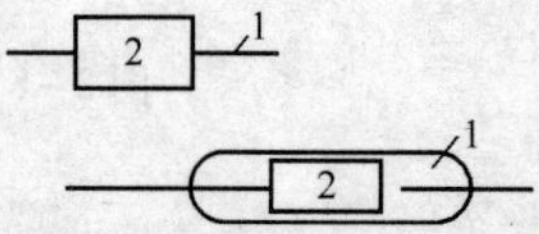	齿轮齿条传动	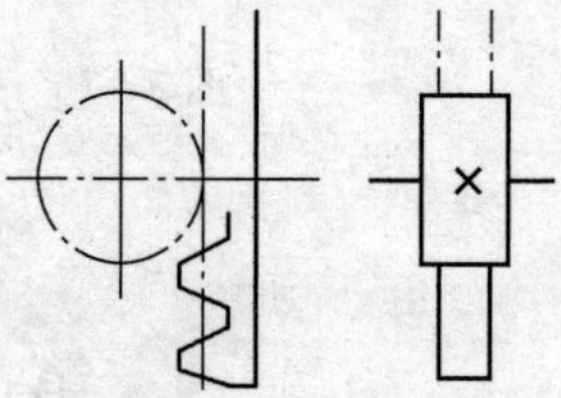
一个运动构件一个固定构件用移动副相联	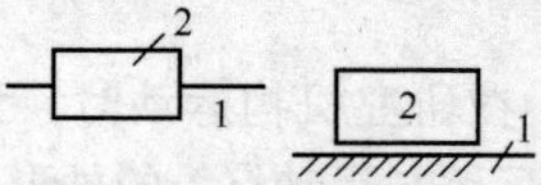	在支架上的电机	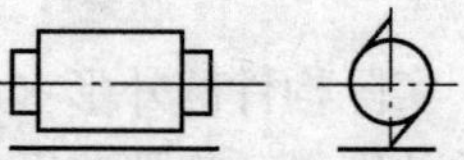

机构中的构件可分为三类：

（1）固定件或机架——用来支撑活动构件的构件。研究机构中活动构件的运动时，常以固定件作为参考坐标系。

（2）原动件——运动规律已知的活动构件。它的运动是由外界输入的，故又称为输入构件。

（3）从动件——机构中随着原动件的运动而运动的其余活动构件。其中输出机构为预期运动的从动件称为输出构件，其他从动件则起传递运动的作用。

在一般的运动简图的绘制中，必有一个构件被相对地看作固定件，在活动构件中，必须有一个或几个原动件，其余的是从动件。两构件组成高副时，在简图中应该画出两构件接触处的曲线轮廓。例如互相啮合的齿轮在简图中应画出一对节圆来表示，凸轮则用完整的轮廓曲线来表示。

例 2－1　试绘制图 2－9（a）所示颚式破碎机的机构运动简图。

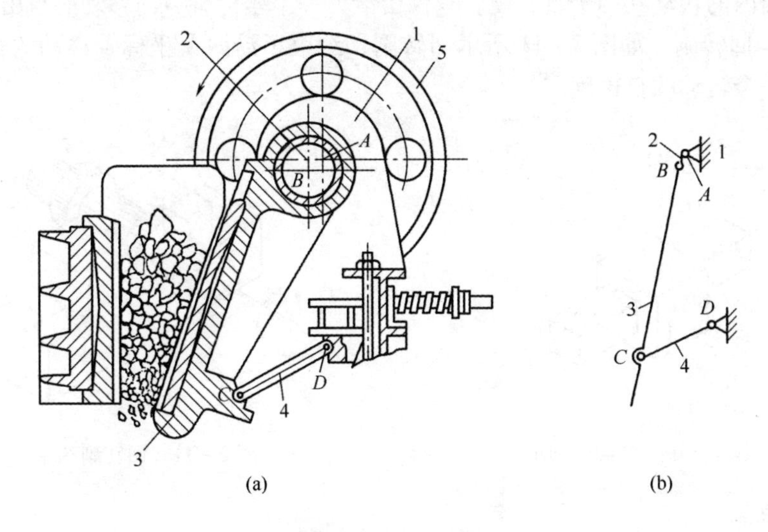

图 2－9　颚式破碎机

解：颚式破碎机的主体机构由机架 1、偏心轴 2、动颚 3、肘板 4 共四个构件组成。偏心轴是原动件，动颚和肘板都是从动件。偏心轴在与它固联的带轮 5 的拖动下绕轴线 A 转动，驱使输出构件动颚 3 作平面运动，从而将矿石轧碎。

偏心轴 2 与机架 1 绕轴线 A 作相对转动，故构件 1、2 组成以 A 为中心的回转副；动颚 3 与偏心轴 2 绕轴线 B 作相对转动，故构件 2、3 组成以 B 为中心的回转副；肘板 4 与动颚 3 绕轴线 C 相对转动，故构件 3、4 组成以 C 为中心的回转副；肘板与机架绕轴线 D 作相对转动，故构件 4、1 组成以 D 为中心的回转副。

选定适当比例尺，根据图 2－9（a）尺寸定出 A、B、C、D 的相对位置，用构件和运动副的规定符号绘出机构运动简图，如图 2－9（b）所示。最后，将图中的机架画上斜线，在原动件上标出指示运动方向的箭头。

第三节　平面机构的自由度计算

一、平面机构自由度计算公式

如前所述，一个作平面运动的自由构件具有三个自由度。因此，平面机构的每个活动构件，在未用运动副连接之前，都有三个自由度。当两个构件组成运动副之后，它们的相对运动就受到约束，使得某些独立的相对运动受到限制。对独立的相对运动的限制，称为约束。约束增多，自由度就相应减少。由于不同种类的运动副引入的约束不同，所以保留的自由度也不同。

1. 低副

（1）移动副　如图2－10所示移动副，约束了沿一个坐标轴方向的移动和一个在平面内的转动共两个自由度，只保留沿另一个坐标轴方向移动的自由度。

（2）回转副　如图2－11所示回转副，约束了沿两个坐标轴移动的自由度，只保留一个转动的自由度。

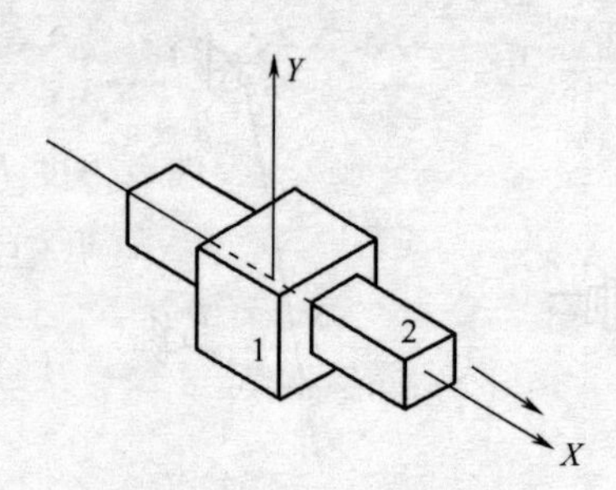

图2－10　移动副约束

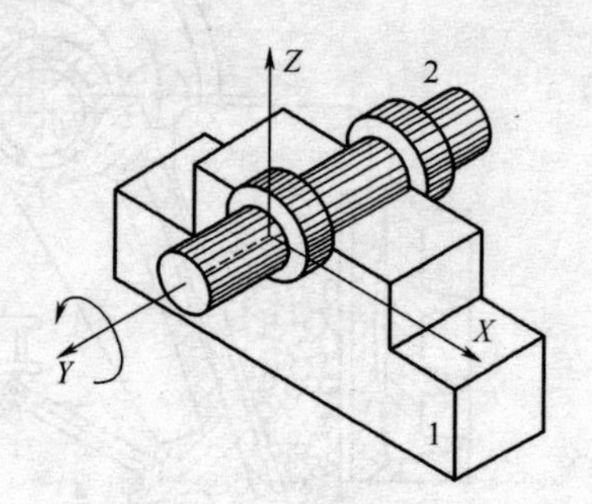

图2－11　回转副约束

2. 高副

如图2－12所示，只约束了沿接触处公法线 $n-n$ 方向移动的自由度，保留绕接触处的转动和沿接触处公切线 $t-t$ 方向移动的两个自由度。

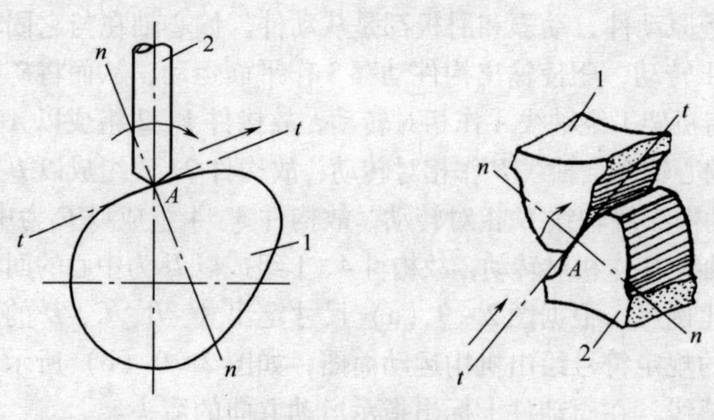

图2－12　高副约束

结论：在平面机构中，①每个低副引入两个约束，使机构失去两个自由度；②每个高副引入一个约束，使机构失去一个自由度。

如果一个平面机构中包含有 n 个活动构件（机架为参考坐标系，因相对固定，所以不计在内），其中有 P_L 个低副和 P_H 个高副。则这些活动构件在未用运动副连接之前，其自由度总数为 $3n$。当用 P_L 个低副和 P_H 个高副连接成机构之后，全部运动副所引入的约束为 $2P_L+P_H$。因此活动构件的自由度总数减去运动副引入的约束总数，就是该机构的自由度数，用 F 表示，有：

$$F=3n-2P_L-P_H \tag{2-1}$$

式（2-1）就是平面机构自由度的计算公式。由公式可知，机构自由度 F 取决于活动构件的数目以及运动副的性质和数目。机构的自由度必须大于零，机构才能够运动，否则成为桁架。

二、机构具有确定运动的条件

机构的自由度也即是机构所具有的独立运动的个数。由前所述可知，从动件是不能独立运动的，只有原动件才能独立运动。通常每个原动件只具有一个独立运动，因此，机构自由度必定与原动件的数目相等，即为平面机构具有确定运动的条件。

如图2-13（a）所示的五杆机构中，原动件数等于1，两构件自由度 $F=3\times4-2\times5=2$。由于原动件数小于 F，显然，当只给定原动件1的位置角 φ_1 时，从动件2、3、4的位置既可为实线位置，也可为虚线所处的位置，因此其运动是不确定的。只有给出两个原动件，使构件1、4都处于给定位置，才能使从动件获得确定运动。

如图2-13（b）所示四杆机构中，由于原动件数为2大于机构自由度数（$F=3\times1-2\times4=1$），因此原动件1和原动件3不可能同时按图中给定方式运动。

如图2-1（a）所示的三杆组合中，机构自由度等于0（$F=3\times2-2\times3=0$），它的各杆件之间不可能产生相对运动。

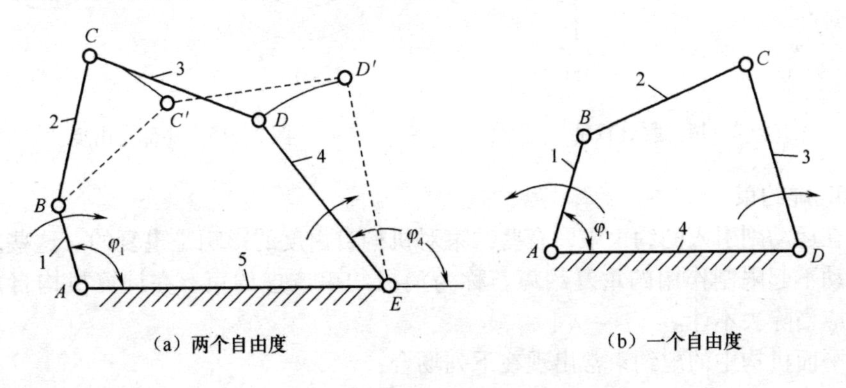

图2-13　不同自由度机构的运动

综上所述，机构具有确定运动的条件是：机构自由度必须大于零、且原动件数与其自由度数必须相等。

三、计算平面机构自由度的注意事项

1. 复合铰链

若两个以上的构件同时在一处用回转副相连，则该连接即为复合铰链，如图 2－14（a），为三个构件在 A 处构成复合铰链。由其侧视图 2－14（b）可知，此三构件共组成两个共轴线转动副。当由 K 个构件组成复合铰链时，则应当组成 $(K-1)$ 个共轴线转动副。

2. 局部自由度

机构中常出现一种与输出构件运动无关的自由度，称为局部自由度或多余自由度。在计算机构自由度时，可预先排除。如图 2－15（a）所示的平面凸轮机构中，为了减少高副接触处的磨损，在从动件上安装一个滚子 3，使其与凸轮轮廓线滚动接触。显然，滚子绕其自身轴线转动与否并不影响凸轮与从动件间的相对运动，因此，滚子绕其自身轴线的转动为机构的局部自由度，在计算机构的自由度时，应预先将转动副 C 除去不计，或如图 2－15（b）所示，设想将滚子 3 与从动件 2 固连在一起作为一个构件来考虑。这样在机构中，$n=2$，$P_L=2$，$P_H=1$，其自由度为 $F=3n-2P_L-P_H=3\times2-2\times2-1=1$。即，此凸轮机构中只有一个自由度。

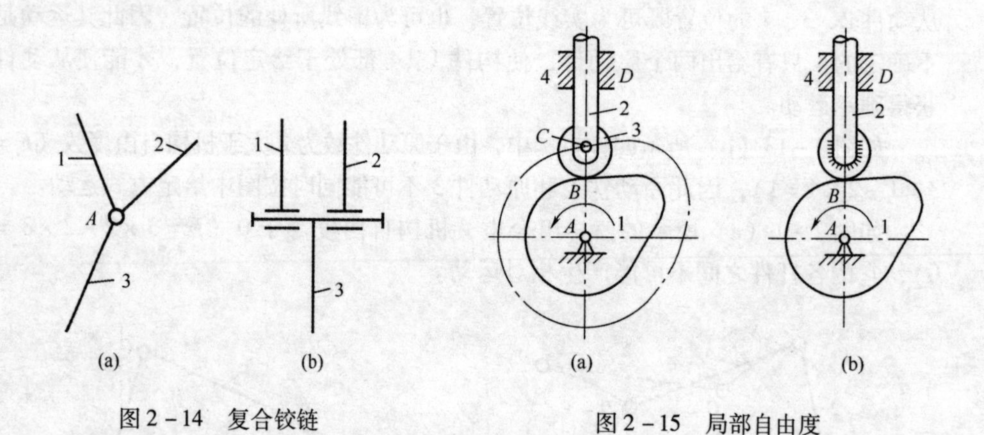

图 2－14　复合铰链

图 2－15　局部自由度

3. 虚约束

在运动副引入的约束中，有些约束对机构自由度的影响是重复的。这些对机构运动不起限制作用的重复约束，称为消极约束或虚约束，在计算机构自由度时，应当除去不计。

平面机构中的虚约束常出现在下列场合：

（1）两个构件之间组成多个导路平行的移动副时，只有一个移动副起作用，其余都是虚约束。如图 2－16 所示，缝纫机引线机构中，装针杆 3 在 A、B 处分别与机架组成导路重合的移动副。计算机构自由度时只能算一个移动副，另一个为虚约束。

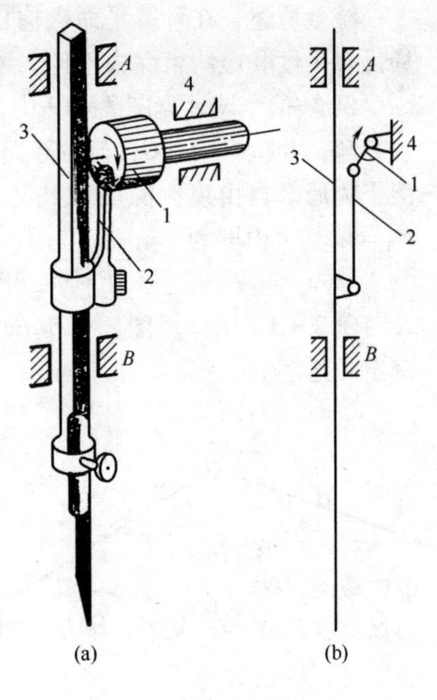

图 2－16　导路重合的虚约束

（2）两个构件之间组成多个轴线重合的回转副时，只有一个回转副起作用，其余都是虚约束。如图 2－17 所示，两个轴承支撑一根轴，只能看作一个回转副。

（3）机构中对传递运动不起独立作用的对称部分，也为虚约束。如图 2－18 所示的轮系中，中心轮经过两个对称布置的小齿轮 2 和 2′驱动内齿轮 3，其中有一个小齿轮对传递运动不起独立作用。但由于第二个小齿轮的加入，使机构增加了一个虚约束。应当注意，对于虚约束，从机构的运动观点来看是多余的，但从增强构件刚度，改善机构受力状况等方面来看，都是必须的。

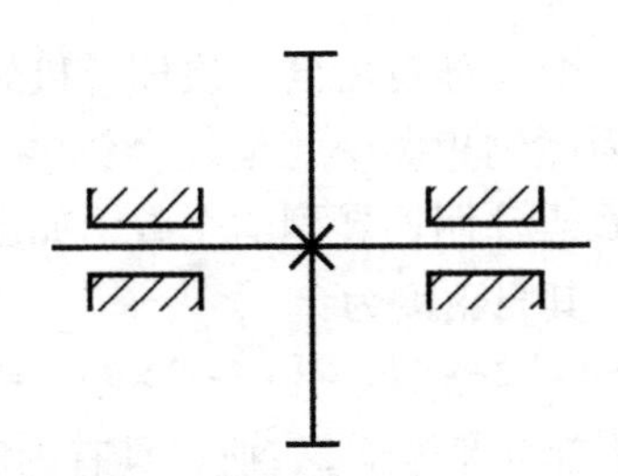

图 2－17　轴线重合的虚约束

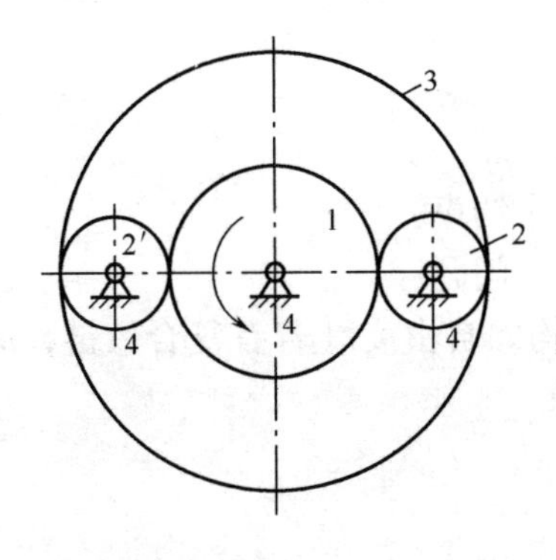

图 2－18　对称结构的虚约束

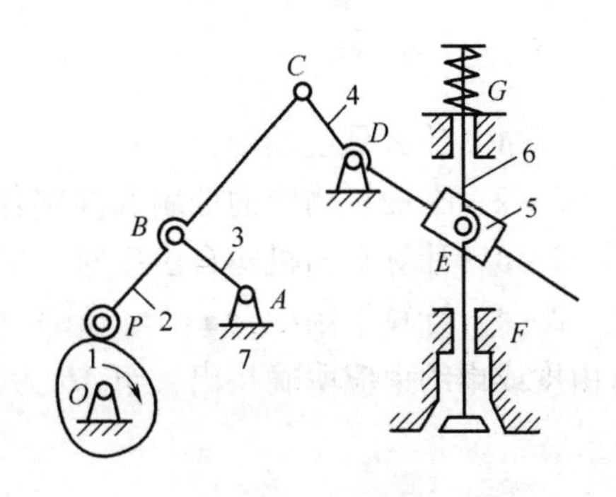

图 2－19　发电机配气机构

综上所述，在计算平面机构自由度时，必须考虑是否存在复合铰链，并应将局部自由度和虚约束除去不计，才能得到正确的结果。

例 2-2 试计算图 2-19 中，发动机配气机构的自由度。

解：此机构中，G，F 为导路重合的两移动副，其中一个是虚约束；P 处的滚子为局部自由度。除去虚约束及局部自由度后，该机构则有 $n=6$；$P_L=8$；$P_H=1$。其自由度为：

$$F=3n-2P_L-P_H=3\times6-2\times8-1=1$$

例 2-3 试计算图 2-20（a）所示的大筛机构的自由度，并判断它是否有确定的运动。

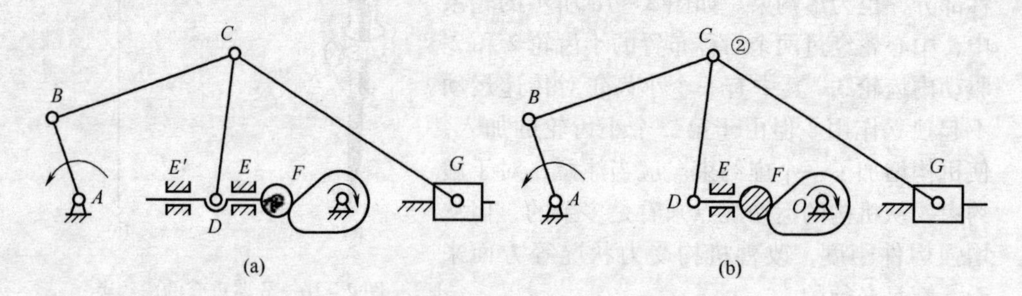

图 2-20 大筛机构

解：机构中的滚子有一个局部自由度。顶杆与机架在 E 和 E' 组成两个导路平行的移动副，其中之一为虚约束。C 处是复合铰链。今将滚子与顶杆焊成一体，去掉移动副 E'，并在 C 点注明回转副的个数，如图 2-20（b）所示，由此得，$n=7$，$P_L=9$，$P_H=1$。其自由度为：

$$F=3n-2P_L-P_H=3\times7-2\times9-1=2$$

因为机构有两个原动件，其自由度等于 2，所以具有确定的运动。

习 题

2-1 什么是运动副？

2-2 平面机构中的低副和高副各引入几个约束？

2-3 计算平面机构自由度时，应注意什么问题？

2-4 计算下图中（a）与（b）所示机构的自由度（若有复合铰链，局部自由度或虚约束应明确指出）。（AB 为原动件）

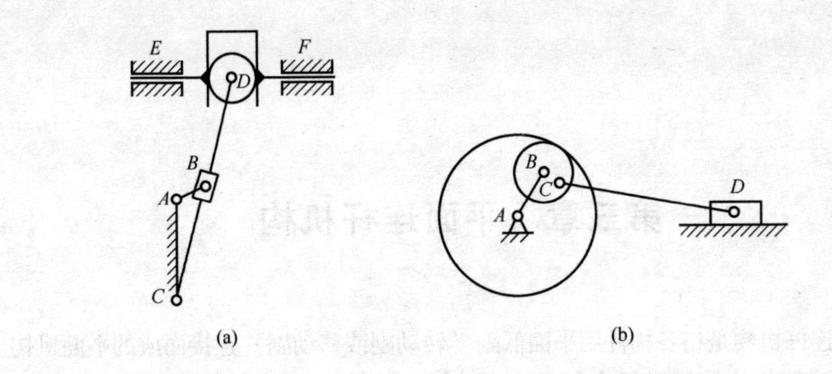

2－5　计算下图中（a）与（b）所示机构的自由度（若有复合铰链，局部自由度或虚约束应明确指出）（*A* 处的回转件为原动件）。

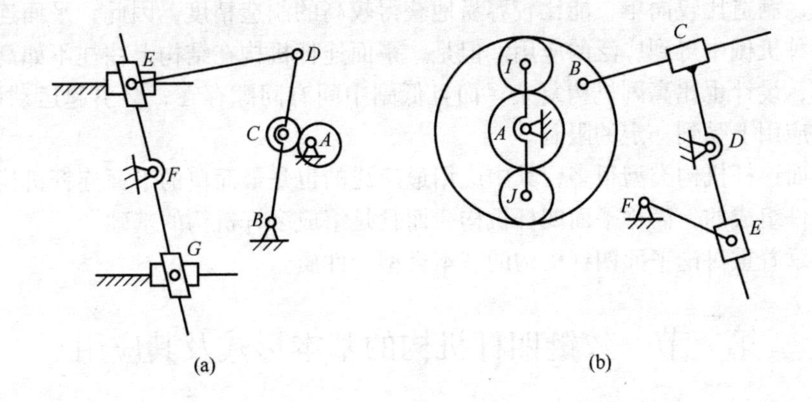

第三章　平面连杆机构

平面连杆机构是将各构件用平面低副（转动副或移动副）连接而成的平面机构。

平面连杆机构能够进行多种机构运动形式的转换，也能实现一些比较复杂的平面运动规律。由于是低副连接，构件之间连接处是面接触，单位面积上的压力较小，便于润滑，所以磨损较小，寿命较长；又由于两构件连接处表面是圆柱面或平面，制造比较简单，能比较容易地获得较高的制造精度，因此，平面连杆机构在各种机械中得到广泛的应用。但是，平面连杆机构在结构上往往不如高副机构简单，设计也比高副机构复杂，而且低副中间有间隙存在，会引起运动误差，因而在应用上受到一定的限制。

平面连杆机构类型很多，其中应用最广泛的也是最简单的平面连杆机构是由四个构件组成的，简称平面四杆机构，而且是组成多杆机构的基础。

本章着重讨论平面四杆机构的基本类型、性质。

第一节　铰链四杆机构的基本形式及其应用

全部用回转副组成的平面四杆机构称为铰链四杆机构，如图 3－1 所示。机构的固定件 4 称为机架；与机架用回转副相连接的杆 1 和杆 3 称为连架杆；不与机架直接连接的杆 2 称为连杆。其中能作整周转动的连架杆，称为曲柄。仅能在某一角度范围内摆动的连架杆，称为摇杆。对于铰链四杆机构来说，机架和连杆总是存在的，因此可按照连架杆是曲柄还是摇杆，将铰链四杆机构分为三种基本类型：曲柄摇杆机构、双曲柄机构和双摇杆机构。下面分别对这三种机构加以介绍。

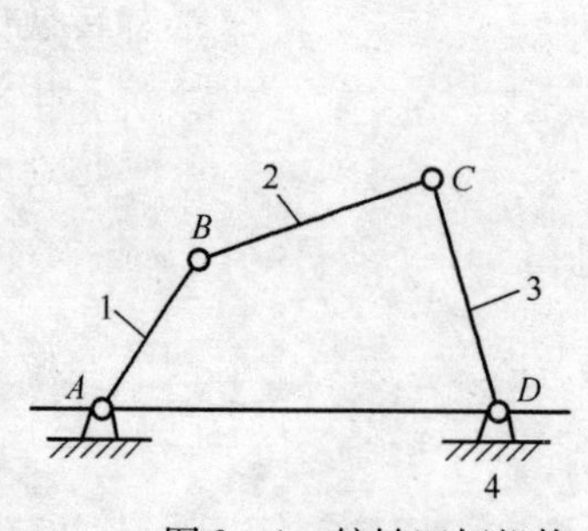

图 3－1　铰链四杆机构

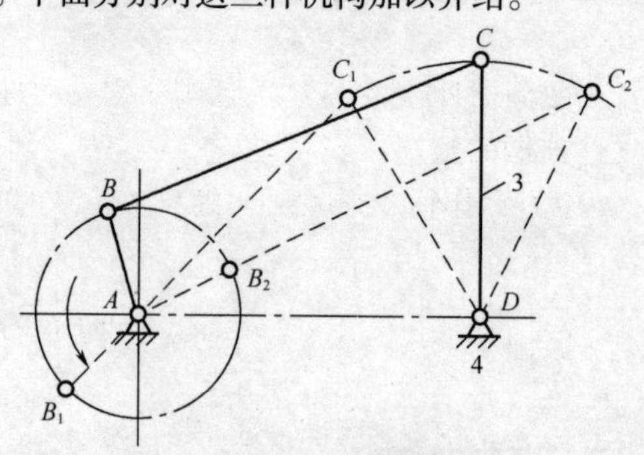

图 3－2　曲柄摇杆机构

一、曲柄摇杆机构及其应用

具有一个曲柄和一个摇杆的铰链四杆机构称为曲柄摇杆机构（图3－2）。

在图3－2所示曲柄摇杆机构中，取曲柄AB为主动件，并作逆时针等速转动。当曲柄AB的B端从B点转到B_1点时，从动件摇杆CD上之C点摆动到C_1点，而当B端从B点回转到B_2点时，C端从C_1点顺时针摆动到C_2点。当B端继续从B_2点回转到B_1点时，C端将从C_2点逆时针摆回到C_1点。这样，在曲柄AB连续作等速回转时，摇杆CD将在C_1C_2范围内作变速往复摆动。即曲柄摇杆机构能将主动件（曲柄）整周的回转运动转换为从动件（摇杆）的往复摆动。

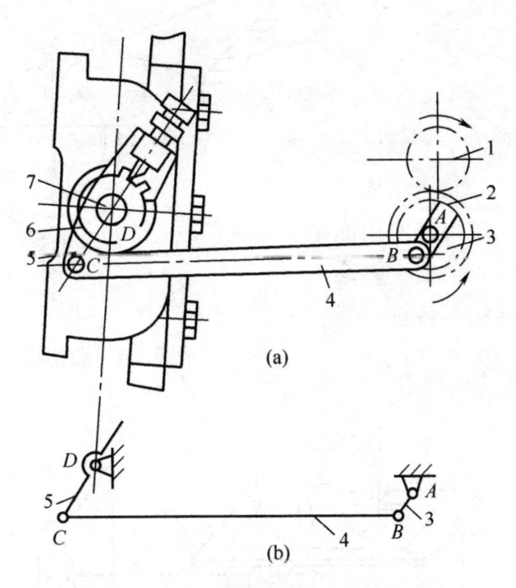

图3－3　牛头刨床横向进给机构

（a）进给机构　（b）运动简图

1，2—齿轮　3—销盘（曲柄）　4—连杆　5—摇杆　6—棘轮　7—丝杠

图3－3所示为牛头刨床横向进给机构，其传动采用了曲柄摇杆机构。该机构工作时，齿轮1带动齿轮2并与齿轮2同轴的销盘3（相当于曲柄）一起转动，连杆4使带有棘爪的摇杆5绕C点摆动，与此同时棘爪推动棘轮6上的轮齿，使与棘轮同轴的丝杠7转动，从而完成工作台的横向进给运动。

曲柄摇杆机构在生产中应用很广，图3－4所示为一些应用实例：图3－4（a）为剪板机，图3－4（b）为颚式破碎机，图3－4（c）为搅拌机，图3－4（d）为雷达俯仰角度的摆动装置。它们在曲柄AB连续回转的同时，摇杆CD可以往复摆动，完成剪切、矿石破碎、搅拌、雷达天线的俯仰摆动等动作。

在曲柄摇杆机构中，当取摇杆为主动件时，可以使摇杆的往复摆动转换成从动件曲柄的整周回转运动。在图3－5所示缝纫机踏板机构中，踏板（相当于摇杆CD）作往复摆动时，连杆BC驱动曲柄（相当于曲柄AB）和带轮连续回转。

二、双曲柄机构及其应用

两连架杆均为曲柄的铰链四杆机构称为双曲柄机构（图3－6）。

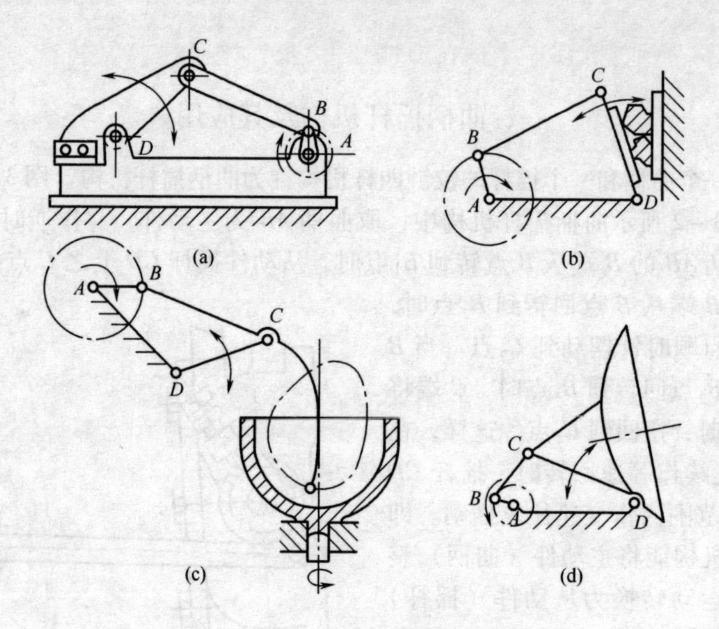

图 3－4　曲柄摇杆机构的应用实例

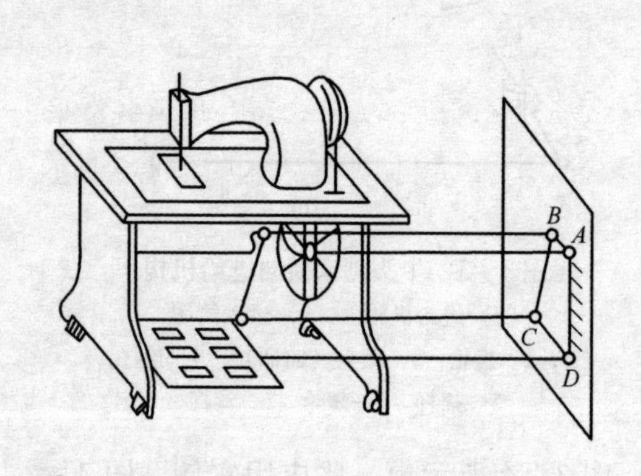

图 3－5　缝纫机踏板机构

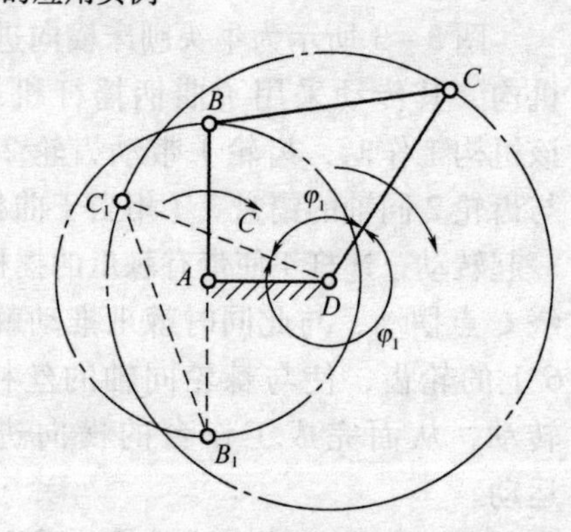

图 3－6　双曲柄机构

在双曲柄机构中，两个连架杆均为曲柄，均可作整周回转。两个曲柄可以分别为主动件。在图 3－6 所示双曲柄机构中，取曲柄 AB 为主动件，当主动曲柄 AB 顺时针回转 180°到 AB_1 位置时，从动曲柄 CD 顺时针回转到 C_1D，转过角度 φ_1；主动曲柄 AB 继续回转 180°，从动曲柄 CD 转过角度 φ_2。显然 $\varphi_1 > \varphi_2$，$\varphi_1 + \varphi_2 = 360°$。所以双曲柄机构的运动特点是：主动曲柄匀速回转一周，从动曲柄随之变速回转一周，即从动曲柄每回转的一周中，其角速度有时大于主动曲柄的角速度，有时小于主动曲柄的角速度。

图 3－7 所示为插床的主运动简图，主动曲柄 AB 作等速回转时，连杆 BC 带动从动曲柄 CDE 作周期性变速回转，再通过构件 EF 使滑块带动插刀作上下往复运动，实现慢速工作行程（下插）和快速退刀行程的工作要求。

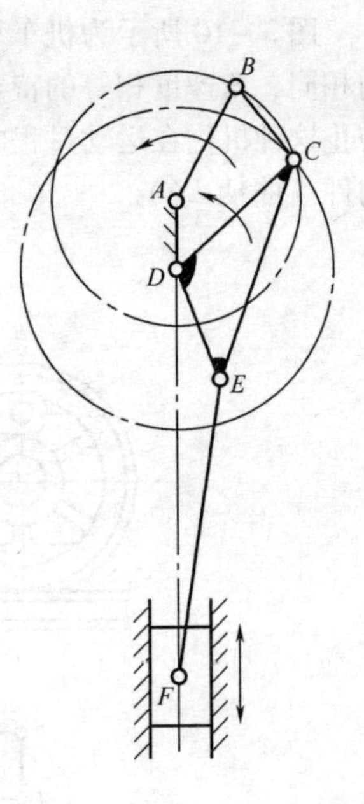

图3－7　插床的主运动机构

图3－8所示为双曲柄机构在惯性筛中的应用。工作时，等速转动的主动曲柄AB，通过连杆BC带动从动曲柄CD作周期性变速转动，并通过构件CE的连接，使筛子变速往复移动。

双曲柄机构当连杆与机架的长度相等且两个曲柄长度相等时，若曲柄转向相同，称为平行四边形机构，如图3－9（a）所示；若曲柄转向不同，称为反向平行双曲柄机构，简称反向双曲柄机构，如图3－9（b）所示。

平行四边形机构的运动特点是：两曲柄的回转方向相同，角速度相等。反向平行双曲柄机构的运动特点是：两曲柄的回转方向相反，角速度不等。

平行四边形机构在运动过程中，主动曲柄AB［图3－9（a）］每回转一周，两曲柄与连杆BC出现两次共线，此时会产生从动曲柄CD运动的不确定现象，即主动曲柄AB的回转方向不变，而从动曲柄CD可能顺时针方向回转，也可能逆时针方向回转，而使机构变成反向平行双曲柄机构，导致不能正常转动。为避免这一现象，常采用的方法有：一是利用从动曲柄本身的质量或附加一转动惯量较大的飞轮，依靠其惯性作用来导向；二是增设辅助构件；三是采取多组机构错列等。

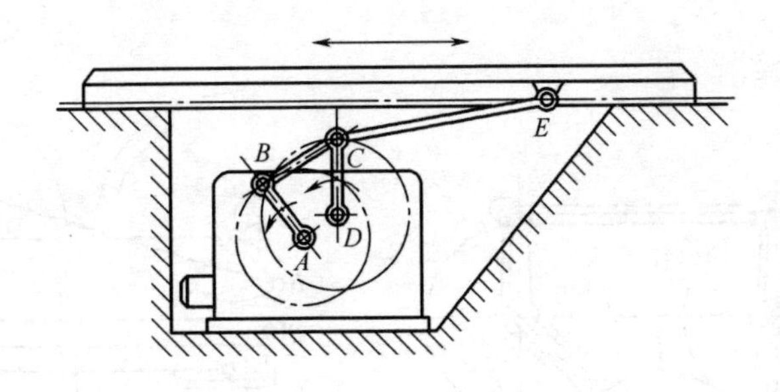

图3－8　惯性筛

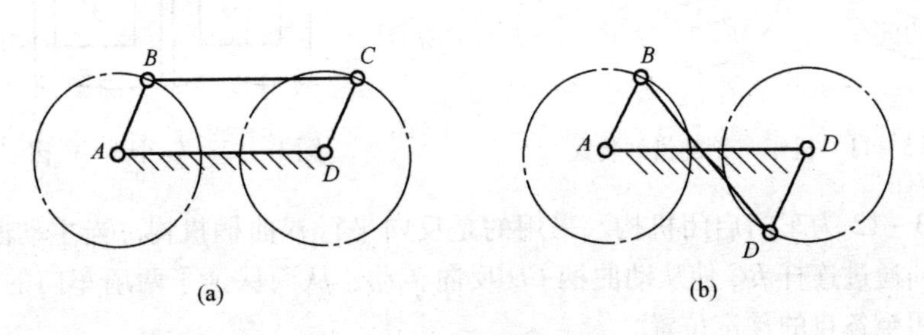

图3－9　等长双曲柄机构

图3－10所示为机车车轮联动装置，它利用了平行四边形机构两曲柄回转方向相同、角速度相等的特点，使从动车轮与主动车轮具有完全相同的运动，为了防止这种机构在运动过程中变为反向平行双曲柄机构，在机构中增设了一个辅助构件（曲柄 EF）。

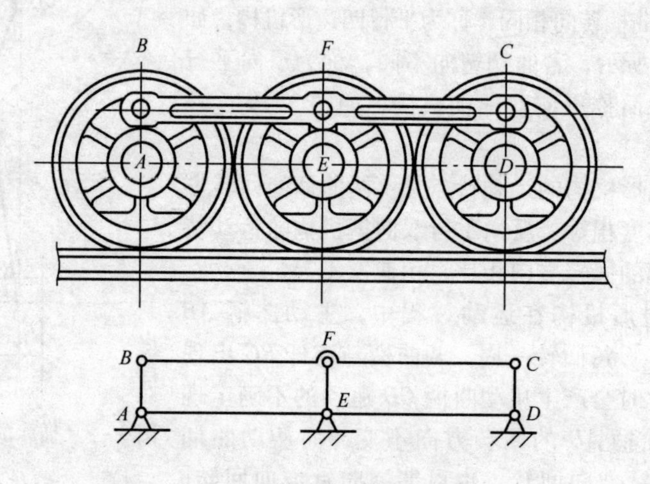

图3－10　机车驱动轮联动机构

图3－11为左右两组车轮采用错列结构，使左右两组车轮的曲柄相错90°，从而保证了车轮的正常回转。

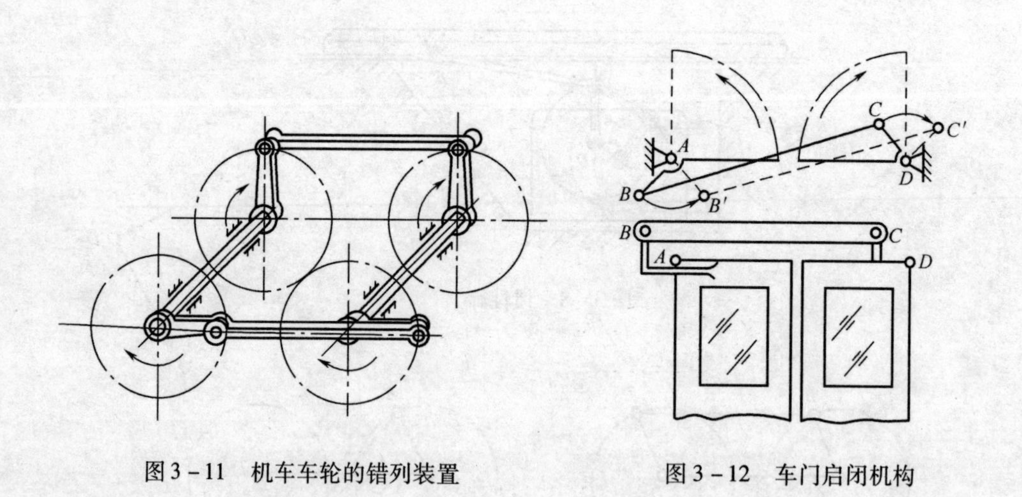

图3－11　机车车轮的错列装置　　图3－12　车门启闭机构

图3－12为车门启闭机构。采用的是反向平行双曲柄机构。当主动曲柄 AB 转动时，通过连杆 BC 使从动曲柄 CD 反向转动，从而保证了两扇车门的同时开启和关闭至各自的预定位置。

三、双摇杆机构及其应用

两连架杆均为摇杆的铰接四杆机构称为双摇杆机构（图 3－13）。

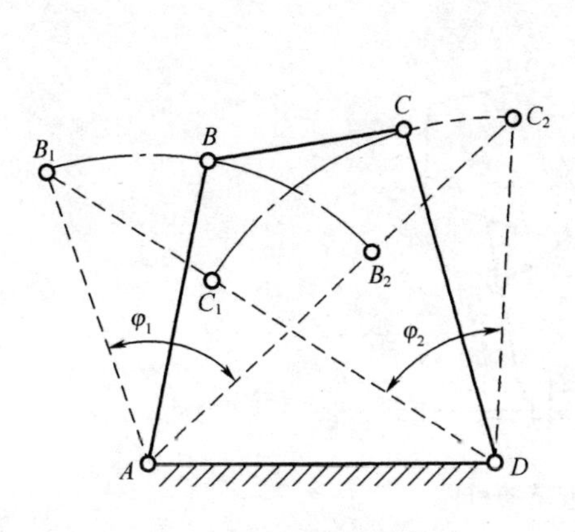

图 3－13　双摇杆机构

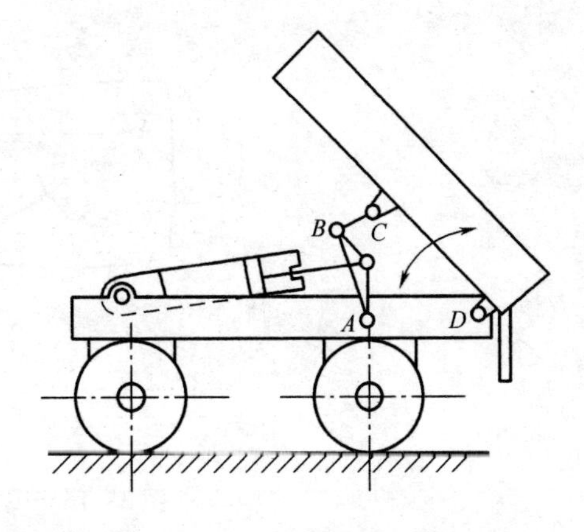

图 3－14　自卸翻斗装置

图 3－14 所示为利用双摇杆机构的自卸翻斗装置。杆 *AD* 为机架，当油缸活塞杆向右伸出时，可带动双摇杆 *AB* 与 *CD* 向右摆动，使翻斗中的货物自动卸下；当油缸活塞杆向左缩回时，则带动双摇杆向左摆动，使翻斗回到原来的位置。

图 3－15 所示为港口用起重机，也采用了双摇杆机构，该机构利用连杆上的特殊点 *E* 实现货物的水平吊运。

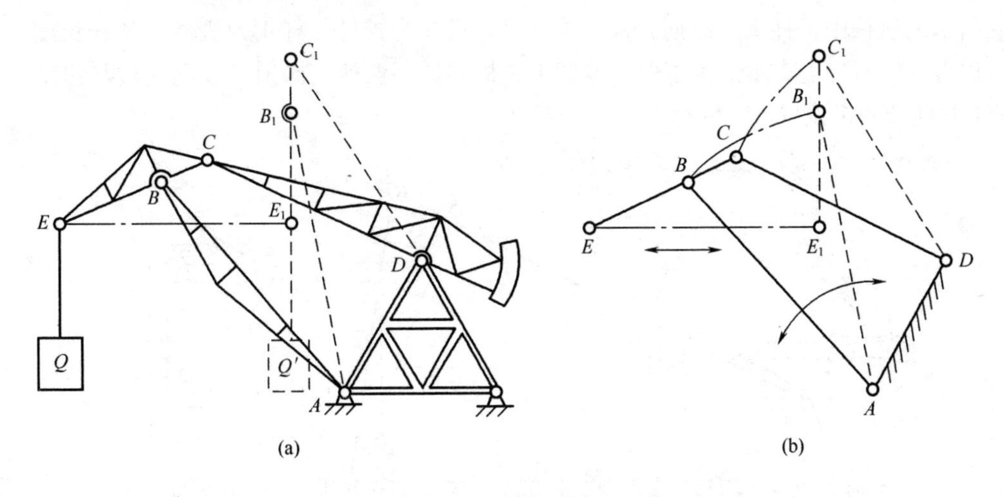

图 3－15　港口起重机

（a）港口起重机　（b）机构运动简图

图 3－16 为采用双摇杆机构的飞机起落架收放机构。飞机要着陆前，着陆轮 5 须从机翼（机架）4 中推放至图中实线所示位置，该位置处于双摇杆机构的死

点，即 AB 与 BC 共线。飞机起飞后，为了减小飞行中的空气阻力，又须将着陆轮收入机翼中（图中虚线位置）。上述动作由主动摇杆 AB 通过连杆 BC 驱动从动摇杆 CD 带动着陆轮实现。

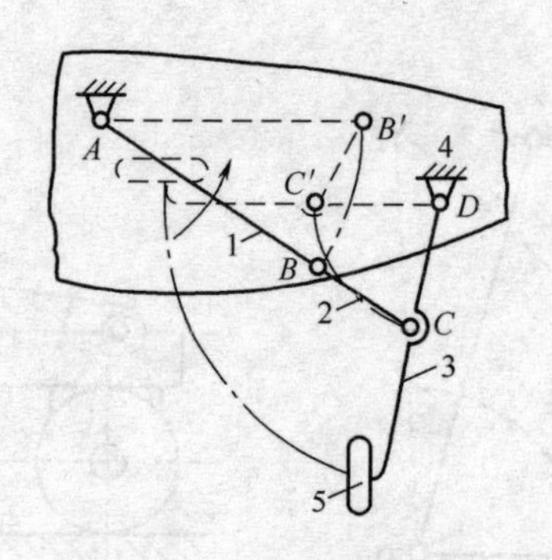

图 3 - 16　飞机起落架机构

第二节　铰接四杆机构中曲柄存在的条件

如前所述，铰接四杆机构属于哪种类型，与连架杆是否为曲柄有关。下面讨论连架杆成为曲柄的条件。

首先，分析对存在一个曲柄的铰链四杆机构（曲柄摇杆机构）。如图 3 - 17 所示的机构中，杆 1 为曲柄，杆 2 为连杆，杆 3 为摇杆，杆 4 为机架，各杆长度以 l_1、l_2、l_3、l_4表示。为了保证曲柄 1 整周回转，曲柄 1 必须能顺利通过与机架 4 共线的两个位置 AB′和 AB″。

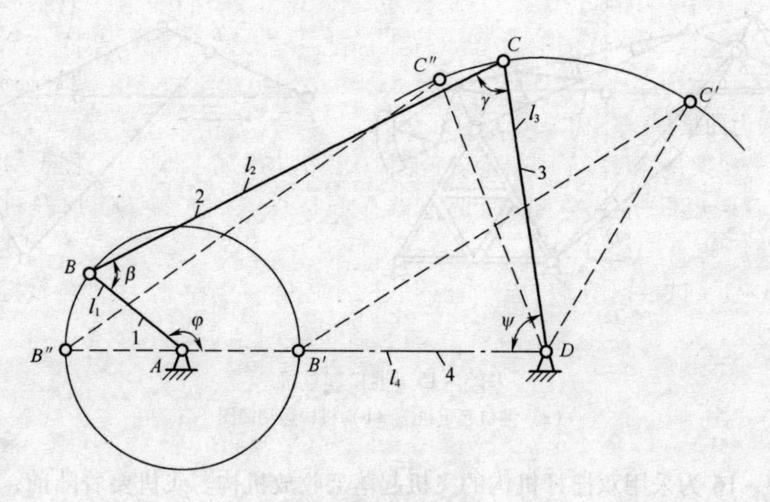

图 3 - 17　曲柄存在的条件分析

当曲柄处于 AB' 的位置时，形成三角形 $B'C'D$。根据三角形两边之和必大于（极限情况下等于）第三边的定律，可得

$$l_2 \leqslant (l_4 - l_1) + l_3$$
$$l_3 \leqslant (l_4 - l_1) + l_2$$

即：

$$l_1 + l_2 \leqslant l_3 + l_4 \tag{3-1}$$
$$l_1 + l_3 \leqslant l_2 + l_4 \tag{3-2}$$

当曲柄处于 AB'' 位置时，形成三角形 $B''C''D$。可写出以下关系式：

$$l_1 + l_4 \leqslant l_2 + l_3 \tag{3-3}$$

将以上三式两两相加可得：

$$l_1 \leqslant l_2 \qquad l_1 \leqslant l_3 \qquad l_1 \leqslant l_4$$

上述关系说明：

（1）在曲柄摇杆机构中，曲柄是最短杆；

（2）最短杆与最长杆长度之和小于或等于其余两杆长度之和。

以上两条件是曲柄存在的充分必要条件。

下面进一步分析各杆间的相对运动。图 3－17 中最短杆 1 为曲柄，φ、β、γ 和 ψ 分别为相邻两杆间的夹角。当曲柄 1 整周转动时，曲柄与相邻两杆的夹角 φ、β 的变化范围为 0°～360°；而摇杆与相邻两杆的夹角 γ、ψ 的变化范围小于 360°。根据相对运动原理可知，连杆 2 和机架 4 相对曲柄 1 也是整周转动；而相对于摇杆 3 作小于 360°的摆动。因此，当各杆长度不变而取不同杆为机架时，可以得到不同类型的铰链四杆机构。

（1）若铰链四杆机构中最短杆与最长杆长度之和大于其余两杆长度之和，则连架杆不能成为曲柄，四杆机构为双摇杆机构。

（2）当铰链四杆机构中最短杆与最长杆长度之和小于或等于其余两杆长度之和时，可能有三种情况：

1）若连架杆之一是最短杆，则该连架杆是曲柄；而另一连架杆是摇杆。此时，机构为曲柄摇杆机构。图 3－18（a）

2）若机架是最短杆，则两连架都是曲柄，机构为双曲柄机构。图 3－18（b）

3）若最短杆是连杆，此时两连架杆都是摇杆，机构为双摇杆机构。图 3－18（c）

例 3－1　试根据图 3－19 所注明的尺寸（单位：mm），判断各铰链四杆机构的类型。

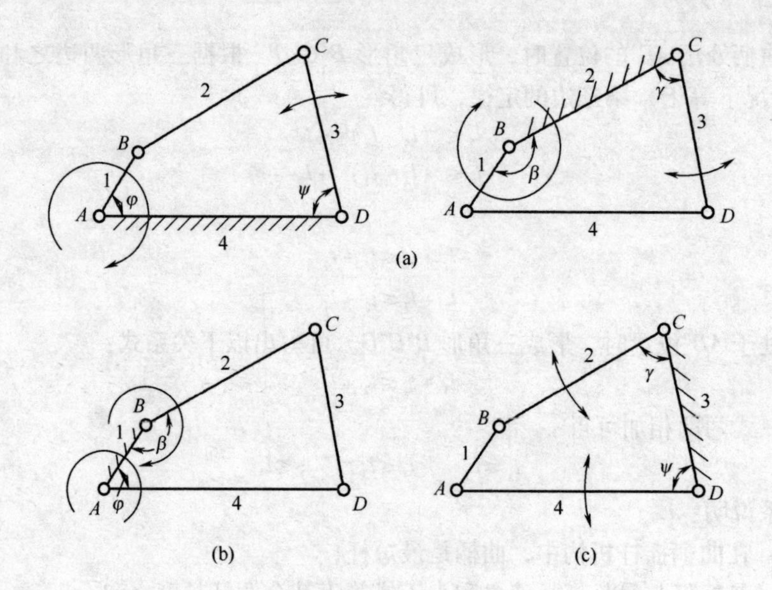

图 3－18　变更机架后机构的演化

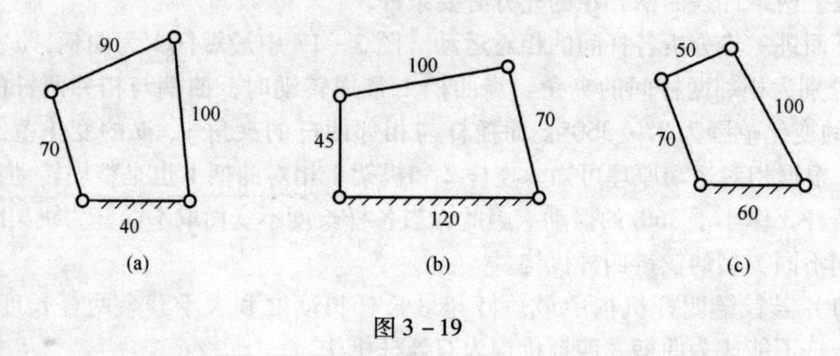

图 3－19

解：（a）图中，因为 $40+100=140$，$70+90=160$，$140<160$；

且机架最短，所以，机构为双曲柄机构。

（b）图中，$45+120=165$，$100+70=170$，$165<170$；

且连架杆最短，所以，机构为曲柄摇杆机构。

（c）图中，因连杆最短，况且 $100+50>70+60$，所以机构为双摇杆机构。

例 3－2　如图 3－20 所示铰链四杆机构 *ABCD*，其中 $l_{AB}=20\text{mm}$，$l_{BC}=50\text{mm}$，$l_{CD}=40\text{mm}$，*AD* 为机架，改变 *AD* 杆长，分析机构的类型变化。

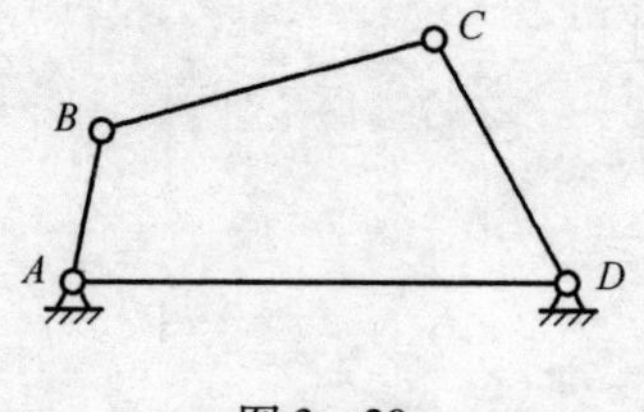

图 3－20

（1）当 l_{AD}为最短杆（$0 < l_{AD} < 20$），根据机构有整转副的条件：$l_{AD} + 50 \leqslant 20 + 40$，即 $l_{AD} \leqslant 10$mm 时，两整转副在最短杆 l_{AD}上，由于 l_{AD}是机架，故此时的机构为双曲柄机构。

（2）当 l_{AD}杆长介于最短杆与最长杆之间，即 $20 < l_{AD} < 50$，如果机构有整转副，则 $20 + 50 \leqslant l_{AD} + 40$，即 $l_{AD} \geqslant 30$mm，两整转副在最短杆 l_{AB}杆上，此时机构为曲柄摇杆机构。

（3）当 l_{AD}为最长杆，即 $50 \leqslant l_{AD} < 110$，机构有整转副时，$l_{AD} + 20 \leqslant 40 + 50$，即 $l_{AD} \leqslant 70$mm 时，整转副在最短杆 l_{AB}杆上，故此时机构为曲柄摇杆机构。

综上所述，当 $0 < l_{AD} \leqslant 10$ 时，机构为双曲柄机构；当 $30 \leqslant l_{AD} \leqslant 70$ 时，机构为曲柄摇杆机构；当 $10 < l_{AD} < 30$ 和 $70 < l_{AD} < 110$ 时，机构无整转副，为双摇杆机构。

第三节　铰接四杆机构的演化

在实际机械中，平面连杆机构的型式是多种多样的，但其中绝大多数是在铰链四杆机构的基础上发展和演化而成。

1. 曲柄滑块机构

在图 3－21（a）的曲柄摇杆机构中，当摇杆 3 和机架 4 的长度同时无限增长，铰链 D 无限远移时，则机构简图 3－21（a）演变为图 3－21（b）所示形状。这时，杆 3 上 C 点的运动轨迹由图 3－21（a）的圆弧 mm 变为图 3－21（b）的直线 m′m′。杆 3 的运动变为移动。此移动可用与杆 3 固联的滑块及与机架固联的导轨来实现［图 3－21（c）］。这样就演化为图 3－22 所示的新机构，称为曲柄滑块机构。根据滑块的导路中心线是否通过曲柄回转中心，曲柄滑块机构又分为对心曲柄滑块机构［图 3－22（a）］和偏置曲柄滑块机构［图 3－22（b）］。

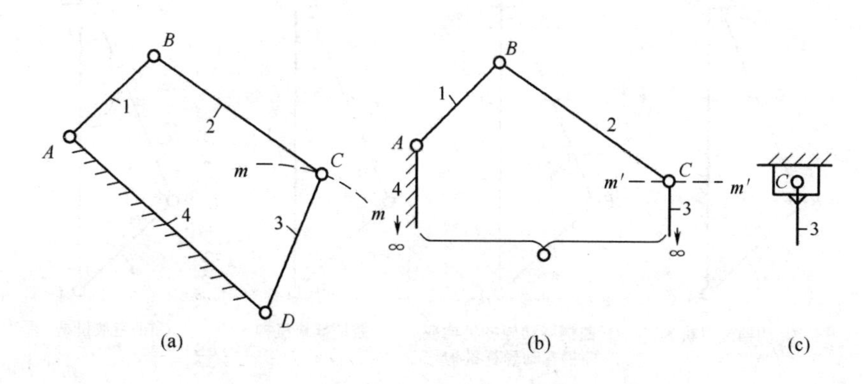

图 3－21　曲柄摇杆机构

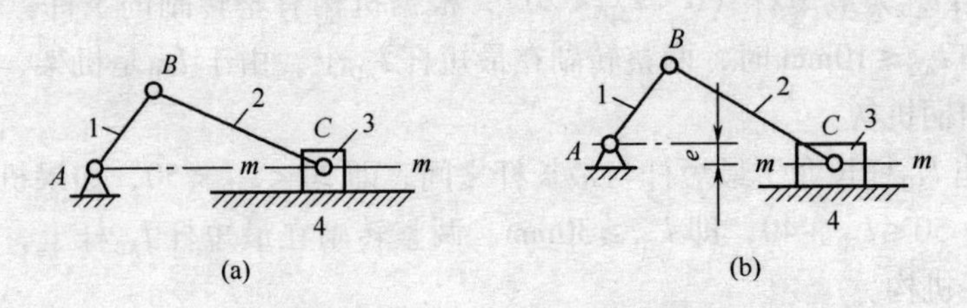

图 3－22　曲柄滑块机构的演化

当曲柄长度很小时，通常都把曲柄做成偏心轮，这样不仅增大了轴颈的尺寸，提高偏心轴的强度和刚度，而且当轴颈位于中部时，还可以安装整体式连杆，使结构简化。图 3－23 所示偏心轮机构，杆 1 为圆盘，其几何中心为 B。因运动时该圆盘绕偏心 A 转动，故称偏心轮。A、B 之间的距离 e 称为偏心距。按照相对运动关系，可画出该机构的运动简图。由图可知，偏心轮是回转副 B 扩大到包括回转副 A 而形成的，偏心距 e 即是曲柄的长度。因此，偏心轮广泛应用于传力较大的剪床、冲床、颚式破碎机、内燃机等机械中。

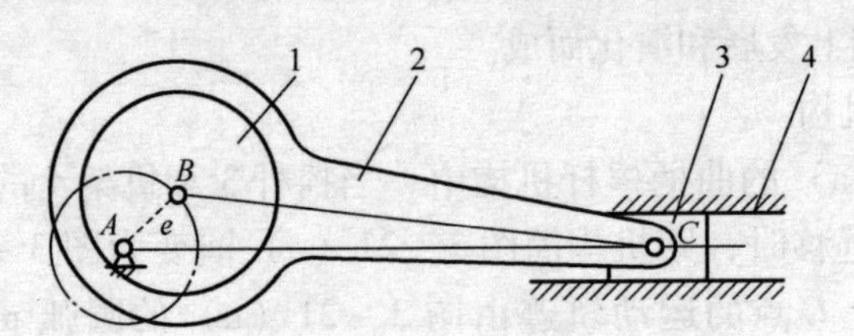

图 3－23　偏心轮机构

1—偏心轮　2—连杆　3—滑块　4—机架

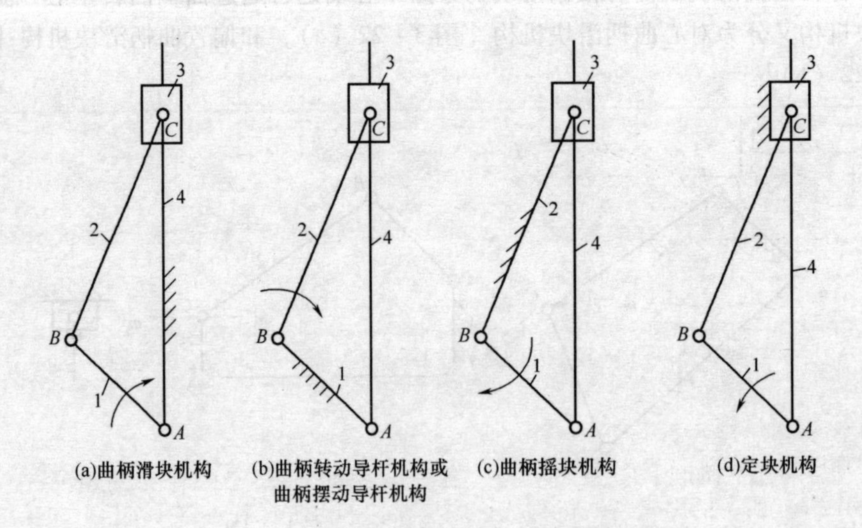

图 3－24　曲柄滑块机构向其他机构的演化

2. 导杆机构

导杆机构可以看作是在曲柄滑块机构中选取不同构件为机架演化而成的。

图3－24（a）所示为曲柄滑块机构，如将其中的曲柄1作为机架，连杆2作为主动件，则连杆2和构件4将分别绕铰链B和A作转动。如图3－24（b）所示。若$AB<BC$，则杆2和杆4均可作整周回转，故称为转动导杆机构。若$AB>BC$，则杆2只能作往复摆动，故称为摆动导杆机构。如图3－25为牛头刨床的摆动导杆机构。又如图3－26为牛头刨床回转导杆机构，当BC杆绕B点作等速转动时，AD杆绕A点作变速转动，DE杆驱动刨刀作变速往返运动。

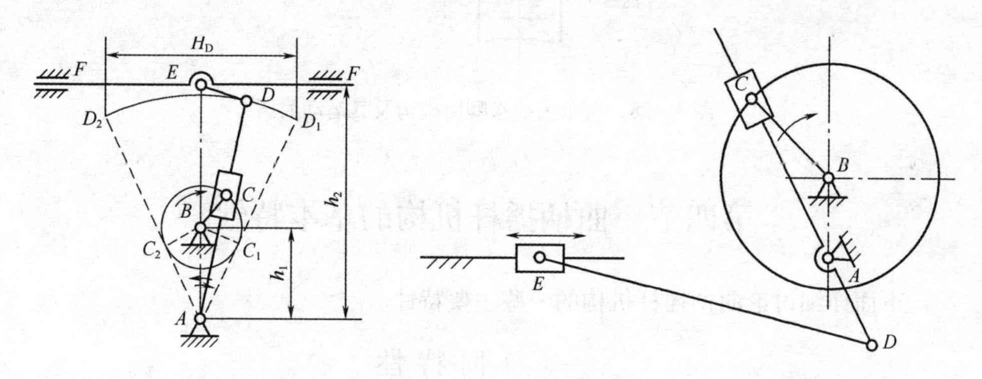

图3－25　牛头刨床的摆动导杆机构　　　图3－26　回转导杆机构

3. 摇块机构

在图3－27（a）所示的曲柄滑块机构中，若取杆2为固定件，即可得到图3－24（c）所示的摆动滑块机构，或称摇块机构。这种机构广泛应用于摆动式内燃机和液压驱动装置内。如图3－27所示自卸卡车翻斗机构及其运动简图。在该机构中，因为液压油缸3绕铰链C摆动，故称为摇块。

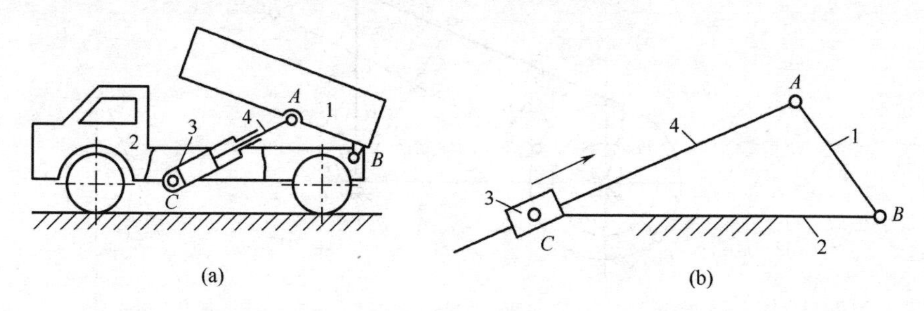

图3－27　自卸卡车翻斗机构及其运动简图

4. 定块机构

在图3－24（a）所示曲柄滑块机构中，若取构件3为固定件，即可得图3－24（d）所示的固定滑块机构或称定块机构。这种机构常用于如图3－28所示抽水唧筒等机构中。

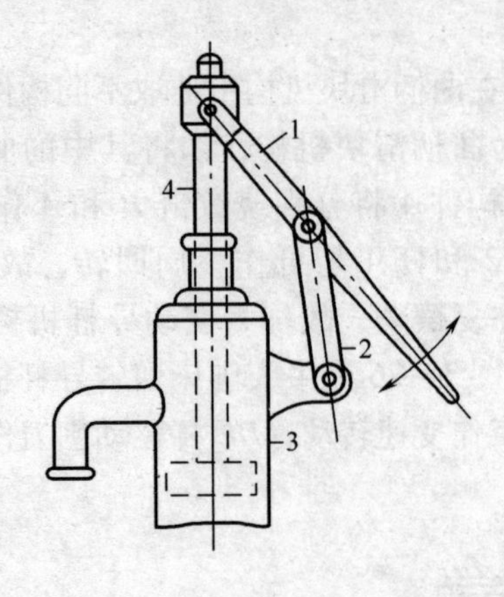

图 3-28　所示为抽水唧筒机构及其运动简图

第四节　曲柄摇杆机构的基本特性

下面详细讨论曲柄摇杆机构的一些主要特性。

一、急 回 特 性

如图 3-29 所示为一曲柄摇杆机构，其曲柄 AB 在转动一周的过程中，有两次与连杆 BC 共线。在这两个位置，铰链中心 A 与 C 之间的距离 AC_1 和 AC_2 分别为最小和最大，因而摇杆 CD 的位置 C_1D 和 C_2D 分别为两个极限位置。摇杆在两极限位置间的夹角 ψ 称为摇杆的摆角。

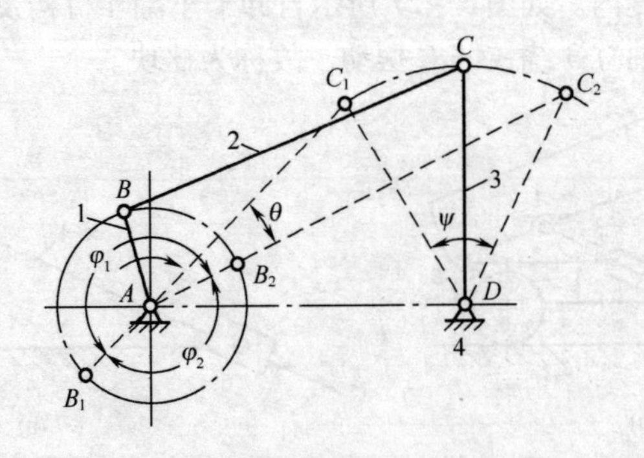

图 3-29　曲柄摇杆机构的急回特性

当曲柄由位置 AB_1 顺时针转到位置 AB_2 时，曲柄转角 $\varphi_1=180°+\theta$，这时摇杆由极限位置 C_1D 摆到极限位置 C_2D，摇杆摆角为 ψ；而当曲柄顺时针再转过角度 $\varphi_2=180°-\theta$ 时，摇杆由位置 C_2D 摆回到位置 C_1D，其摆角仍然是 ψ。虽然摇杆往复摆动的摆角相同，但对应的曲柄转角却不相等（$\varphi_1>\varphi_2$）；当曲柄匀速转动时，对应的时间也不相等（$t_1 > t_2$），这反映了摇杆往复摆动的快慢不同。令摇杆自 C_1D 摆至 C_2D 为工作行程，这时铰链 C 的平均速度是 $v_1 = C_1C_2/t_1$，摆杆自 C_2D摆回至 C_1D 为空回行程，这时 C 点的平均速度是 $v_2 = C_1C_2/t_2$，$v_1 < v_2$，表明摇杆具有急回运动的特性。牛头刨床、往复式运输机等机械利用这种急回特性来缩短非生产时间，提高生产率。

急回运动特性可用行程速比系数 K 表示，即

$$K = \frac{v_2}{v_1} = \frac{C_1C_2/t_2}{C_1C_2/t_1} = \frac{t_1}{t_2} = \frac{\varphi_1}{\varphi_2} = \frac{180° + \theta}{180° - \theta} \tag{3-4}$$

式中，θ 为摇杆处于两极限位置时，曲柄两对应位置所夹的锐角，称为极位夹角。

将上式整理后，可得极位夹角的计算公式：

$$\theta = 180° \frac{K-1}{K+1} \tag{3-5}$$

由以上分析可知：极位夹角 θ 越大，K 值越大，急回运动的性质也越显著。但机构运动的平稳性也越差。因此在设计时，应根据其工作要求，恰当地选择 K 值，在一般机械中 $1 < K < 2$。

多数连杆机构都具有急回特性，如图 3－30 所示偏置曲柄滑块机构，滑块 C 从极限位置 C_2运动到极限位置 C_1的平均速度大于从 C_1运动到 C_2的平均速度（因 $\varphi_2 < \varphi_1$，$t_2 < t_1$）。又如图 3－31 所示的导杆机构，当曲柄 2 以等角速度回转时，导杆上的 C 点从极限位置 C_2运动到 C_1的平均速度大于从 C_1运动到 C_2的平均速度。

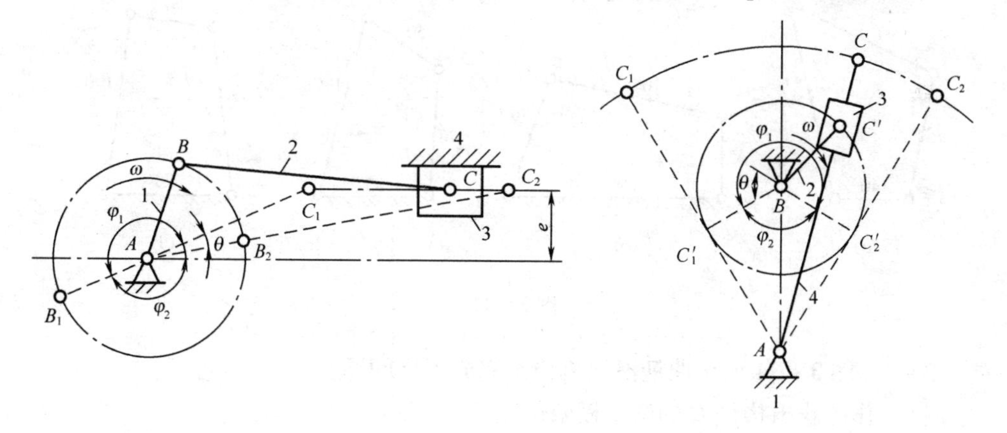

图 3－30　偏置曲柄滑块机构　　　　图 3－31　导杆机构

二、死 点 位 置

对于图 3－29 所示的曲柄摇杆机构，如以摇杆 3 为原动件，而曲柄 1 为从动件，则当摇杆摆到极限位置 C_1D 和 C_2D 时，连杆 2 与曲柄 1 共线，若不计各杆的质量，则这时连杆加给曲柄的力将通过铰链中心 A，即机构 B 点处于压力角$\alpha = 90°$（传力角 $\gamma = 0$）的位置，此时驱动力对 A 点不产生力矩，因此不能使曲柄转

动。机构的这种位置称为死点位置。死点位置会使机构的从动件出现卡死或运动不确定的现象。出现死点对传动机构来说是一种缺陷，这种缺陷可以利用回转机构的惯性或添加辅助机构来克服。如图 3－5 家用缝纫机的脚踏机构，就是利用皮带轮的惯性作用使机构通过死点位置。

但在工程实践中，有时也常常利用机构的死点位置来实现一定的工作要求，如图 3－32 所示的工件夹紧装置，当工件 5 需要被夹紧时，就是利用连杆 BC 与摇杆 CD 形成的死点位置，这时工件经杆 1、杆 2 传给杆 3 的力，通过杆 3 的传动中心 D。此力不能驱使杆 3 转动。故当撤去主动外力 P 后，在工作反力 N 的作用下，机构不会反转，工件依然被可靠地夹紧。

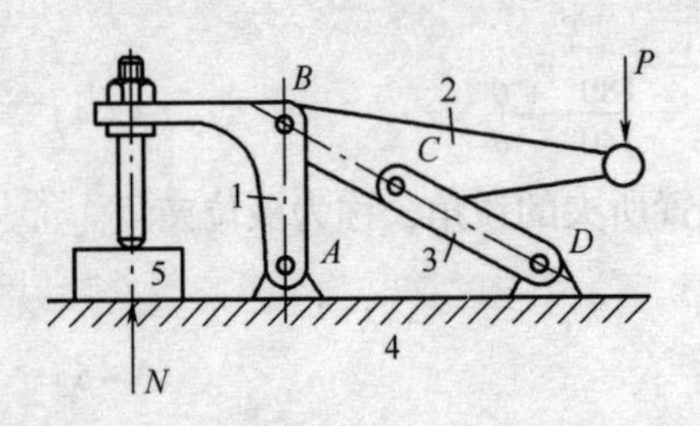

图 3－32　利用死点夹紧工件的夹具

习　题

3－1　试根据图 3－33 中注明的尺寸判断下列铰链四杆机构是曲柄摇杆机构、双曲柄机构还是双摇杆机构。

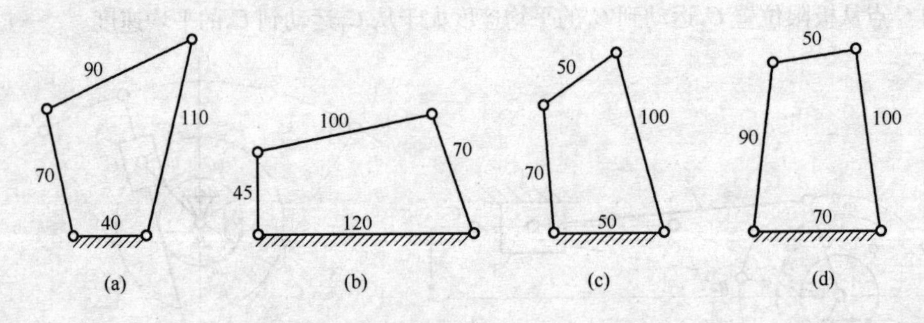

图 3－33

3－2　图 3－34 所示曲柄滑块机构，完成下列问题：

（1）作图找出构件 C 的两个极限位置；

（2）若机构改为构件 C 为主动件，标写构件 AB 的两个死点位置；

（3）机构名称 AB 是＿＿＿＿＿＿＿＿＿＿，BC 是＿＿＿＿＿＿＿＿＿＿；C 是＿＿＿＿＿＿＿＿＿＿；

（4）AB 两处的运动副是＿＿＿＿＿＿＿＿＿＿，C 与机座是＿＿＿＿＿＿＿＿＿＿。

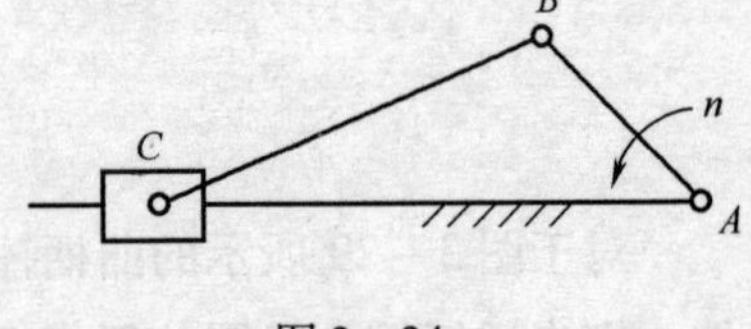

图 3－34

第四章　凸轮机构

在设计机械时，根据运动的需要，常要求其中某些从动件的位移、速度或加速度按照预定的运动规律变化，这种要求用连杆机构就不便实现，特别是当从动件需按复杂的运动规律运动时，通常多采用凸轮机构。

凸轮机构是一种常用的机构，特别是在自动化机械中，它的应用更广。

本章主要是研究中、低速凸轮机构的运动设计，包括凸轮机构类型、从动件运动规律和基圆半径等的选择，凸轮轮廓曲线的绘制等。

第一节　凸轮机构的应用与分类

一、凸轮机构的应用

凸轮机构能将主动件的连续等速运动变为从动件的往复变速运动或间歇运动。在自动机械、半自动机械中应用非常广泛。

图 4－1 所示为内燃机配气凸轮机构。凸轮 1 以等角速度回转时，它的轮廓驱动从动件 2（阀杆）按预期的运动规律启闭进、排气门。

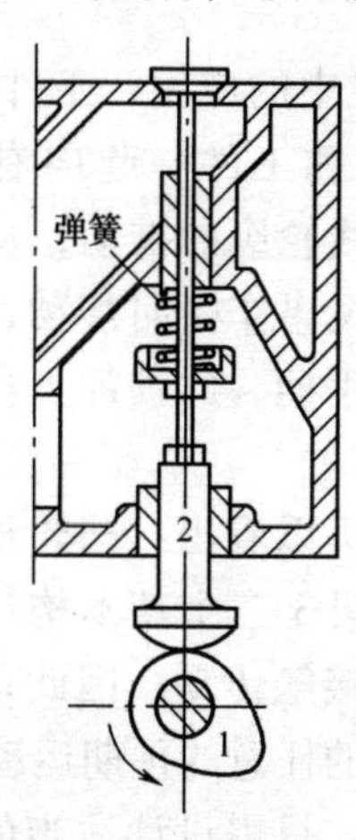

图 4－1　内燃机配气凸轮机构图

1—凸轮　2—阀杆

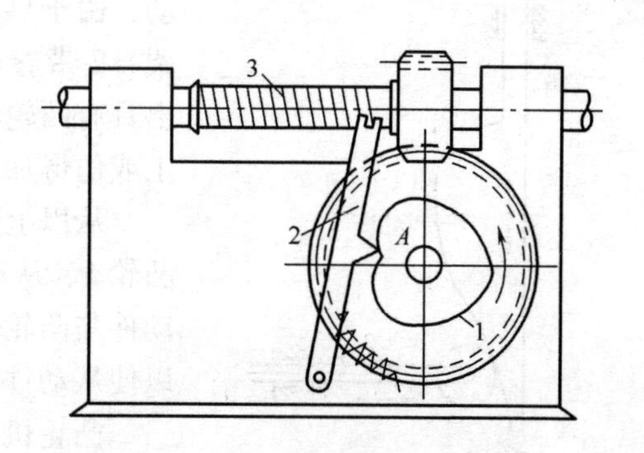

图 4－2　绕线机中排线凸轮机构

1—凸轮　2—摆杆　3—绕线轴

图4-2所示为绕线机中用于排线的凸轮机构。当绕线轴3快速转动时，绕线轴上的蜗杆带动与凸轮1作用在同一轴上的蜗轮缓慢地转动，通过凸轮轮廓与尖顶A之间的作用，驱使从动件2往复摇动，因而使线均匀地绕在绕线轴上。

图4-3所示为驱动动力头在机架上往复移动的凸轮机构。圆柱凸轮1与动力头连接在一起，它们可以在机架3上作往复移动。滚子2的轴固定在机架3上，滚子2放在圆柱凸轮的凹槽中。凸轮转动时，由于滚子2的轴是固定在机架上的，故凸轮转动时带动动力头在机架3上作往复移动，以实现对工件的钻削进给。动力头的快速引进—等速进给—快速退回—静止等动作均取决于凸轮上凹槽的曲线形状。

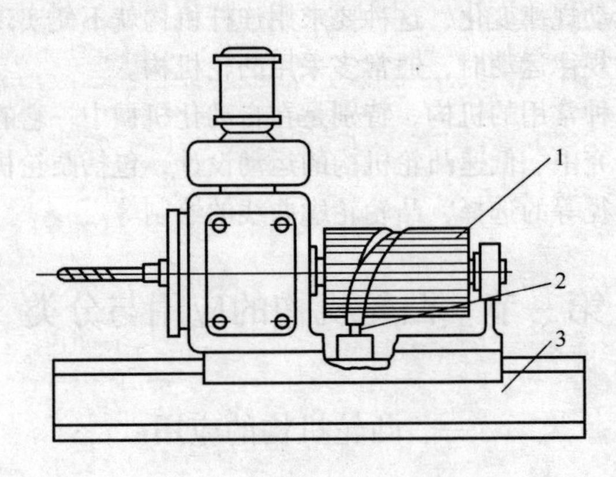

图4-3　动力头用凸轮机构

图4-4所示为应用于冲床上的凸轮机构示意图。凸轮1固定在冲头上，当冲头上下往复运动时，凸轮驱使从动件2以一定的规律作水平往复运动，从而带动机械手装卸工件。

图4-5所示为移动凸轮机构在靠模车削手柄装置中的应用。工件1回转时，移动凸轮（靠模板）3和工件一起向右作纵向移动，由于移动凸轮的曲线轮廓的推动，从动件（刀架）2带着车刀按一定规律作横向移动，从而车削出具有凸轮表面形状的手柄。此种加工称为靠模加工或仿形加工。

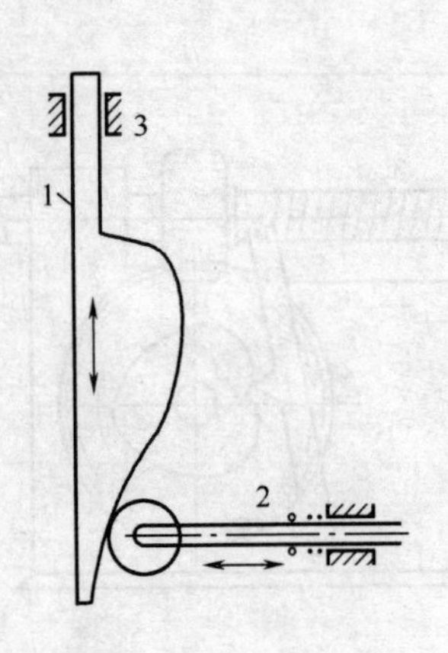

图4-4　冲床上的凸轮机构
1—凸轮　2—从动件　3—机架

从以上所举的例子可以看出：凸轮机构主要由凸轮1、从动件2和机架3三个基本构件组成。从动件与凸轮轮廓为高副接触传动，因此理论上讲可以使从动件获得所需要的任意的预期运动。

凸轮机构的优点为：只需设计适当的凸轮轮廓曲线，便可使从动件得到所需的任意运动规律，这是凸轮机构最主要的特点。并且结构简单、紧凑、设计方便。它的缺点是凸轮轮廓与从动件之间为点接触或线接触，易于磨损，所以，通常仅用于传递功率不大的场合。此外，由于受凸轮尺寸的限制，所以也不适用于要求从动杆工作行程较大的场合。

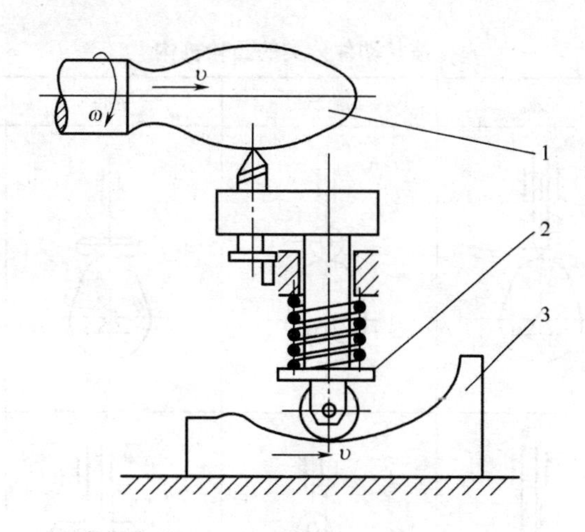

图4－5　移动凸轮机构

1—工件　2—从动件（刀架）　3—移动凸轮（靠模板）

二、凸轮机构的分类

1. 按凸轮的形状分类

（1）盘形凸轮：它是凸轮的最基本型式。这种凸轮是一个绕固定轴转动并且具有变化半径的盘形零件。如图4－1和图4－2所示。

盘形凸轮机构的结构比较简单，应用较多，但从动杆的行程不能太大，否则将使凸轮径向尺寸变化过大，对工作不利，所以盘形凸轮机构多用在行程较短的传动中。

（2）移动凸轮：当盘形凸轮的回转中心趋于无穷远时，凸轮相对机架作直线运动，这种凸轮称为移动凸轮，如图4－4、图4－5所示。

（3）圆柱凸轮：将移动凸轮卷成圆柱体即成为圆柱凸轮，如图4－3所示。

2. 按从动件的形状分类

（1）尖端从动件：这种从动件结构最简单，尖顶能与任意复杂的凸轮轮廓保持接触，以实现从动件的任意运动规律。但因尖顶易磨损，仅适用于作用力很小的低速凸轮机构。

（2）滚子从动件：从动件的一端装有可自由转动的滚子，滚子与凸轮之间为滚动摩擦，磨损小，可以承受较大的载荷，因此，应用最普遍。

（3）平底从动件：从动件的一端为一平面，直接与凸轮轮廓相接触。若不考虑摩擦，凸轮对从动件的作用力始终垂直于端平面，传动效率高，且接触面间容易形成油膜，利于润滑，故常用于高速凸轮机构中。它的缺点是凸轮轮廓不允许为凹曲线，故运动规律受到限制。

（4）曲面从动件：这是尖端从动件的改进形式，较尖端从动件不易磨损。

表4－1　　按从动件分类的凸轮机构

从动件类型	尖端	滚子	平底	曲面
对心移动从动件	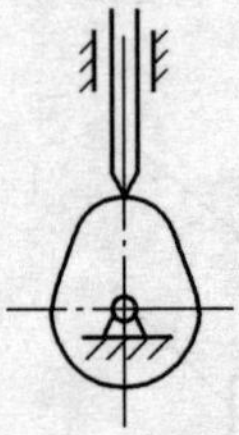	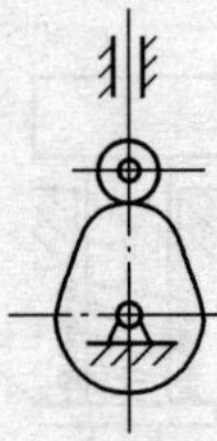	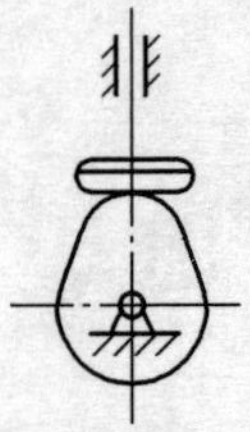	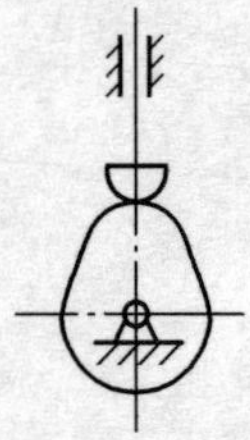
偏置移动从动件	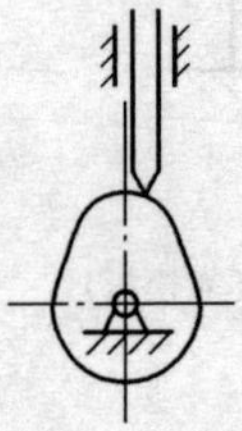	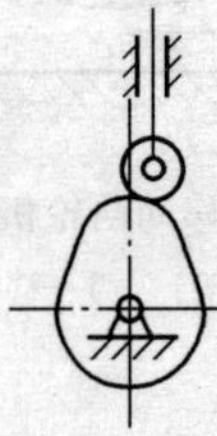	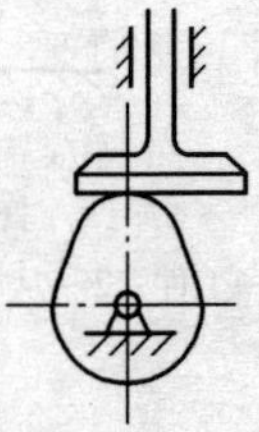	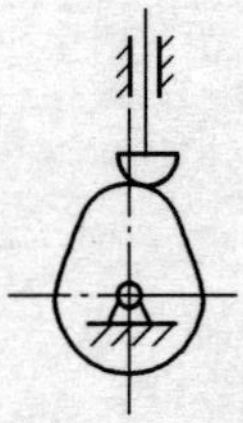
摆动从动件	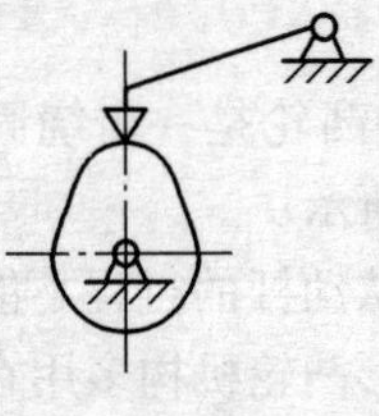	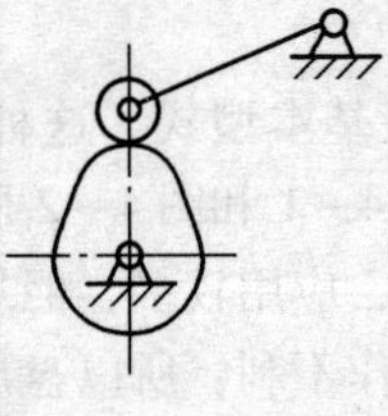	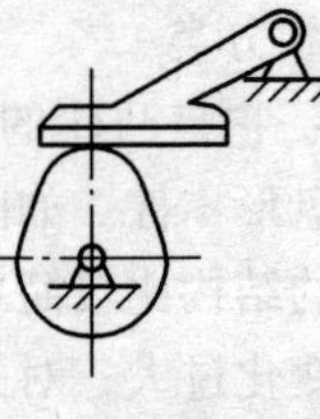	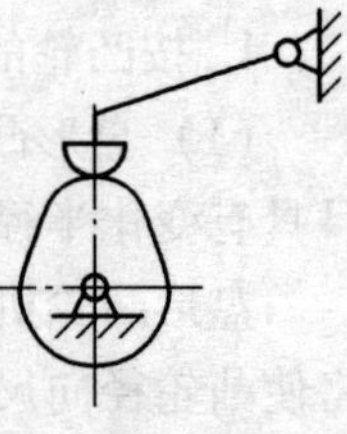

3. 按从动件的运动形式分类（见表4－1）

（1）移动从动件：从动件相对机架作往复直线运动。根据移动从动件的轴线是否通过凸轮的轴心，可分为对心移动从动件凸轮机构和偏置移动从动件凸轮机构。

（2）摆动从动件：从动件相对机架作往复摆动。

为了使凸轮与从动件始终保持接触，可以利用重力、弹簧力或依靠凸轮上的凹槽来实现。

凸轮机构中，采用重力、弹簧力使从动件端部与凸轮始终相接触的方式称为力锁合（图4－5），采用特殊几何形状实现从动件端部与凸轮相接触的方式称为形锁合（见图4－6）。

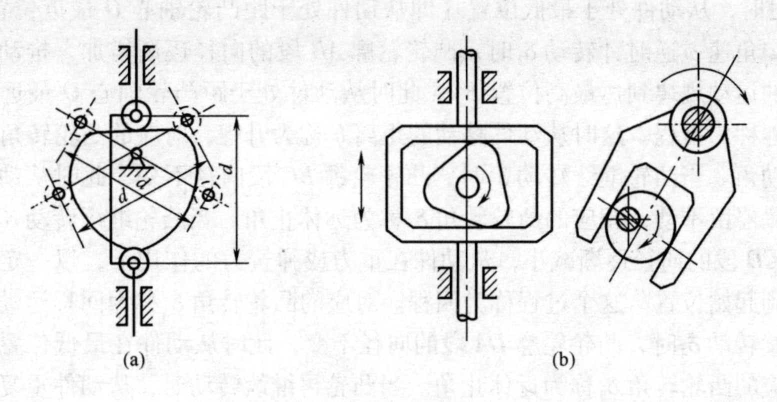

图 4－6　形锁合

第二节　从动件的常用运动规律

从动件的运动规律即是从动件的位移 s、速度 v 和加速度 a 随时间 t 变化的规律。当凸轮作匀速转动时，其转角 δ 与时间 t 成正比（$\delta=\omega t$），所以从动件运动规律也可以用从动件的运动参数随凸轮转角的变化规律来表示，即 $s=s(\delta)$，$v=v(\delta)$，$a=a(\delta)$。通常用从动件运动线图直观地表述这些关系。

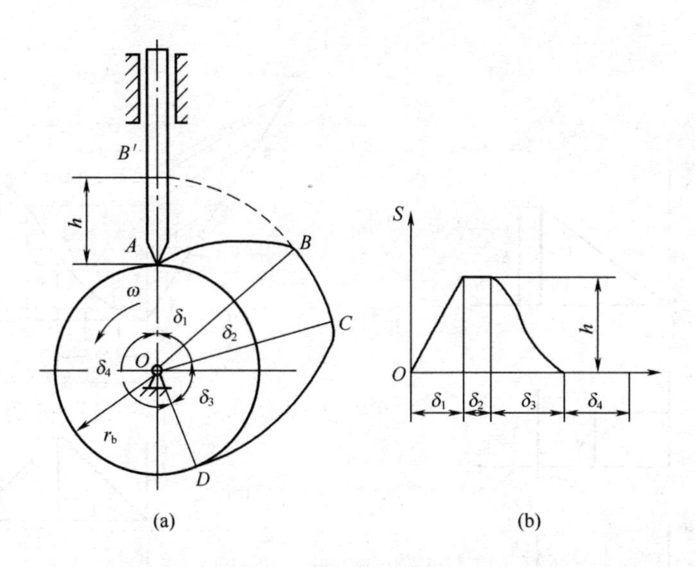

图 4－7　凸轮机构运动过程

现以对心移动尖顶从动件盘形凸轮机构为例，说明凸轮与从动件的运动关系，如图 4－7（a）所示，以凸轮轮廓曲线的最小向径 r 为半径所作的圆称为凸轮的基圆，r 称为基圆半径。点 A 为凸轮轮廓曲线的起始点。当凸轮与从动件在

A 点接触时，从动件处于最低位置（即从动件处于距凸轮轴心 O 最近位置）。当凸轮以匀角速 ω 逆时针转动 δ_1 时，凸轮轮廓 AB 段的向径逐渐增加，推动从动件以一定的运动规律到达最高位置 B'（此时从动件处于距凸轮轴心 O 最远位置），这个过程称为推程。这时从动件移动的距离 h 称为升程，对应的凸轮转角 δ_1 称为推程运动角。当凸轮继续转动 δ_2 时，凸轮轮廓 BC 段向径不变，此时从动件处于最高位置停留不动，相应的凸轮转角 δ_2 称为远休止角。当凸轮继续转动 δ_3 时，凸轮轮廓 CD 段的向径逐渐减小，从动件在重力或弹簧力的作用下，以一定的运动规律回到起始位置，这个过程称为回程。对应的凸轮转角 δ_3 称为回程运动角。当凸轮继续转动 δ_4 时，凸轮轮廓 DA 段的向径不变，此时从动件在最低位置停留不动，相应的凸轮转角 δ_4 称为近休止角。当凸轮再继续转动时，从动件重复上述运动循环。如果以直角坐标系的纵坐标代表从动件的位移 s，横坐标代表凸轮的转角 δ，则可以画出从动件位移 s 与凸轮转角 δ 之间的关系线图，如图 4－7（b）所示，它简称为从动件位移曲线。

下面介绍几种常用的从动件运动规律。

一、等速运动规律

当凸轮以等角速度 ω 转动时，从动件在推程或回程中的速度为常数的运动规律称为等速运动规律，如图 4－8 所示。

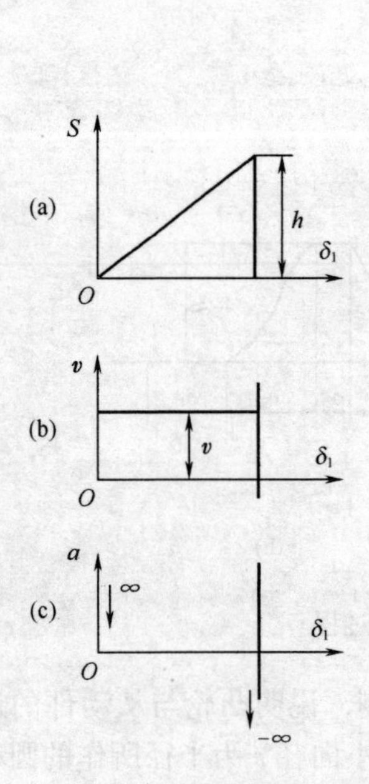

图 4－8　等速运动

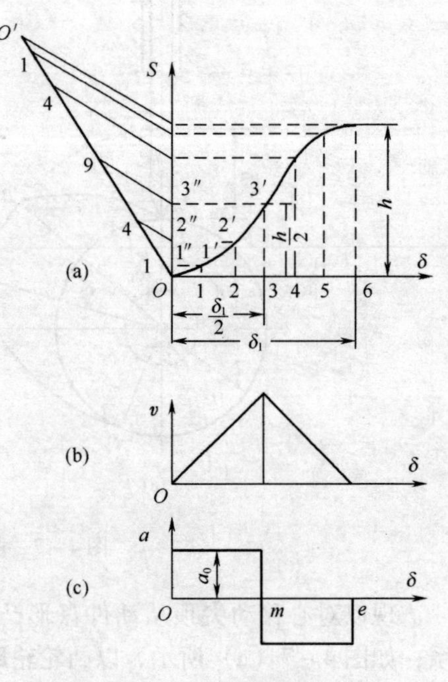

图 4－9　等加速运动

从动件由静止开始，然后以一定的速度上升运动，产生一次突然冲击，从动件上升到最高点立即转为下降运动又一次突然冲击，这种冲击为刚性冲击。随着凸轮的连续转动，从动件将周期性产生刚性冲击，引起强烈振动，对工作不利，因此，只适用于低速转动和从动件质量小的场合。

二、等加速等减速运动规律

从动件在行程的前半段为等加速，而后半段为等减速的运动规律，称为等加速等减速运动规律。如图 4－9 所示，从动件在升程 h 中，先作等加速运动，后作等减速运动，直至停止。等加速度和等减速度的绝对值相等。这样，由于从动件等加速段的初速度和等减速段的末速度为零，故两段升程所需的时间必相等，即凸轮转角均 $\delta_1/2$；两段升程也必相等，即均为 $h/2$。

从动件在升程始末，整个运动过程中，速度没有发生突变，避免了刚性冲击。因此，等加速等减速运动规律具有冲击小，运动平稳的优点，适用于中速、中载的场合。

习　题

4－1　试举例说明凸轮机构在汽车上的应用。

4－2　已知凸轮机构如图 4－10，试在图上标注：

（1）凸轮的基圆半径；

（2）从动件的升程；

（3）推程运动角；

（4）回程运动角；

（5）近休止角；

（6）远休止角。

4－3　简述凸轮机构的应用特点。

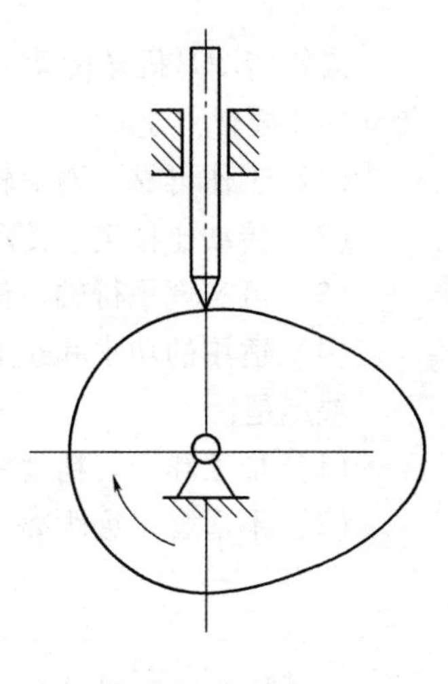

图 4－10

第五章　齿 轮 传 动

第一节　齿轮传动特点、类型

齿轮传动是机械设备中应用最广的传动之一，在汽车中的应用也非常多，如汽车手动变速器，汽车驱动桥传动等。

一、齿轮传动的特点

齿轮传动是机械传动中最重要的、也是应用最为广泛的一种传动型式。齿轮传动的主要优点是：

（1）工作可靠、寿命较长；

（2）传动比稳定、传动效率高；

（3）可实现平行轴、任意角相交轴、任意角交错轴之间的传动；

（4）适用的功率和速度范围广。

缺点是：

（1）加工和安装精度要求较高，制造成本也较高；

（2）不适宜于远距离两轴之间的传动。

二、齿轮传动的类型

齿轮传动的类型很多，可按不同的方法进行分类：

（1）按照一对齿轮轴线的相互位置，齿轮传动可分为平行轴齿轮传动、相交轴齿轮传动、交错轴齿轮传动三种。

（2）按齿轮的齿廓曲线的不同，齿轮传动可分为渐开线、摆线和圆弧三种。其中渐开线齿轮制造容易，便于安装，互换性较好，因此，应用最广。

（3）按齿形的不同可分为直齿圆柱齿轮、斜齿圆柱齿轮和人字齿圆柱齿轮传动。

（4）按齿轮传动的工作条件的不同可分为闭式齿轮传动和开式齿轮传动。闭式齿轮传动安装在封闭的刚性箱体内，能够保证良好的润滑；开式齿轮传动暴露在外，有灰尘及有害物质侵蚀，不能保证良好的润滑。

（5）按齿轮的啮合方式可分为外啮合齿轮传动、内啮合齿轮传动和齿条传动。

各种齿轮传动类型如图 5－1 所示。

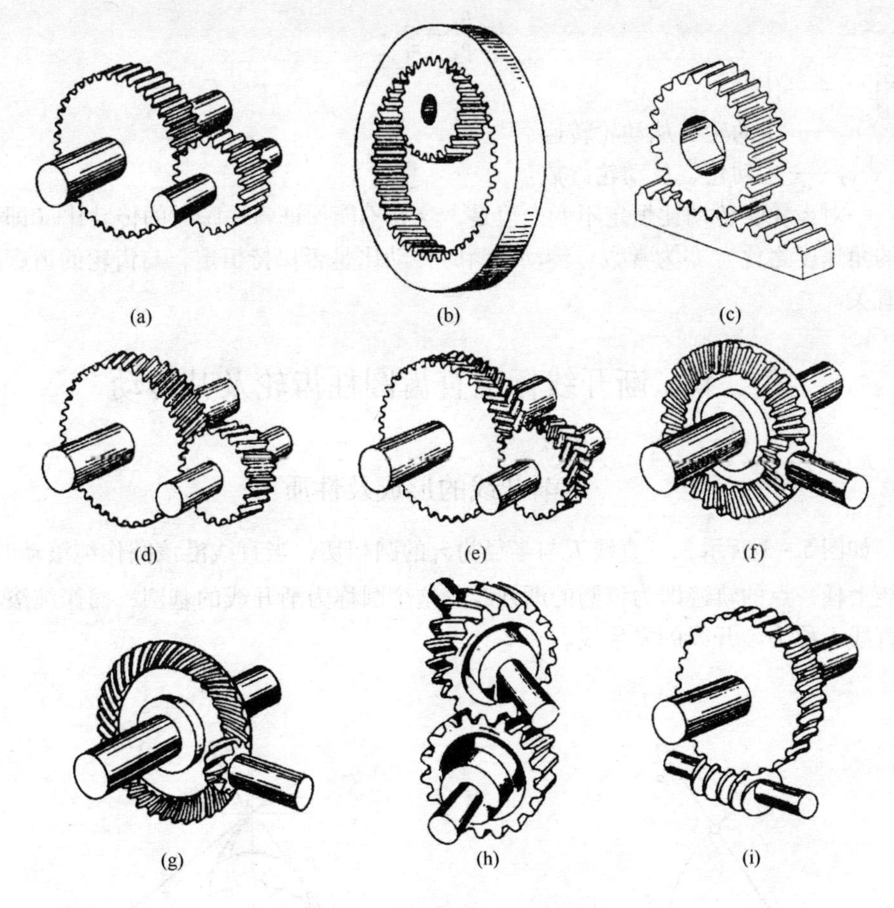

图 5－1　齿轮传动的主要类型

三、齿轮传动比

当一对齿轮相互啮合传动时，主动轮的各轮齿依次推动从动轮轮齿，使从动轮转动，从而将主动轮的动力和运动传递给从动轮。

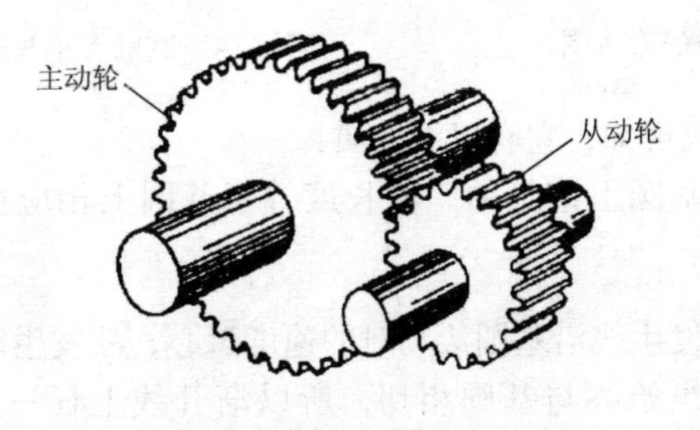

图 5－2　齿轮传动

齿轮传动是依靠主动轮的轮齿依次拨动从动轮的轮齿来实现的。传动比为：

$$i=\frac{n_1}{n_2}=\frac{z_2}{z_1}$$

式中　i——传动比；

n_1、n_2——主动轮、从动轮转速

z_1、z_2——主动轮、从动轮齿数

一对齿轮，传动比恒定不变。但是，这并不能保证每一瞬时的传动比（即两轮的角速度之比）亦为常数。传动的瞬时传动比是否保持恒定，与齿轮的齿廓曲线有关。

第二节　渐开线标准直齿圆柱齿轮及其传动

一、渐开线的形成及性质

如图 5－3 所示，一直线 L 与半径为 r_b 的圆相切，当直线沿该圆作纯滚动时，直线上任一点的轨迹即为该圆的渐开线。这个圆称为渐开线的基圆，而作纯滚动的直线 L 称为渐开线的发生线。

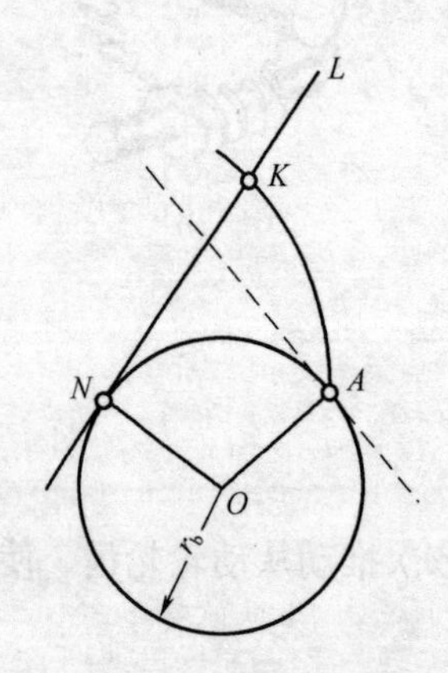

图 5－3　渐开线的形成图

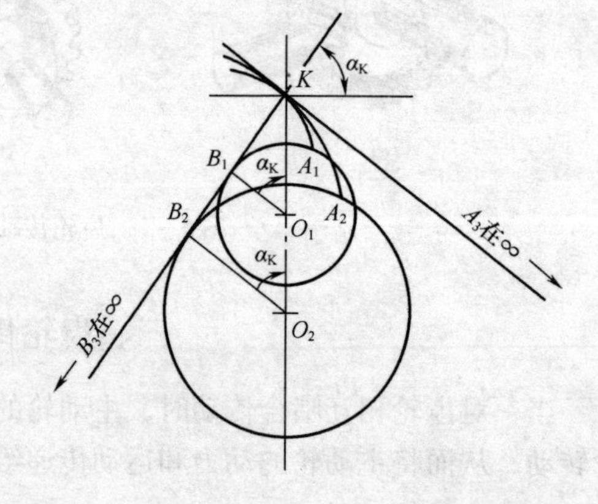

图 5－4　基圆大小与渐开线形状的关系

由渐开线的形成可知，它有以下性质：

（1）发生线在基圆上滚过的一段长度等于基圆上相应被滚过的一段弧长，即 $\overline{KN}=\overset{\frown}{AN}$。

（2）因 N 点是发生线沿基圆滚动时的速度瞬心，故发生线 KN 是渐开线 K 点的法线。又因发生线始终与基圆相切，所以渐开线上任一点的法线必与基圆相切。

(3) 发生线与基圆的切点 N 即为渐开线上 K 点的曲率中心，线段 $\overline{KN}$ 为 K 点的曲率半径。随着 K 点离基圆越远，相应的曲率半径越大；而 K 点离基圆越近，相应的曲率半径越小。

(4) 渐开线的形状取决于基圆的大小。如图 5－4 所示，基圆半径越小，渐开线越弯曲；基圆半径越大，渐开线越趋平直。当基圆半径趋于无穷大时，渐开线便成为直线。所以渐开线齿条（直径为无穷大的齿轮）具有直线齿廓。

(5) 渐开线是从基圆开始向外逐渐展开的，故基圆以内无渐开线。

二、齿 轮 参 数

图 5－5 所示为直齿圆柱齿轮的一部分。为了使齿轮在两个方向都能传动，轮齿两侧齿廓由形状相同、方向相反的渐开线曲面组成。

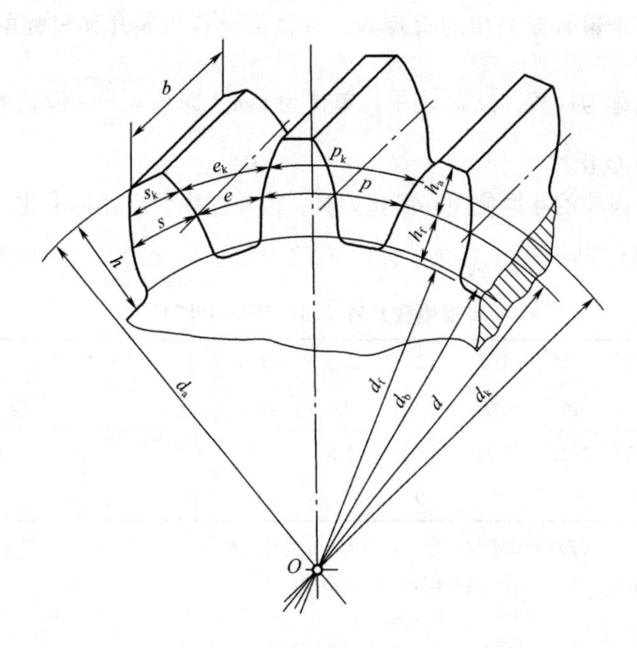

图 5－5　齿轮各部分名称

齿轮各参数名称如下：

1. 齿顶圆

齿顶端所确定的圆称为齿顶圆，其直径用 d_a 表示。

2. 齿根圆

齿槽底部所确定的圆称为齿根圆，其直径用 d_f 表示。

3. 齿槽

相邻两齿之间的空间称为齿槽。在任意直径 d_k 的圆周上，齿槽两侧齿廓之间的弧长称为该圆上的齿槽宽，用 e_k 表示。

4. 齿厚

在任意直径 d_k 的圆周上，轮齿两侧齿廓之间的弧长称为该圆上的齿厚，用 s_k 表示。

5. 齿距

相邻两齿同侧齿廓之间的弧长称为该圆上的齿距，用 p_k 表示。显然

$$p_k = s_k + e_k \quad (5-1)$$

以及

$$p_k = \frac{\pi d_k}{z} \quad (5-2)$$

式中，z 为齿轮的齿数；d_k 为任意圆的直径。

6. 模数

在式（5－2）中含有无理数“π”，这对齿轮的计算和测量都不方便。因此，规定比值 $\frac{p}{\pi}$ 等于整数或简单的有理数，并作为计算齿轮几何尺寸的一个基本参数。这个比值称为模数，以 m 表示，单位为 mm，即 $m=\frac{p}{\pi}$，齿轮的主要几何尺寸都与模数 m 成正比。

为了便于齿轮的互换使用和简化刀具，齿轮的模数已经标准化。我国规定的模数系列见表 5－1。

表 5－1　标准模数系列（GB 1354—1987）

第一系列	1	1.25	1.5	2	2.5	3	4	5	6	8	10
	12	16	20	25	32	40	50				
第二系列	1.75	2.25	2.75	(3.25)	3.5	(3.75)	4.5				
	5.5	(6.5)	7	9	(11)	14	18	22	28	36	45

注：(1) 本表适用于渐开线圆柱齿轮，对斜齿轮是指法面模数；

(2) 优先采用第一系列，括号内的模数尽可能不用。

7. 分度圆

标准齿轮上齿厚和齿槽宽相等的圆称为齿轮的分度圆，用 d 表示其直径。分度圆上的齿厚以 s 表示；齿槽宽用 e 表示；齿距用 p 表示。分度圆压力角通常称为齿轮的压力角，用 α 表示。分度圆压力角已经标准化，常用的为 20°、15°等，我国规定标准齿轮 $\alpha=20°$。

由于齿轮分度圆上的模数和压力角均规定为标准值，因此，齿轮的分度圆可定义为：齿轮上具有标准模数和标准压力角的圆。齿轮分度圆直径 d 则可表示为：

$$d = \frac{p}{\pi} z = mz \quad (5-3)$$

8. 齿顶与齿根

在轮齿上介于齿顶圆和分度圆之间的部分称为齿顶，其径向高度称为齿顶高，

用 h_a 表示。介于齿根圆和分度圆之间的部分称为齿根，其径向高度称为齿根高，用 h_f 表示。齿顶圆与齿根圆之间轮齿的径向高度称为全齿高，用 h 表示，故

$$h = h_a + h_f \tag{5-4}$$

齿轮的齿顶高和齿根高可用模数表示为：

$$h_a = h_a^* m \tag{5-5}$$

$$h_f = (h_a^* + c^*)\ m \tag{5-6}$$

式中，h_a^* 和 c^* 分别称为齿顶高系数和顶隙系数，对于圆柱齿轮，其标准值按正常齿制和短齿制规定为：

正常齿：$h_a^* = 1$，$c^* = 0.25$

短齿：$h_a^* = 0.8$，$c^* = 0.3$

9. 顶隙

顶隙是指一对齿轮啮合时，一个齿轮的齿顶圆到另一个齿轮的齿根圆的径向距离。顶隙可以避免一个齿轮的齿顶圆与另一个齿轮的齿槽底部相抵触，有利于贮存润滑油。顶隙按下式计算：

$$c = c^* m$$

三、标 准 齿 轮

若一齿轮的模数、分度圆压力角、齿顶高系数、齿根高系数均为标准值，且其分度圆上齿厚与齿槽宽相等，则称为标准齿轮。因此，对于标准齿轮

$$s = e = \frac{p}{2} = \frac{\pi m}{2} \tag{5-7}$$

1. 外齿轮

渐开线标准直齿圆柱外齿轮传动的参数和主要几何尺寸计算公式列于表 5－2。

表 5－2　　标准直齿圆柱齿轮传动的参数和几何尺寸计算公式

名称	代号	公式与说明
齿数	z	根据工作要求确定
模数	m	由轮齿的承载能力确定，并按表 5－1 取标准值
压力角	α	$\alpha = 20°$
分度圆直径	d	$d_1 = mz_1$；$d_2 = mz_2$
齿顶高	h_a	$h_a = h_a^* m$
齿根高	h_f	$h_f = (h_a^* + c^*)\ m$
齿全高	h	$h = h_a + h_f$
齿顶圆直径	d_a	$d_{a1} = d_1 + 2h_a = m\ (z_1 + 2h_a^*)$ $d_{a2} = m\ (z_2 + 2h_a^*)$
齿根圆直径	d_f	$d_{f1} = d_1 - 2h_f = m\ (z_1 - 2h_a^* - 2c^*)$ $d_{f2} = m\ (z_2 - 2h_a^* - 2c^*)$

续表

名称	代号	公式与说明
分度圆齿距	p	$p=\pi m$
分度圆齿厚	s	$s=\frac{1}{2}\pi m$
分度圆齿槽宽	e	$e=\frac{1}{2}\pi m$
基圆直径	d_b	$d_{b1}=d_1\cos\alpha=mz_1\cos\alpha$ $d_{b2}=mz_2\cos\alpha$
中心距离	a	$a=\frac{1}{2}(d_1+d_2)=\frac{1}{2}(z_1+z_2)m$
顶隙	c	$c=c^* m$

2. 直齿圆柱内齿轮

当要求齿轮传动两轴平行，回转方向相同且机构紧凑时，可采用内齿轮传动，图 5－6 为内齿轮。

内齿轮与外齿轮比较有下列不同点：

（1）内齿轮的齿厚相当于外齿轮的齿槽宽，内齿轮的齿槽宽相当于外齿轮的齿厚。内齿轮的齿廓虽然也是渐开线的，但外齿轮的齿廓是外凸的，而内齿轮的齿廓却是内凹的。

（2）内齿轮的齿顶圆在它的分度圆之内，齿根圆在分度圆之外，即齿根圆大于齿顶圆。

（3）当内齿轮的齿顶齿廓全部为渐开线时，其齿顶圆必须大于基圆。

由于以上特点，内齿轮的某些尺寸的计算也与外齿轮不同。其主要尺寸计算公式列于表 5－3。

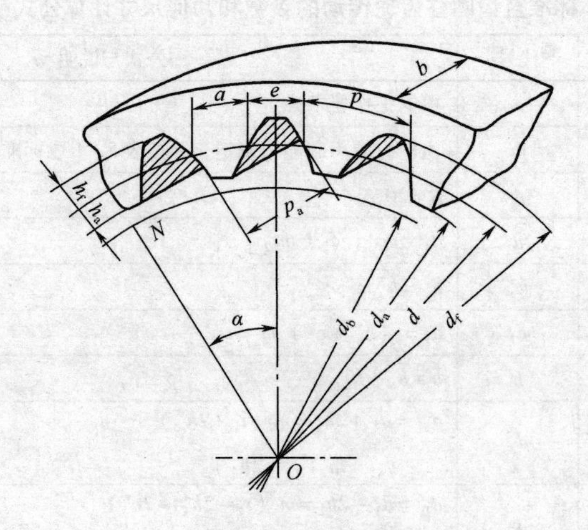

图 5－6 内齿轮主要参数

表 5－3　　渐开线标准直齿内齿轮主要尺寸计算公式

名称	符号	公式（内齿轮齿数为 z_2）
压力角	α	$\alpha=20°$
分度圆直径	d	$d_2=mz_2$
齿顶高	h_a	$h_a=h_a^* m$
齿根高	h_f	$h_f=(h_a^*+c^*)m$
齿全高	h	$h=h_a+h_f$
齿顶圆直径	d_a	$d_{a2}=m(z_2-2h_a^*)$
齿根圆直径	d_f	$d_{f2}=m(z_2+2h_a^*+2c^*)$
基圆直径	d_b	$d_{b2}=mz_2\cos\alpha$
齿距	p	$p=\pi m$
分度圆齿厚	s	$s=\frac{1}{2}\pi m$
分度圆齿槽宽	e	$e=\frac{1}{2}\pi m$
中心距离	a	$a=\frac{1}{2}(d_2-d_1)=\frac{1}{2}(z_2-z_1)m$
顶隙	c	$c=c^* m$

3. 齿条

图 5－7 所示为一齿条。齿条与齿轮相比有两点不同：

（1）齿条齿廓是直线，所示齿廓上各点的法线是平行的。而且在传动时齿条是作平动的，所以齿条上各点的速度大小和方向均相同，因而齿条齿廓上各点的压力角都相等，且等于标准压力角。由图看出，齿条齿廓的压力角等于齿廓的倾斜角 α（α 也称为齿形角）。

（2）由于齿条上各齿同侧的齿廓都是平行的，所以与分度线平行的任意直线上的齿距均相等，即 $p_k=p=\pi m$。但只有在分度线上 $s=e$ 才成立，其他直线上的齿厚与齿槽宽不相等。

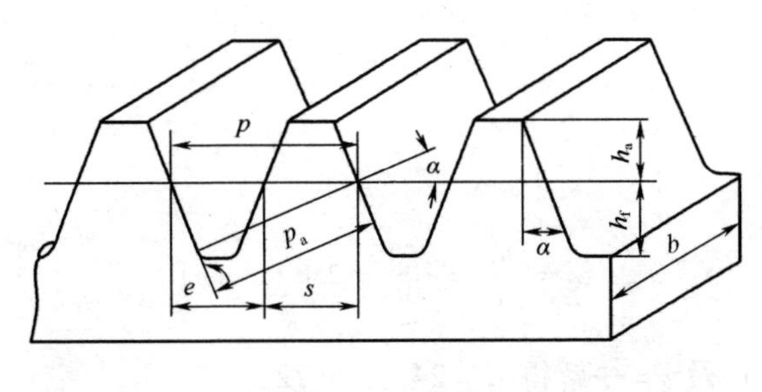

图 5－7　齿条

直齿齿条的主要尺寸计算公式列于表5-4。

表5-4　　渐开线标准直齿齿条主要尺寸计算公式

名称	符号	公式
齿顶高	h_a	$h_a = h_a^* m$
齿根高	h_f	$h_f = (h_a^* + c^*) m$
齿全高	h	$h = h_a + h_f$
齿距	p	$p = \pi m$
齿厚	s	$s = \frac{1}{2}\pi m$
齿槽宽	e	$e = \frac{1}{2}\pi m$
顶隙	c	$c = c^* m$

四、渐开线直齿圆柱齿轮正确啮合的条件

(1) 两齿轮分度圆上的齿形角相等　　$\alpha_1 = \alpha_2 = \alpha$

(2) 两齿轮的模数相等　　$m_1 = m_2 = m$

例5-1　已知一标准直齿圆柱齿轮的齿数 $z=36$，顶圆直径 $d_a = 304\text{mm}$。试计算其分度圆直径 d、齿根圆直径 d_f、齿距 p 以及齿高 h。

解

由式 $d_a = m(z+2)$ 得

$$m = \frac{d_a}{z+2} = \frac{304}{36+2} = 8\ (\text{mm})$$

将 m 代入有关各式得

$$d = mz = 8 \times 36 = 288(\text{mm})$$

$$d_f = m(z-2.5) = 8 \times (36-2.5) = 268(\text{mm})$$

$$p = \pi m = 3.14 \times 8 = 25.12(\text{mm})$$

$$h = 2.25m = 2.25 \times 8 = 18(\text{mm})$$

例5-2　已知一标准直齿圆柱齿轮副，其传动比 $i=3$，主动齿轮转速 $n_1 = 750\text{r/min}$，中心距 $a=240\text{mm}$，模数 $m=5\text{mm}$。试求从动轮转速 n_2，以及两齿轮齿数 z_1 和 z_2。

解

由式 $i = \frac{n_1}{n_2} = \frac{z_2}{z_1}$ 得

$$n_2 = \frac{n_1}{i} = \frac{750}{3} = 250\ (\text{r/min})$$

由 $a = \frac{m}{2}(z_1 + z_2)$ 及 $i = \frac{z_2}{z_1}$ 解得 $z_1 = 24$，$z_2 = 72$

五、渐开线齿轮连续传动的条件

图 5 - 8 所示为一对相互啮合的齿轮，设轮 1 为主动轮，轮 2 为从动轮。齿廓的啮合是由主动轮 1 的齿根部推动从动轮 2 的齿顶开始，因此，从动轮齿顶圆与啮合线的交点 B_2 即为一对齿廓进入啮合的开始。随着轮 1 推动轮 2 转动，两齿廓的啮合点沿着啮合线移动。当啮合点移动到齿轮 1 的齿顶圆与啮合线的交点 B_1 时（图中虚线位置），这对齿廓终止啮合，两齿廓即将分离。故啮合线 N_1N_2 上的线段 B_1B_2 为齿廓啮合点的实际轨迹，称为实际啮合线，而线段 N_1N_2 称为理论啮合线。

当一对轮齿在 B_2 点开始啮合时，前一对轮齿仍在 K 点啮合，则传动就能连续进行。由图 5 - 8 可见，这时实际啮合线段 B_1B_2 的长度大于齿轮的法线齿距。如果前一对轮齿已于 B_1 点脱离啮合，而后一对轮齿仍未进入啮合，则这时传动发生中断，将引起冲击。所以，保证连续传动的条件是使实际啮合线长度大于或至少等于齿轮的法线齿距（即基圆齿距 p_b）。

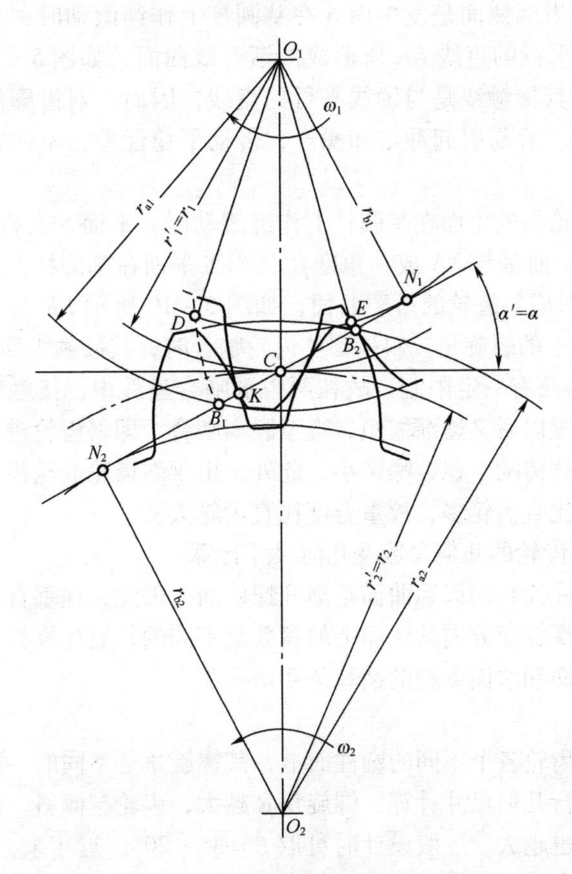

图 5 - 8　渐开线齿轮连续传动的条件

通常将实际啮合线长度与基圆齿距之比称为齿轮的重合度，用ε表示，即：

$$\varepsilon = \frac{\overline{B_1B_2}}{p_b} \geqslant 1 \tag{5-8}$$

理论上当$\varepsilon=1$时，就能保证一对齿轮连续传动，但考虑齿轮的制造、安装误差和啮合传动中轮齿的变形，实际上应使$\varepsilon>1$。一般机械制造中，常使$\varepsilon \geqslant$ 1.1～1.4。重合度越大，表示同时啮合的齿的对数越多。对于标准齿轮传动，其重合度都大于1，故通常不必进行验算。

第三节　其他类型齿轮传动

一、斜齿圆柱齿轮及其传动

前面论述的直齿圆柱齿轮的齿廓形成及啮合特点，都是就其端面即垂直于齿轮轴线的平面来讨论。实际上，齿轮具有一定的宽度。当发生线在基圆上作纯滚动时，发生线上任一点的轨迹为该圆的渐开线。而对于具有一定宽度的直齿圆柱齿轮，其齿廓侧面是发生面S在基圆柱上作纯滚动时，平面S上任一与基圆柱母线NN平行的直线KK所形成的渐开线曲面，如图5－9所示，直齿圆柱齿轮啮合时，其接触线是与轴线平行的直线，因而一对齿廓沿齿宽同时进入啮合或退出啮合，容易引起冲击和噪声，传动平稳性差，不适宜用于高速齿轮传动。

斜齿圆柱齿轮是发生面在基圆柱上作纯滚动时，平面S上直线KK不与基圆柱母线NN平行，而是与NN成一角度β_b，当S平面在基圆柱上作纯滚动时，斜直线KK的轨迹形成斜齿轮的齿廓曲面，如图5－10所示KK与基圆柱母线的夹角β_b称为基圆柱上的螺旋角。斜齿圆柱齿轮啮合时，其接触线都是平行于斜直线KK的直线，因齿高有一定限制，故在两齿廓啮合过程中，接触线长度由零逐渐增长，从某一位置以后又逐渐缩短，直至脱离啮合，即斜齿轮进入和脱离接触都是逐渐进行的，故传动平稳，噪声小，此外，由于斜齿轮的轮齿是倾斜的，同时啮合的轮齿对数比直齿轮多，故重合度比直齿轮大。

1. 斜齿圆柱齿轮的几何参数及几何尺寸计算

由于斜齿圆柱齿轮的齿廓曲面是渐开螺旋面，因此，在垂直于齿轮轴的端面上和垂直于齿廓螺旋面方向的法面上的参数是不同的，故计算斜齿轮的几何尺寸时，必须注意端面和法面参数的换算关系。

1）螺旋角

在斜齿圆柱齿轮各个不同的圆柱面上，其螺旋角是不同的。通常用分度圆柱上的螺旋角β进行几何尺寸计算。螺旋角β越大，齿轮越倾斜，则传动的平稳性越好，但轴向力也越大。一般设计时可取$\beta=8°\sim20°$。近年来，为增大重合度，增加传动平稳性和降低噪声，在螺旋角参数选择上，有大螺旋角化倾向。对于人字齿轮，因其轴向力可以抵消，常取 25°～45°，但其加工较困难，精度较低，一般用于重型机械的齿轮传动中。

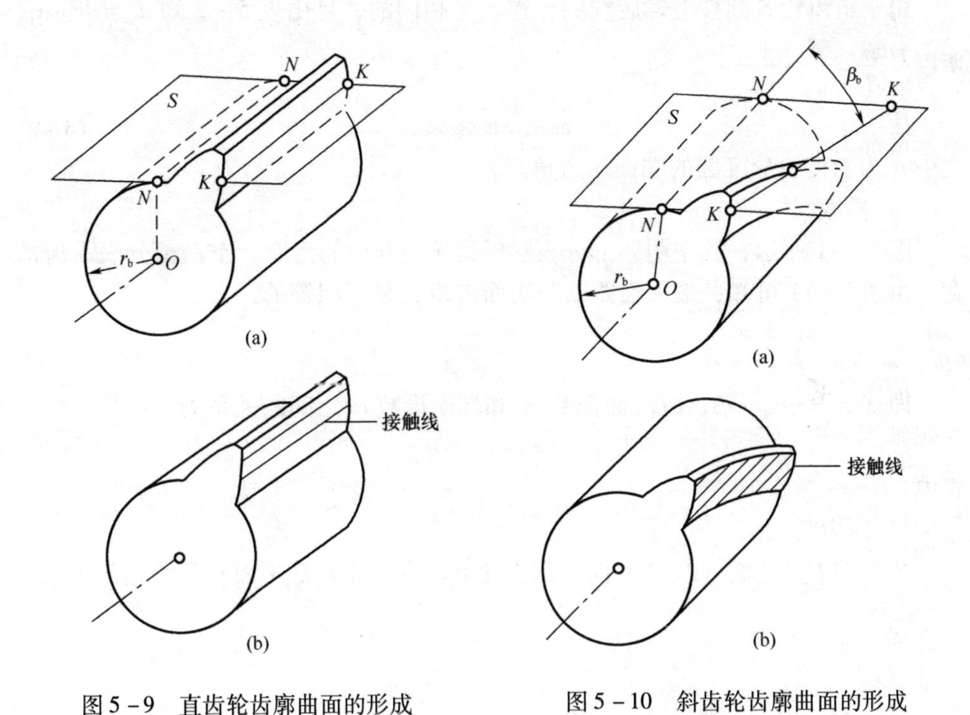

图 5－9 直齿轮齿廓曲面的形成　　图 5－10 斜齿轮齿廓曲面的形成

斜齿轮按其齿廓渐开螺旋面的旋向，可以分为右旋和左旋两种。

若将斜齿轮沿分度圆柱面展开成一个矩形，如图 5－11，则矩形的高就是斜齿轮的宽度 b，矩形的长即为分度圆的周长 πd。：

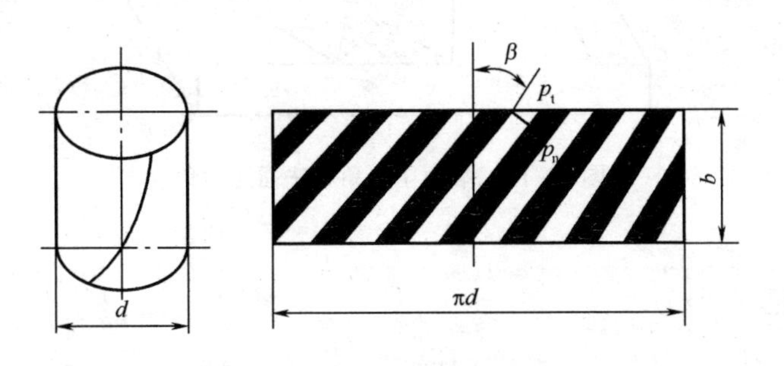

图 5－11 斜齿轮的展开

$$\tan\beta = \frac{\pi d}{p_s}$$

式中 p_s 为螺旋线的导程。

基圆柱上的螺旋角

$$\tan\beta_b = \frac{\pi d_b}{p_s}$$

由于斜齿轮各圆柱上螺旋线的导程 p_s 是相同的，且由表 5－2 知 $d_b = d\cos\alpha_t$，所以 $\frac{\tan\beta}{\tan\beta_b} = \frac{d}{d_b}\frac{1}{\cos\alpha_t}$

故

$$\tan\beta_b = \tan\beta\cos\alpha_t \tag{5-9}$$

式中 α_t 为斜齿轮分度圆的端面压力角。

2）模数

图 5－11 所示，其中阴影部分表示斜齿轮展开后的齿厚，空白部分表示齿槽宽。由图 5－11 可知，端面齿距 p_t 与法面齿距 p_n 是不相等的，

$$p_t = \frac{p_n}{\cos\beta}$$

即 $\pi m_n = \pi m_t\cos\beta$，故法面模数 m_n 和端面模数 m_t 之间的关系为

$$m_n = m_t\cos\beta \tag{5-10}$$

式中 β——螺旋角

3）压力角

图 5－12 是端面（ABD 平面）压力角和法面（A_1B_1D 平面）压力角的关系。

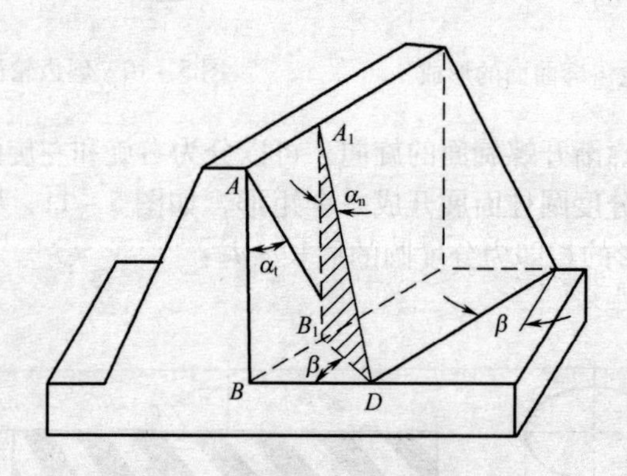

图 5－12 端面压力角和法面压力角

由图可见

$$\tan\alpha_t = \frac{BD}{AB}$$

$$\tan\alpha_n = \frac{B_1D}{A_1B_1}$$

及 $B_1D = BD\cos\beta$，故

$$\tan\alpha_n = \tan\alpha_t\cos\beta \tag{5-11}$$

4）齿顶高系数及顶隙系数

由图5-12可知，$AB = A_1B_1$，即在端面上和法面上的全齿高 h、齿顶高 h_a、齿根高 h_f 以及顶隙 c 是相等的。即：$ha = ha^*_{at} m_t = h^*_{am} m_n$

$$h_f = (h^*_{at} + c^*_t) m_t = (h^*_{an} + c^*_n) m_n$$

$$c = c^*_t m_t = c^*_n m_n$$

因为 $m_n = m_t \cos\beta$

所以
$$\begin{aligned} h^*_{at} &= h^*_{an}\cos\beta \\ c^*_t &= c^*_n \cos\beta \end{aligned} \qquad (5-12)$$

采用铣刀或滚刀切削加工斜齿轮时，由于刀具的进刀方向是垂直于轮齿法面的，因此，斜齿轮的法向参数与刀具参数相同。所以一般规定斜齿轮的法面模参数：m_n、a_n、h^*_{an} 和 c^*_n 为标准值，且与直齿圆柱齿轮的参数标准值相同，即 m_n 值查表5-1，$\alpha_n - 20°$，$h^*_{an} = 1$，$c^*_n = 0.25$（$0.1 < m_n < 1$ 时，$c^*_n \geqslant 0.35$）。

5）斜齿轮（外啮合）的几何尺寸计算

由于一对斜齿轮的啮合，在端面上相当于一对直齿轮的啮合，故可将直齿轮几何尺寸计算公式应用于斜齿轮端面的计算，见表5-5。

斜齿轮传动的中心距与螺旋角 β 有关。当一对斜齿轮的模数、齿数一定时，可以通过改变其螺旋角 β 的大小来配凑给定的实际安装中心距。对标准斜齿轮不发生根切的最少齿数为

$$z_{min} = \frac{2h^*_{at}}{\sin^2\alpha_t}$$

若螺旋角 $\beta = 15°$，$\alpha_n = 20°$，$h^*_{an} = 1$，则不发生根切的最少齿数为 $z_{min} = 15.5$

由此可知，标准斜齿轮比标准直齿轮结构紧凑。

表5-5　外啮合标准斜齿圆柱齿轮传动的几何尺寸计算

名称	符号	公式（内齿轮齿数为 z_2）
螺旋角	β	$\beta = 8° \sim 20°$
基圆柱螺旋角	β_b	$\tan\beta_b = \tan\beta\cos\alpha_t$
法面压力角	α_n	$\alpha_n = 20°$
端面压力角	α_t	$\tan\alpha_t = \tan\alpha_n / \cos\beta$
齿顶高	h_a	$h_a = h^*_{an} m_n$
齿根高	h_f	$h_f = (h^*_{an} + c^*_n)\ m_n$
齿全高	h	$h = h_a + h_f$
基圆直径	d_b	$d_b = mz\cos\alpha_t$
齿顶圆直径	d_a	$d_a = d + 2h_a$
齿根圆直径	d_f	$d_f = = d - 2h_f$
分度圆直径	d	$d = m_t z = (m_n / \cos\beta)\ z$

续表

名称	符号	公式（内齿轮齿数为 z_2）
法面齿距	p_n	$p_n = \pi m_n$
端面齿距	p_t	$p_t = \pi m_t$
法面模数	m_n	$m_n = m$（直齿轮模数）
端面模数	m_t	$m_t = m_n / \cos\beta$
标准中心距	a	$a = \frac{1}{2}(d_2 + d_1) = \frac{1}{2}(z_2 + z_1)\ m_t = \frac{m_n}{2\cos\beta}(z_1 + z_2)$
当量齿数	z_v	$z_v = \frac{z}{\cos^3\beta}$

2. 斜齿圆柱齿轮传动的正确啮合条件

由斜齿轮齿廓曲面的形成可知，为保证斜齿轮正确啮合传动，除像直齿轮那样保证两齿轮的模数、压力角相等外，两齿轮的螺旋角也应匹配。对外啮合传动，两齿轮的螺旋角应大小相等，方向相反；对内啮合传动，两齿轮的螺旋角应大小相等，方向相同。

因此，斜齿轮传动的正确啮合条件是：

1）$m_{n1} = m_{n2} = m$；

2）$\alpha_{n1} = \alpha_{n2} = \alpha$；

3）$\beta_1 = -\beta_2$（外啮合）；$\beta_1 = \beta_2$（内啮合）。

二、圆锥齿轮及其传动

1. 直齿圆锥齿轮传动特性

圆锥齿轮用于相交两轴之间的传动，其中应用最广泛的是两轴交角 $\Sigma = \delta_1 + \delta_2 = 90°$ 的直齿圆锥齿轮。

与圆柱齿轮不同，圆锥齿轮的轮齿是沿圆锥面分布的，其轮齿尺寸朝锥顶方向逐渐缩小。

圆锥齿轮的运动关系相当于一对节圆锥作纯滚动。除节圆锥外，圆锥齿轮还有分度圆锥、齿顶圆锥、齿根圆锥、基圆锥。

图 5－13 所示为一对标准直齿圆锥齿轮，其节圆锥与分度圆锥重合，δ_1、δ_2 为节锥角，Σ 为两节圆锥几何轴线的夹角，d_1、d_2 为大端节圆直径。当 $\Sigma = \delta_1 + \delta_2 = 90°$ 时，其传动比

$$i = \frac{n_1}{n_2} = \frac{d_2}{d_1} = \frac{z_2}{z_1} = \frac{\sin\delta_2}{\sin\delta_1} = \tan\delta_2 = \cot\delta_1 \qquad (5-13)$$

2. 正确啮合条件

由于直齿圆锥齿轮的大端齿形可以近似地用当量齿轮（直齿圆柱齿轮）的齿形代替，所以圆柱齿轮传动的啮合原理可以用于直齿圆锥齿轮传动。圆锥齿轮

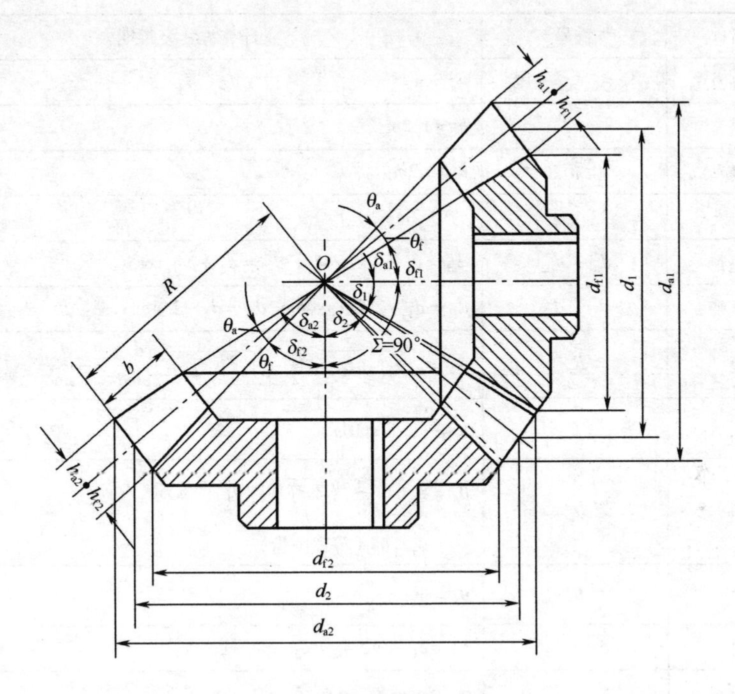

图 5－13　圆锥齿轮传动

通常是以大端参数为标准的，这是由于大端尺寸较大，便于测量和估算机构的外形尺寸，因此得到一对啮合的圆锥齿轮的正确啮合条件为大端模数和压力角必须相等，即：

$$m_1 = m_2 = m$$

$$\alpha_1 = \alpha_2 = \alpha$$

3. 直齿圆锥齿轮传动的几何尺寸计算

按 GB 12369—1990 规定，直齿圆锥齿轮传动的几何尺寸计算是以其大端参数为标准参数。当轴交角 $\Sigma = 90°$ 时，标准直齿圆锥齿轮的几何尺寸计算公式见表 5－6。

表 5－6　　$\Sigma = 90°$ 标准直齿圆锥齿轮的几何尺寸计算

名称	符号	计算方式及说明
大端模数	m_e	按 GB 12364—1990 取标准值
传动比	i	$i = \frac{z_2}{z_1} = \tan\delta_2 = \cot\delta_1$　单级 $i < 6 \sim 7$
分度圆锥角	δ_1、δ_2	$\delta_2 = \arctan\frac{z_2}{z_1}$，$\delta_1 = 90° - \delta_2$
分度圆直径	d_1、d_2	$d_1 = m_e z_1$，$d_2 = m_e z_2$

续表

名称	符号	计算方式及说明
齿顶高	h_a	$h_a = m_e$
齿根高	h_f	$h_f = 1.2m_e$
全齿高	h	$h = 2.2m_e$
顶隙	c	$c = 0.2m_e$
齿顶圆直径	d_{a1}，d_{a2}	$d_{a1} = d_1 + 2m_e\cos\delta_1$，$d_{a2} = d_2 + 2m_e\cos\delta_2$
齿根圆直径	d_{f1}，d_{f2}	$d_{f1} = d_1 - 2.4m_e\cos\delta_1$，$d_{f2} = d_2 - 2.4m_e\cos\delta_2$
外锥距	R_e	$R_e = \sqrt{{r_1}^2 + {r_2}^2} = \frac{m_e}{2}\sqrt{{z_1}^2 + {z_2}^2} = \frac{d_1}{2\sin\delta_1} = \frac{d_2}{2\sin\delta_2}$
齿宽	b	$b \leqslant \frac{R_e}{3}$，$b \leqslant 10m_e$
齿顶角	θ_a	$\theta_a = \arctan\frac{h_f}{R_e}$（不等顶隙齿） $\theta_a = \theta_f$（等顶隙齿）
齿根角	θ_f	$\theta_f = \arctan\frac{h_f}{R_e}$
根锥角	δ_{f1}、δ_{f2}	$\delta_{f1} = \delta_1 - \theta_f$、$\delta_{f2} = \delta_2 - \theta_f$
顶锥角	δ_{a1}、δ_{a2}	$\delta_{a1} = \delta_1 + \theta_a$、$\delta_{a2} = \delta_2 + \theta_a$

三、蜗杆传动

1. 蜗杆传动的组成和类型

蜗杆传动主要由蜗杆 1 和蜗轮 2 组成（图 5－14），蜗杆传动用于传递空间交错成90°的两轴之间的运动和动力，通常蜗杆为主动件。与其他机械传动比较，蜗杆传动具有传动比大、结构紧凑、运转平稳、噪声较小等优点，因此广泛应用于各种机器和仪器中。

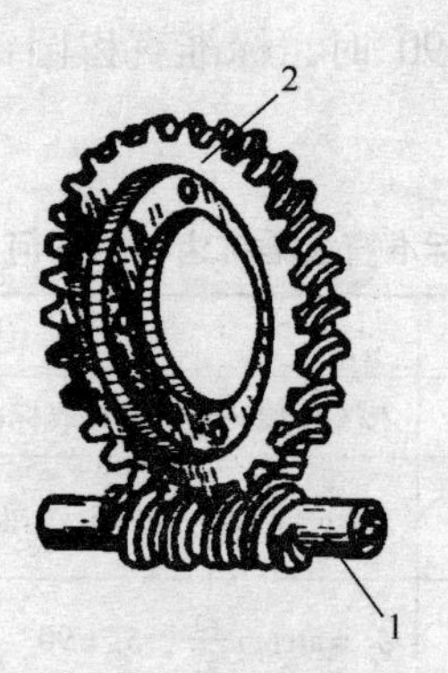

图 5－14　蜗杆传动

1—蜗杆　2—蜗轮

机械中常用的为普通圆柱蜗杆传动。根据蜗杆螺旋面的形状，可分为阿基米德蜗杆、渐开线蜗杆及延伸渐开线蜗杆三种。由于阿基米德蜗杆容易加工制造，应用最广，本章主要讨论这种蜗杆传动。

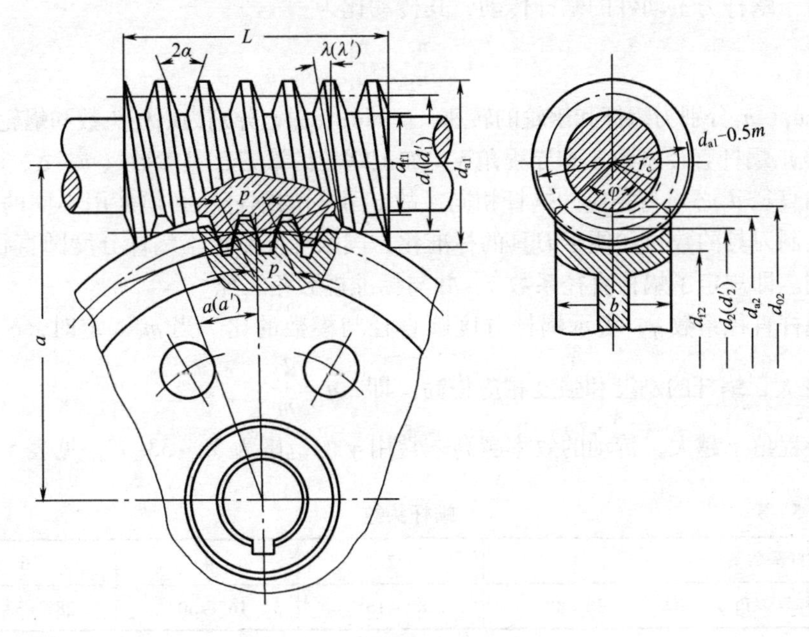

图 5－15　蜗杆传动的中间平面

2. 圆柱蜗杆传动的主要参数和几何尺寸计算

（1）模数 m 和压力角 α　如图 5－15 所示，通过蜗杆轴线并与蜗轮轴线垂直的平面，称为中间平面。在中间平面内阿基米德蜗杆具有渐开线齿条的齿廓，其两侧边的夹角为 2α，与蜗杆啮合的蜗轮齿廓可认为是渐开线。所以在中间平面内蜗轮与蜗杆的啮合传动相当于渐开线齿条与齿轮的啮合传动。因此，蜗杆传动以中间平面内蜗轮与蜗杆的参数为标准参数。即规定蜗杆的轴向模数和蜗轮的端面模数为标准模数，蜗杆轴向压力角和蜗轮端面压力角为标准压力角且标准值为20°。标准模数系列见表 5－7。

表 5－7　　　　蜗杆传动的标准模数

模数	1	1.5	2	2.5	3（3.5）	4	4.5	5	6	（7）	8	（9）	10	12	12.5	16	20	25

注：本表取材于 GB 10085—1988，本表所得的 d_1 数值为国际规定的优先使用值。

（2）蜗杆头数 z_1、蜗轮齿数 z_2 和传动比 i　选择蜗杆头数 z_1 时，主要考虑传动比、效率及加工等因素。通常蜗杆头数 $z_1=1$、2、4。若要得到大的传动比且要求自锁时，可取 $z_1=1$；当传递功率较大时，为提高传动效率，可采用多头蜗杆，通常取 $z_1=2$ 或 4。一般情况下，蜗杆头数 z_1 数可根据表 5－8 选取。

蜗轮齿数 $z_2 = iz_1$，为了避免蜗轮轮齿发生根切，z_2不应小于26，但不宜大于80。因为z_2过大，会使结构尺寸增大，蜗杆长度也随之增加，致使蜗杆刚度降低而影响啮合精度。

对于蜗杆为主动件的蜗杆传动，其传动比为：

$$i = \frac{n_1}{n_2} = \frac{z_2}{z_1} \tag{5-14}$$

式中：n_1、n_2分别为蜗杆和蜗轮的转速，r/min；z_1、z_2分别为蜗杆头数和蜗轮齿数。

(3) 蜗杆直径系数 q 和导程角 γ　加工蜗轮的滚刀，其参数（m、α、z_1）和分度圆直径 d_1必须与相应的蜗杆相同，故 d_1不同的蜗杆，必须采用不同的滚刀。为了限制刀具的数目和便于刀具的标准化，国家标准制定了蜗杆分度圆直径的标准系列。即规定了蜗杆直径系数 q，并与标准模数相匹配。

蜗杆直径系数 q，表示蜗杆分度圆直径与模数的比。当 m 一定时，q 增大，则 d_1变大，蜗杆的刚度和强度相应提高。即：$q = \frac{d_1}{m}$

导程角 γ 越大，传动的效率越高。常用 γ 的范围为3°~33.5°，见表5-8。

表5-8　　蜗杆头数

蜗杆头数 z_1	1	2	4	6
蜗杆导程角 γ	3°~8°	8°~16°	16°~30°	28°~33.5°

又因 $\tan\gamma = \frac{z_1}{q}$，当 q 较小时，γ 增大，效率 η 随之提高，在蜗杆轴刚度允许的情况下，应尽可能选用较小的 q 值，q 和 m 的搭配列于表5-9。

表5-9　　圆柱蜗杆的基本尺寸和参数

m/mm	d_1/mm	z_1	q	m^2d_1/mm³	m/mm	d_1/mm	z_1	q	m^2d_1/mm³
1	18	1	18.000	18	6.3	363	1、2、4、6	10.000	2500
1.25	20	1	16.000	31.25	8	80	1、2、4、6	10.000	5120
1.6	20	1、2、4	12.500	51.2	10	90	1、2、4、6	9.000	9000
2	22.4	1、2、4、6	11.200	89.6	12.5	112	1、2、4	8.960	17500
2.5	28	1、2、4、6	11.200	175	16	140	1、2、4	8.750	35840
3.15	35.5	1、2、4、6	11.270	352	20	160	1、2、4	8.000	64000
4	40	1、2、4、6	10.000	640	25	200	1、2、4	8.000	125000
5	50	1、2、4、6	10.000	1250					

(4) 圆柱蜗杆传动的几何尺寸计算　圆柱蜗杆传动的几何尺寸计算可参考表5-10。

表 5-10　　圆柱蜗杆传动的几何尺寸计算

名称	计算公式	
	蜗杆	蜗轮
分度圆直径	$d_1 = mq$	$d_2 = mz_2$
齿顶高	$h_a = m$	$h_a = m$
齿根高	$h_f = 1.2m$	$h_f = 1.2m$
顶圆直径	$d_{a1} = m(q+2)$	$d_{a1} = m(z_2+2)$
根圆直径	$d_{f1} = m(q-2.4)$	$d_{f2} = m(z_2-2.4)$
径向间隙	$c = 0.2m$	
中心距	$a = 0.5m(q+z_2)$	
蜗杆轴向齿距，蜗轮端面齿距	$p_{a1} = p_{t2} = \pi m$	

3. 蜗杆传动的正确啮合条件

（1）在中间平面内，蜗杆的轴向模数 m_{a1} 与蜗轮的端面模数 m_{t2} 必须相等。

（2）在中间平面内蜗杆的轴向压力角 α_{a1} 与蜗轮的端面压力角 α_{t2} 必须相等。

（3）两轴线交错角为90°时，蜗杆分度圆柱上的导程角 γ 应等于蜗轮分度圆柱上的螺旋角 β，且两者的旋向相同。即：

$$m_{a1} = m_{t2} = m$$

$$\alpha_{a1} = \alpha_{t2} = \alpha$$

$$\gamma = \beta$$

4. 蜗杆蜗轮传动转向判定方法

蜗杆蜗轮传动中的蜗杆旋向、转向和蜗轮转向三者具有确定关系，如果已知两者可以判定出第三者。

左右手定则法其步骤为：

1）判定蜗杆的旋向：伸开左（右）手，掌心向外，四指并拢并指向蜗杆的轴线，大拇指与四指呈自然状态（小于90°状态），若蜗杆的齿的旋向与大拇指的指向一致，则为左（右）旋。如图 5-16（a）、图 5-16（b）和图 5-16（d）中的蜗杆旋向即为右旋；图 5-16（c）中的蜗杆旋向为左旋。

2）蜗杆左旋时用左手，右旋时用右手。大拇指与四指垂直，半握拳，四指指向蜗杆回转方向，大拇指所指方向的相反方向即为蜗轮的回转方向。如图 5-16中所示各蜗轮的转向。

图 5-16（b）和图 5-16（a）相比较：蜗杆的旋向相同，转向不同，蜗轮的转向不同。

图 5-16（c）和图 5-16（a）相比较：蜗杆的转向相同，旋向不同，蜗轮的转向不同。

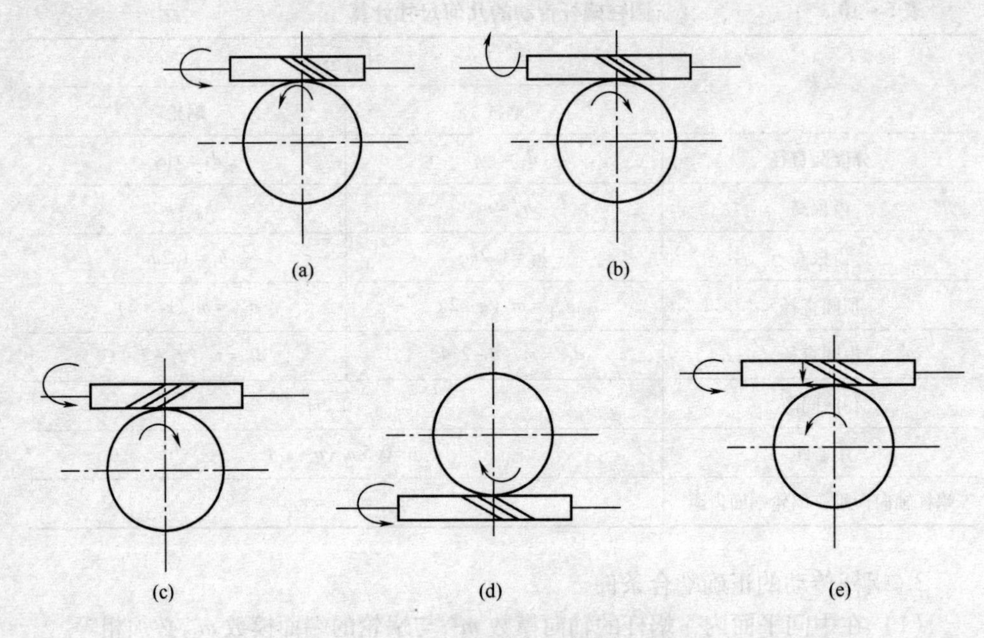

图 5－16　蜗杆旋向与蜗轮转向

图 5－16（d）和图 5－16（a）相比较：蜗杆的旋向相同，转向相同，蜗杆蜗轮的相对位置不同，蜗轮的转向不同。

可见，蜗轮的转向与蜗杆的旋向、蜗杆的转向和蜗杆与蜗轮的相对位置有关。

蜗杆蜗轮传动时，还可以利用直角三角形法确定蜗杆蜗轮传动的方向。如图 5－16（e）所示，根据构成直角三角形斜边（蜗杆旋向），一直角边（蜗杆或蜗轮的速度方向）箭头方向即可判断出另一直角边（蜗轮或蜗杆的速度方向）箭头的方向，从而确定蜗杆蜗轮传动的方向。这种方法，只需要画一直角三角形，记住八个字：“箭头相对，箭头相背”就可以判断了。

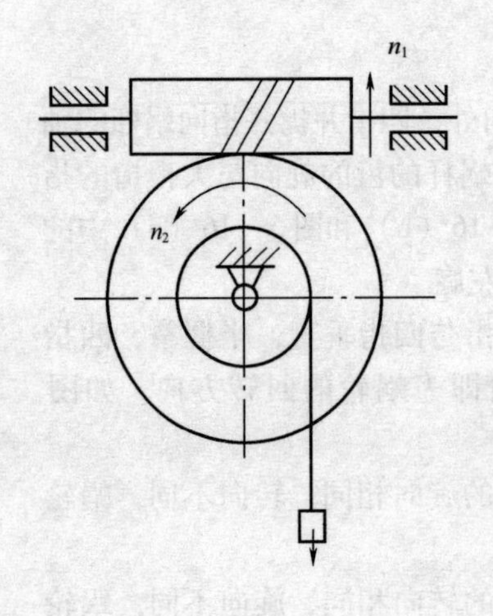

图 5－17　起重装置

5. 蜗杆传动的特点

1）传动比大，在动力传动中一般 $i=8\sim100$，在分度机构中传动比可以达到 10000。

2）传动平稳，噪声小。

3）具有自锁性。如用于图 5－17 所示起重装置。

4）蜗杆传动效率低。

6. 蜗杆和蜗轮的结构

蜗杆通常与轴做成一体，除螺旋部分的

结构尺寸取决于蜗杆的几何尺寸外，其余的结构尺寸可参考轴的结构尺寸而定。图5－18（a）为铣制蜗杆，在轴上直接铣出螺旋部分，刚性较好。图5－18（b）为车制蜗杆，刚性稍差。

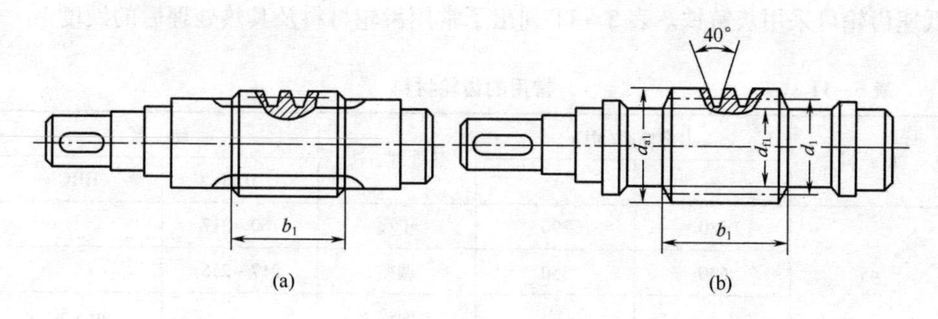

图5－18　蜗杆的结构形式

蜗轮的结构有整体式和组合式两类。图5－19（a）所示为整体式结构，多用于铸铁蜗轮或尺寸很小的青铜蜗轮。为了节省有色金属，对于尺寸较大的青铜蜗轮一般制成组合式结构，为防止齿圈和轮心因发热而松动，常在接缝处再拧入4～6个螺钉，以增强连接的可靠性［图5－19（b）］，或采用螺栓连接［图5－19（c）］，也可在铸铁轮心上浇注青铜齿圈如图5－19（d）所示。

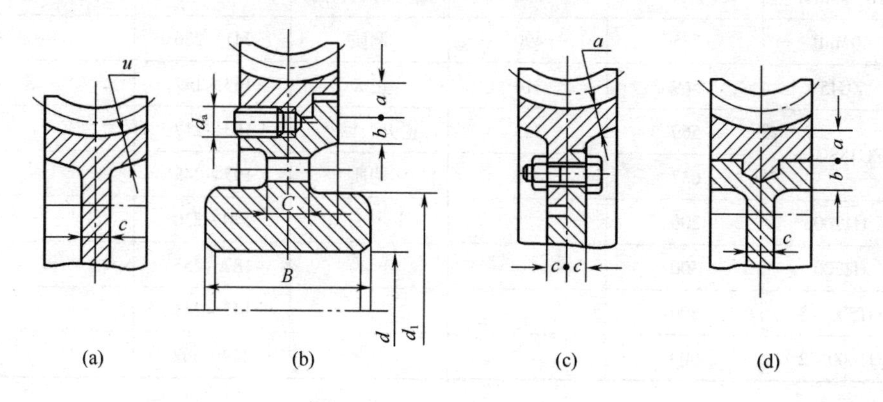

图5－19　蜗轮的结构形式

图中蜗轮的结构尺寸一般为：$a \approx 1.6m + 1.5$mm，$c \approx 1.5m$，$B =（1.2 \sim 1.8）d$，$b = a$，$d_3 =（1.6 \sim 1.8）d$，$d_4 =（1.2 \sim 1.5）m$，$l_1 = 3d_4$（m为蜗轮模数）。

第四节　齿轮的使用及加工

一、齿轮材料和热处理

1. 对齿轮材料的要求

齿面有足够的硬度和耐磨性，轮齿心部有较强韧性，以承受冲击载荷和变载荷。常用的齿轮材料是各种牌号的优质碳素钢、合金结构钢、铸钢和铸铁等，一般多采用锻件或轧制钢材。当齿轮直径在 400 ~ 600mm 范围内时，可采用铸钢；低速齿轮可采用灰铸铁。表 5 – 11 列出了常用齿轮材料及其热处理后的硬度。

表 5 – 11　　常用的齿轮材料

材　料	力学性能/MPa		热处理方法	硬　度	
	σ_b	σ_s		HBS	HRC
45	580	290	正火	160 ~ 217	
	640	350	调质	217 ~ 255	
			表面淬火		40 ~ 50
40Cr	700	500	调质	240 ~ 286	
			表面淬火		48 ~ 55
35SiMn	750	450	调质	217 ~ 269	
42SiMn	785	510	调质	229 ~ 286	
20Cr	637	392	渗碳、淬火、回火		56 ~ 62
20 CrMnTi	1100	850	渗碳、淬火、回火		56 ~ 62
40MnB	735	490	调质	241 ~ 286	
ZG45	569	314	正火	163 ~ 197	
ZG35SiMn	569	343	正火、回火	163 ~ 217	
	637	412	调质	197 ~ 248	
HT200	200			170 ~ 230	
HT300	300			187 ~ 255	
QT500 – 5	500			147 ~ 241	
QT600 – 2	600			229 ~ 302	

2. 齿轮热处理

齿轮常用的热处理方法有以下几种：

（1）表面淬火

表面淬火一般用于中碳钢和中碳合金钢。表面淬火处理后齿面硬度可达 52 ~ 56 HRC，耐磨性好，齿面接触强度高。表面淬火的方法有高频淬火和火焰淬火等。

（2）渗碳淬火

渗碳淬火用于处理低碳钢和低碳合金钢，渗碳淬火后齿面硬度可达 56 ~ 62 HRC，齿面接触强度高，耐磨性好，而轮齿心部仍保持有较高的韧性，常用于受冲击载荷的重要齿轮传动。

（3）调质

调质处理一般用于处理中碳钢和中碳合金钢。调质处理后齿面硬度可达220～260 HBS。

（4）正火

正火能消除内应力、细化晶粒，改善力学性能和切削性能。中碳钢正火处理可用于机械强度要求不高的齿轮传动中。

经热处理后齿面硬度 HBS≤350 的齿轮称为软齿面齿轮，多用于中、低速机械。当大小齿轮都是软齿面时，考虑到小齿轮齿根较薄，弯曲强度较低，且受载次数较多，因此应使小齿轮齿面硬度比大齿轮高 20～50HBS。

齿面硬度 HBS＞350 的齿轮称为硬齿面齿轮，其最终热处理在轮齿精切后进行。因热处理后轮齿会产生变形，故对于精度要求高的齿轮，需进行磨齿。当大小齿轮都是硬齿面时，小齿轮的硬度应略高，也可和大齿轮相等。

近年，由于齿轮材质和齿轮加工工艺技术的迅速发展，越来越广泛地选用硬齿面齿轮。

二、轮齿的失效形式

轮齿的主要失效形式有以下 5 种。

1. 轮齿折断

齿轮工作时，若轮齿危险剖面的应力超过材料所允许的极限值，轮齿将发生折断。

轮齿的折断有两种情况，一种是因短时意外的严重过载或受到冲击载荷时突然折断，称为过载折断；另一种是由于循环变化的弯曲应力的反复作用而引起的疲劳折断。轮齿折断一般发生在轮齿根部（图 5－20）。

2. 齿面点蚀

在润滑良好的闭式齿轮传动中，当齿轮工作了一定时间后，在轮齿工作表面上会产生一些细小的凹坑，称为点蚀（图 5－21）。点蚀的产生主要是由于轮齿啮合时，齿面的接触应力按脉动循环变化，在这种脉动循环变化接触应力的多次重复作用下，由于疲劳，在轮齿表面层会产生疲劳裂纹，裂纹的扩展使金属微粒剥落下来而形成疲劳点蚀。通常疲劳点蚀首先发生在节线附近的齿根表面处。点蚀使齿面有效承载面积减小，点蚀的扩展将会严重损坏齿廓表面，引起冲击和噪声，造成传动的不平稳。齿面抗点蚀能力主要与齿面硬度有关，齿面硬度越高，抗点蚀能力越强。点蚀是闭式软齿面（HBS≤350）齿轮传动的主要失效形式。

而对于开式齿轮传动，由于齿面磨损速度较快，即使轮齿表层产生疲劳裂纹，但还未扩展到金属剥落时，表面层就已被磨掉，因而一般看不到点蚀现象。

3. 齿面胶合

在高速重载传动中，由于齿面啮合区的压力很大，润滑油膜因温度升高容易破裂，造成齿面金属直接接触，其接触区产生瞬时高温，致使两轮齿表面焊粘在一起，当两齿面相对运动时，较软的齿面金属被撕下，在轮齿工作表面形成与滑动方向一致的沟痕（图 5－22），这种现象称为齿面胶合。

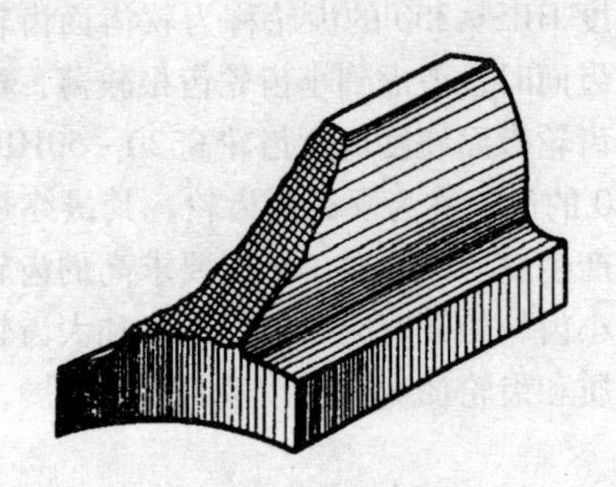

图 5－20　轮齿折断

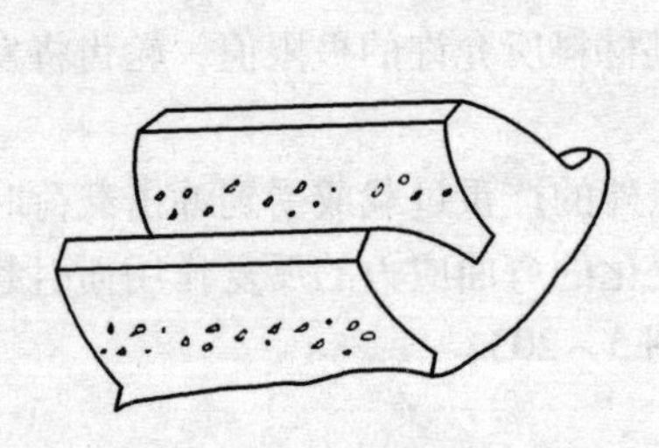

图 5－21　齿面点蚀

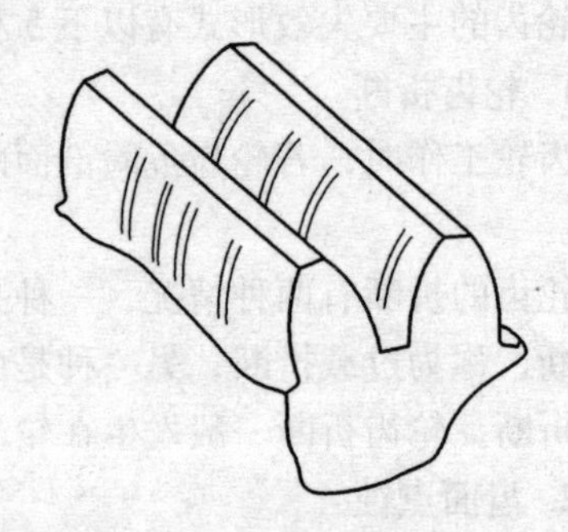

图 5－22 齿面胶合

4. 齿面磨损

互相啮合的两齿廓表面间有相对滑动，在载荷作用下会引起齿面的磨损。尤其在开式传动中，由于灰尘、砂粒等硬颗粒容易进入齿面间而发生磨损。齿面严重磨损后，轮齿将失去正确的齿形，会导致严重噪声和振动，影响轮齿正常工作，最终使传动失效。

采用闭式传动，减小齿面粗糙度值和保持良好的润滑可以减少齿面磨损。

5. 齿面塑性变形

在重载的条件下，较软的齿面上表层金属可能沿滑动方向滑移，出现局部金属流动现象，使齿面产生塑性变形，齿廓失去正确的齿形。在起动和过载频繁的传动中较易产生这种失效形式。

三、齿轮轮齿的加工方法

轮齿加工的基本要求是齿形准确和分齿均匀。轮齿的加工方法很多，最常用的是切削加工法，此外还有铸造法、热轧法等。轮齿的切削加工方法按其原理可分为仿形法和范成法两类。

1. 仿形法

仿形法是用与齿轮齿槽形状相同的圆盘铣刀或指状铣刀在铣床上进行加工，如图 5－23 所示。加工时铣刀绕本身的轴线旋转，同时轮坯沿齿轮轴线方向作直线运动。铣出一个齿槽后，将轮坯转过 $2\pi/z$，再铣第二个齿槽。其余依此类推，直至铣完全部轮齿为止。这种加工方法简单，不需要专用机床，但精度差，而且是逐个齿切削，切削不连续，故生产率低，仅适用于单件生产及精度要求不高的齿轮加工。

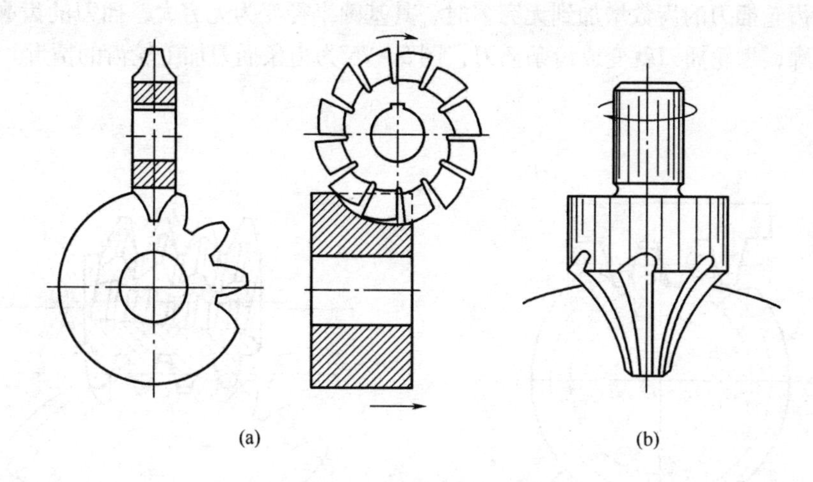

图 5－23　仿形法加工齿轮

2. 范成法

范成法是利用一对齿轮（或齿轮与齿条）互相啮合时其共轭齿廓互为包络线的原理来切齿的（图 5－24）。如果把其中一个齿轮（或齿条）做成刀具，就可以切出与它共轭的渐开线齿廓。

范成法种类很多，有插齿、滚齿、剃齿、磨齿等，其中最常用的是插齿和滚齿，剃齿和磨齿用于精度和粗糙度要求较高的场合。

（1）插齿

图 5－25 所示为用齿轮插刀加工齿轮时的情形。齿轮插刀的形状和齿轮相似，其模数和压力角与被加工齿轮相同。加工时，插齿刀沿轮坯轴线方向作上下往复的切削运动；同时，机床的传动系统严格地保证插齿刀与轮坯之间的范成运动。齿轮插刀刀具顶部比正常齿高出 $c^{*}m$，以便切出顶隙部分。

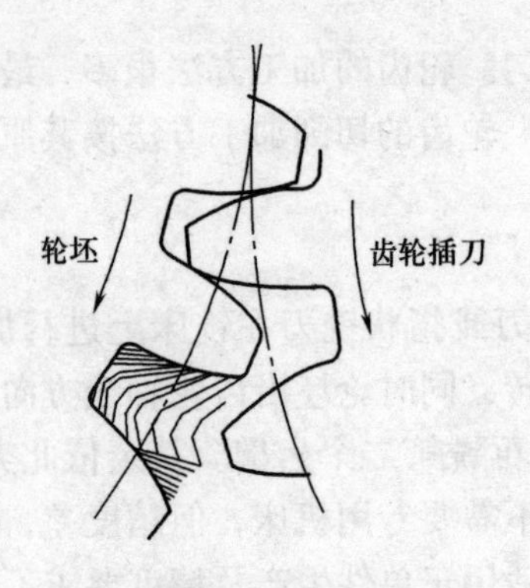

图 5－24　范成法加工齿轮

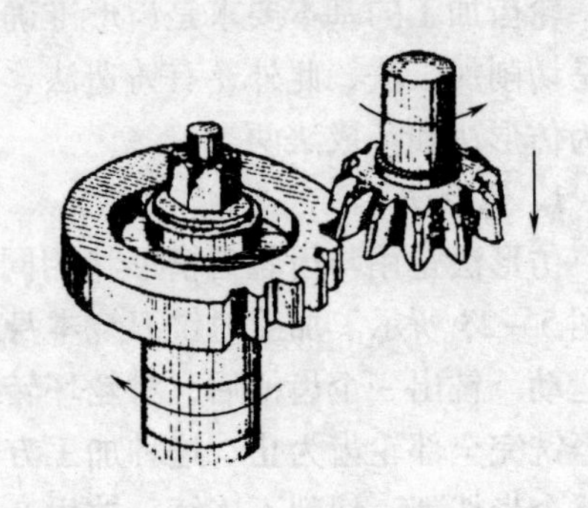

图 5－25　齿轮插刀切齿

当齿轮插刀的齿数增加到无穷多时，其基圆半径变为无穷大，插刀的齿廓变成直线齿廓，齿轮插刀就变成齿条插刀，图 5－26 为齿条插刀加工轮齿的情形。

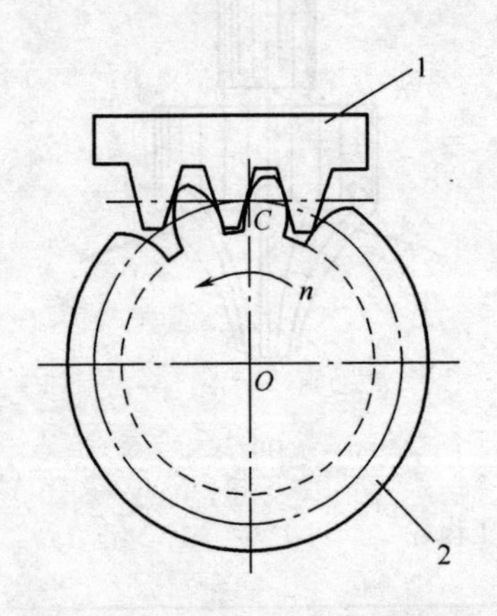

图 5－26　齿条插刀加工轮齿
1—齿条插刀　2—齿轮坯

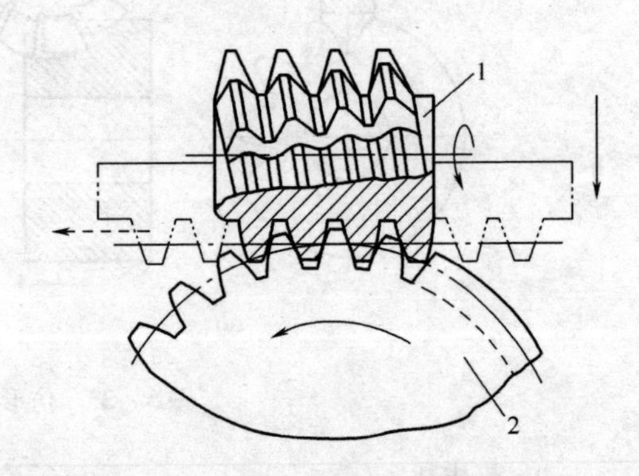

图 5－27　滚刀加工轮齿
1—滚刀　2—齿轮坯

（2）滚齿

齿轮插刀和齿条插刀都只能间断地切削，生产率低。目前广泛采用齿轮滚刀在滚齿机上进行轮齿的加工。

滚齿加工方法基于齿轮与齿条相啮合的原理。图 5－27 为滚刀加工轮齿的情形。滚刀 1 的外形类似沿纵向开了沟槽的螺旋，其轴向剖面齿形与齿条相同。当滚刀转动时，相当于这个假想的齿条连续地向一个方向移动，轮坯又相当于与齿条相啮合的齿轮，从而滚刀能按照范成原理在轮坯上加工出渐开线齿廓。滚刀除旋转外，还沿轮坯的轴向逐渐移动，以便切出整个齿宽。

3. 轮齿的根切现象与齿轮的最小齿数

用范成法加工齿数较少的齿轮时，常会将轮齿根部的渐开线齿廓切去一部分，如图5-28所示。这种现象称为根切。根切将使轮齿的抗弯强度降低，重合度减小，故应设法避免。

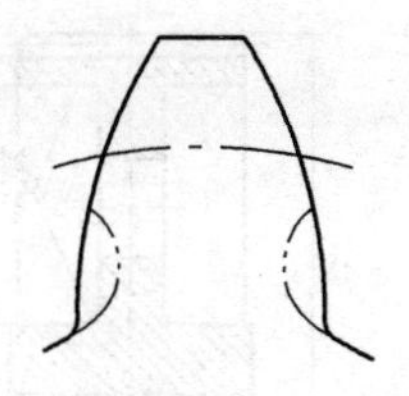

图5-28　轮齿的根切现象

对于标准齿轮，是用限制最少齿数的方法来避免根切的。用滚刀加工压力角为20°的正常齿制标准直齿圆柱齿轮时，根据计算，可得出不发生根切的最少齿数 $z_{min}=17$。某些情况下，为了尽量减少齿数以获得比较紧凑的结构，在满足轮齿弯曲强度条件下，允许齿根部有轻微根切时，$z_{min}=14$。

另外，为了避免根切，可以采用将刀具移离齿坯，使刀具分度线不在和被切齿轮的分度圆相切，这种采用改变刀具与齿坯位置的切齿方法称为变位。刀具移离齿坯称为正变位；刀具移近齿坯称为负变位。这种齿轮为非标准齿轮。

与标准齿轮相比，正变位齿轮分度圆齿厚和齿根圆齿厚增大，轮齿强度增加，但齿顶变尖；负变位齿轮则容易引起根切，齿轮强度消弱。

变位齿轮有很多优点，故在汽车变速器上多采用了变位齿轮。

四、齿轮的结构

齿轮强度计算和几何尺寸计算，主要是确定齿轮的模数、分度圆直径、齿顶圆直径、齿根圆直径、齿宽等；而轮缘、轮辐和轮毂等结构尺寸和结构形式，则需通过结构设计来确定。齿轮的结构有锻造、铸造、装配式及焊接齿轮等结构形式，具体的结构应根据工艺要求及经验公式确定。

当齿顶圆直径与轴径接近时，应将齿轮与轴做成一体，称为齿轮轴（图5-29）。

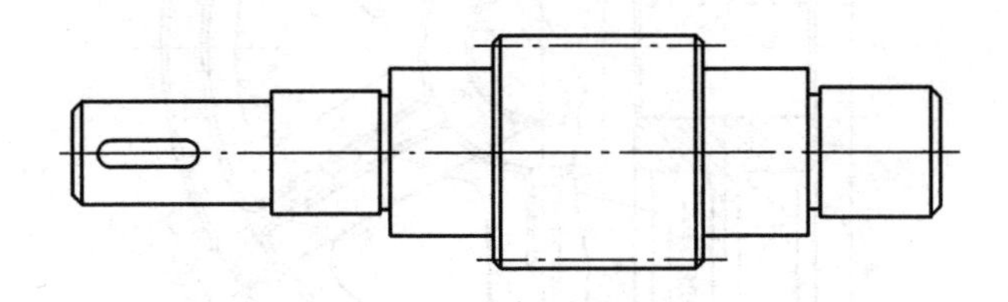

图5-29　齿轮轴

当齿顶圆直径 $d_a \leqslant 500$mm时，一般都用锻造齿轮（图5-30）；当 $d_a>500$mm时，一般都用铸造齿轮（图5-31）。

对于大型齿轮（$d_a>600$mm），为节省贵重材料，可用优质材料做的齿圈套装于铸钢或铸铁的轮心上（图5-32）。

对于单件或小批量生产的大型齿轮，可做成焊接结构的齿轮（图5-33）。

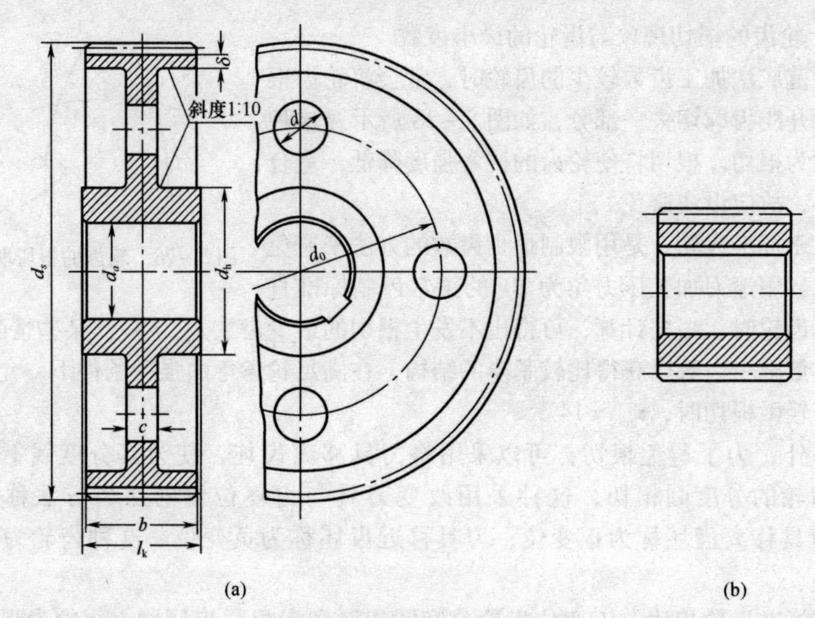

$d_k=1.6d_s$；$l_k=(1.2\sim1.5)\ d_s$，并使 $l_k \geqslant b$；

$c=0.3b$；$\delta=(2.5\sim4)\ m$，但不小于8mm；

d_0 和 d 按结构取定，当d较小时可不开孔

图5－30　锻造齿轮结构

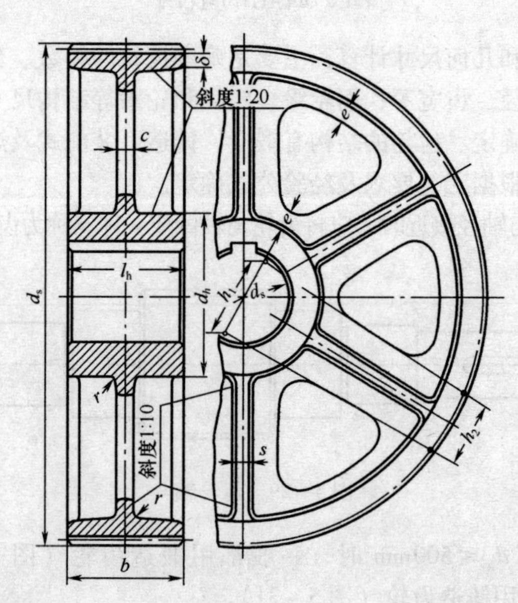

$d_k=1.6d_s$（铸钢），$d_h=1.8d_s$（铸铁）；　$l_k=(1.2\sim1.5d_s)$，并使 $l_k \geqslant b$；

$c=0.2b$，但不小于10mm；　$\delta=(2.5\sim4)\ m_k$，但不小于8mm；

$h_1=0.8d_s$；$h_2=0.8h_1$　$s=0.15h_1$，但不小于10mm；

$e=0.8\delta$

图5－31　铸造齿轮结构

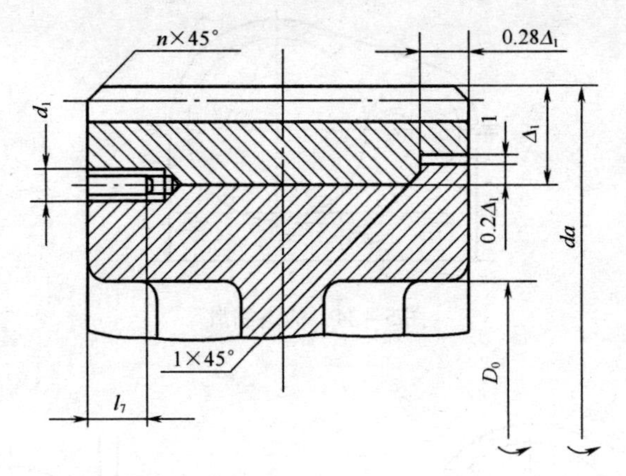

$D_0 = d_a - 18m_n$；$\Delta_1 = 5m_n$，

$d_1 = 0.05d_{sk}$；$l_7 = 0.15d_{sk}$

骑缝螺钉数为 4 ~ 8 个 d_{sh}——齿轮孔径

图 5－32　装配式齿轮

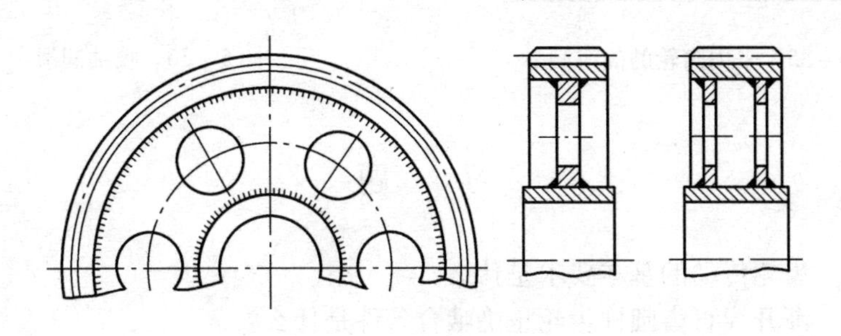

图 5－33　焊接式齿轮

五、齿轮传动的润滑

半开式及开式齿轮传动，或速度较低的闭式齿轮传动，可采用人工定期添加润滑油或润滑脂进行润滑。

闭式齿轮传动通常采用油润滑，其润滑方式根据齿轮的圆周速度 v 而定，当 $v \leq 12\text{m/s}$ 时可用油浴式（图 5－34），大齿轮浸入油池一定的深度，齿轮转动时把润滑油带到啮合区。齿轮浸油深度可根据齿轮的圆周速度大小而定，对圆柱齿轮通常不宜超过一个齿高，但一般亦不应小于 10mm；对圆锥齿轮应浸入全齿宽，至少应浸入齿宽的一半。多级齿轮传动中，当几个大齿轮直径不相等时，可采用隋轮的油浴润滑（图 5－35）。当齿轮的圆周速度 $v > 12\text{m/s}$ 时，应采用喷油润滑（图 5－36），用油泵以一定的压力供油，借喷嘴将润滑油喷到齿面上。

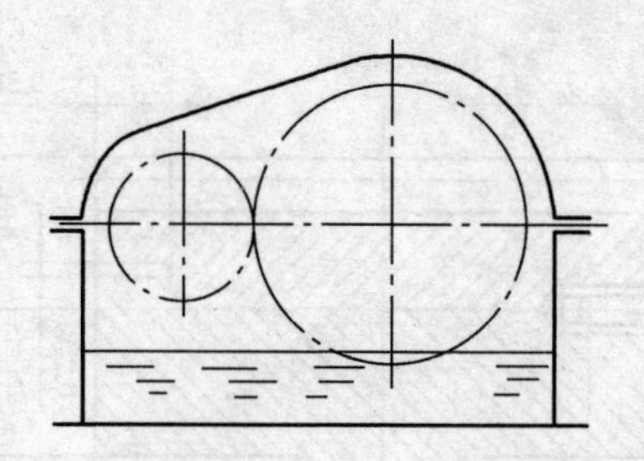

图 5－34　油浴润滑

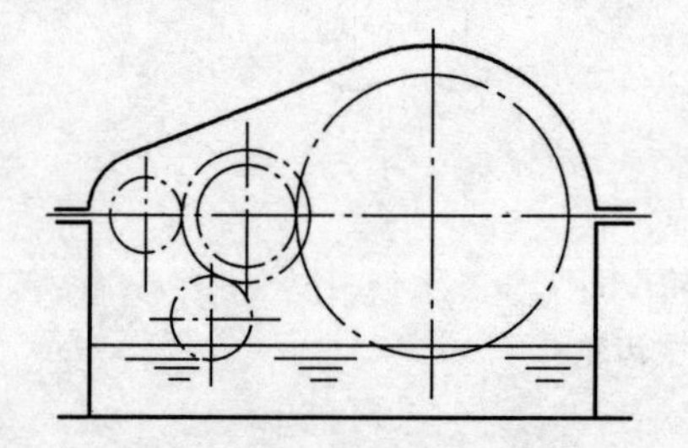

图 5－35　采用隋轮的油浴润滑

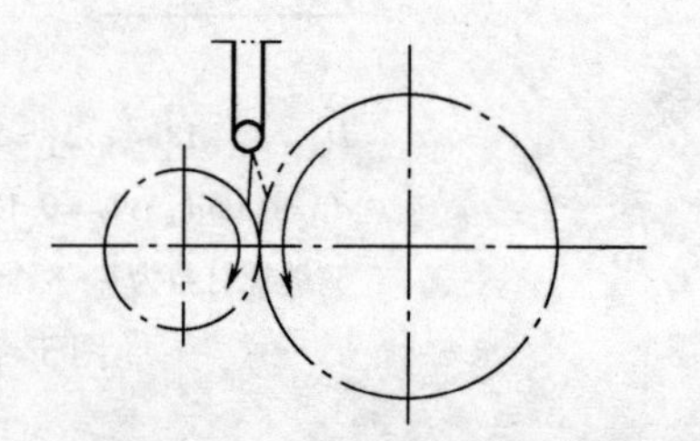

图 5－36　喷油润滑

习　　题

5－1　齿轮传动的基本要求是什么？

5－2　渐开线直齿圆柱齿轮正确啮合条件是什么？

5－3　齿轮传动具有哪些特点？

5－4　齿轮传动的失效形式有哪些？

5－5　为修配两个损坏的标准直齿圆柱齿轮，现测得

齿轮 1 的参数为：$h=4.5\text{mm}$，$d_a=44\text{mm}$

齿轮 2 的参数为：$p=6.28\text{mm}$，$d_a=162\text{mm}$

试计算两齿轮的模数 m 和齿数 z。

5－6　若已知一对标准安装的直齿圆柱齿轮的中心距 $a=188\text{mm}$，传动比 $i=3.5$，小齿轮齿数 $z_1=21$，试求这对齿轮的 m、d_1、d_2、d_{a1}、d_{a2}、d_{f1}、d_{f2}、p。

第六章　轮　　系

齿轮机构是应用最广的传动机构之一。如果用普通的一对齿轮传动实现大传动比传动，不仅机构外廓尺寸庞大，而且大小齿轮直径相差悬殊，使小齿轮易磨损，大齿轮的工作能力不能充分发挥。为了在一台机器上获得很大的传动比，或是获得不同转速，常常采用一系列的齿轮组成传动机构，这种由一系列齿轮组成的传动系统称为轮系。采用轮系，可避免上述缺点，而且使结构较为紧凑。

第一节　轮系的分类与应用

一、轮系的类型

一般轮系可分为定轴轮系［图6－1（a）和（b）］和周转轮系（图6－2）。

1. 定轴轮系

轮系中所有齿轮的几何轴线都是固定的，如图6－1所示。这种所有齿轮的几何轴线的位置都是固定的轮系称为定轴轮系。

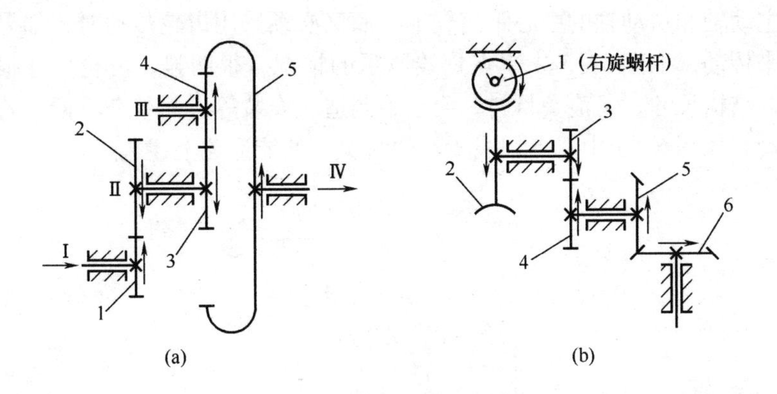

图6－1　定轴轮系

2. 周转轮系

周转轮系或称为动轴轮系，轮系中，至少有一个齿轮的几何轴线是绕另一个齿轮几何轴线转动的轮系，称为周转轮系（动轴轮系）。如图6－2中，齿轮2的

轴线 O_2是绕齿轮 1 的固定轴线 O_1转动的。轴线不动的齿轮称为中心轮，如图中齿轮 1 和 3；轴线转动的齿轮称为行星轮，如图中齿轮 2；作为行星轮轴线的构件称为系杆，如图中的转柄 H。

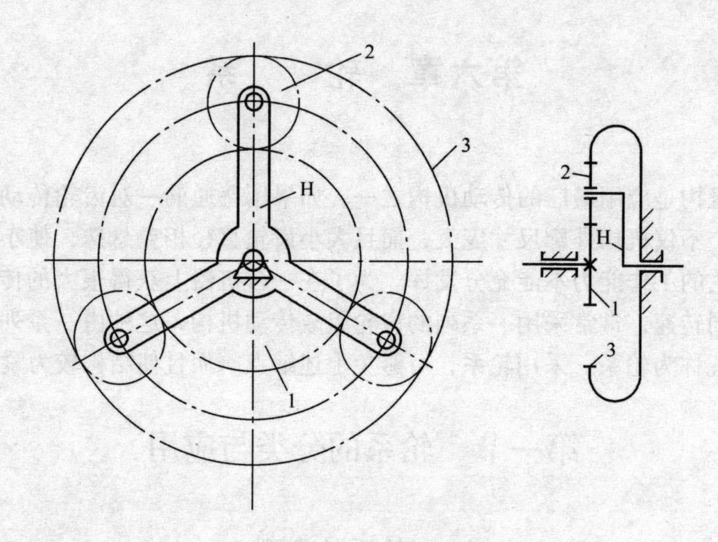

图 6－2　周转轮系

二、轮系的应用

轮系广泛应用于各种机械中，它主要用于以下几个方面。

1. 实现相距较远的两轴间运动和动力的传递

当主动轴和从动轴的中心距离较远，而又必须采用齿轮传动时，如果只用一对齿轮来传动，如图 6－3 中单点划线所示的情况，很明显，齿轮尺寸很大，既增大机器结构尺寸，又浪费材料，而且给制造、安装等方面带来不便。若改用轮系来传动，如图 6－3 中双点划线所示的情况，便能避免上述缺点。

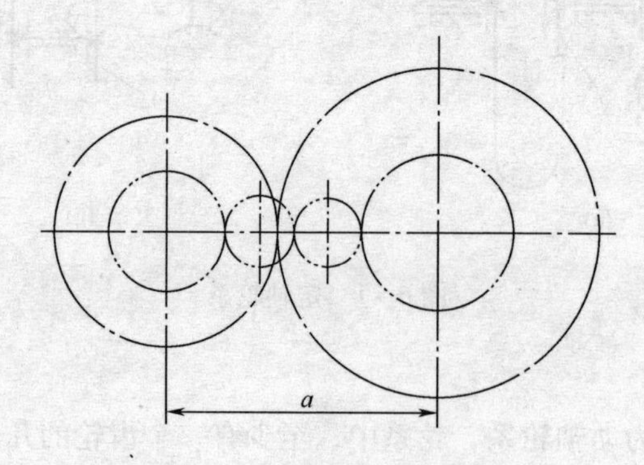

图 6－3　中心距较大的齿轮传动

2. 实现分路传动

应用轮系可以使一根主动轴通过齿轮带动若干根从动轴同时转动。例如，图6-4所示动力头的传动系统，动力头的主动轴通过定轴轮系分成三路传出，带动钻头和铣刀同时切削工件。

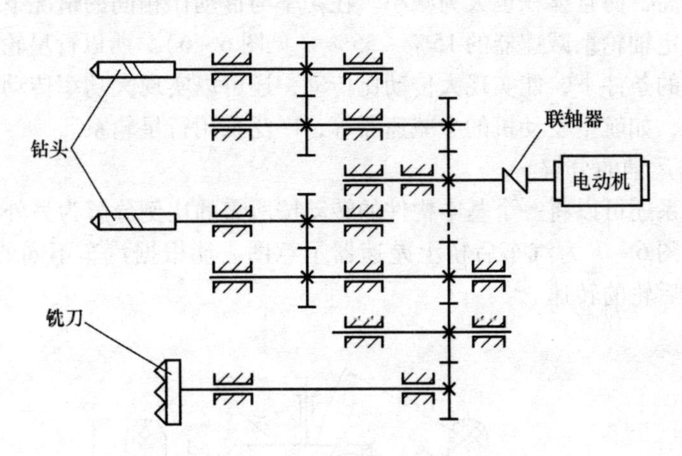

图6-4　分路传动轮系

3. 实现变速传动

在许多机械中，需要从动轴获得若干种工作转速。例如，机床主轴就需要若干种转速以满足不同切削速度的要求；汽车需要变速箱来变换车速等。图6-5为汽车变速箱的传动系统图，运动从轴Ⅰ传入，从轴Ⅲ传出，齿轮1、3、5和6固定在轴上，齿轮2与4为双联齿轮，可以在轴Ⅱ上滑动分别于齿轮1与3啮合，从而使轴Ⅲ得到两种不同的转速。

周转轮系也可以用来实现变速传动。

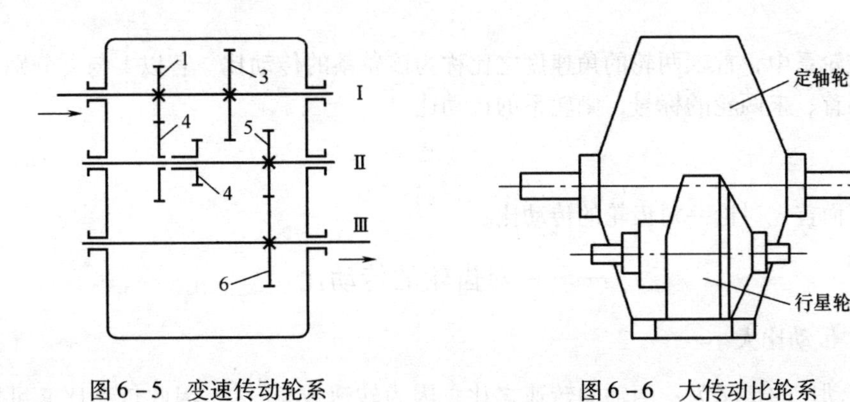

图6-5　变速传动轮系　　图6-6　大传动比轮系

4. 获得大的传动比

采用定轴轮系或周转轮系均可以获得大的传动比。

采用多级的定轴轮系传动，虽然可以获得大的传动比，但是却因齿轮和轴数量的增多而使传动装置趋于复杂。若采用行星轮系，则只需要很少几个齿轮，就可以获得很大的传动比。此外，行星减速器由于采用多个行星齿轮来分担载荷，而且常采用内啮合齿轮传动，合理利用了内齿轮中部空间，不仅使减速器的承载能力大大提高，而且体积也大为减小。在功率与传动比相同的情况下，行星减速器的体积是定轴轮系减速器的15% ~55%（见图6-6）。所以行星轮系除在重量轻和尺寸小的条件下，能实现大传动比传动，还可以实现大功率传动。所以在大功率传动中，如航空发动机的主减速器等，广泛采用行星轮系。

5. 用作运动的分解

差动轮系还可以将一个基本构件的转动按所需的比例分解为另外两个基本构件的转动。图6-7为汽车后桥上差速器示意图。能根据汽车不同的行驶状态，自动改变两后轮的转速。

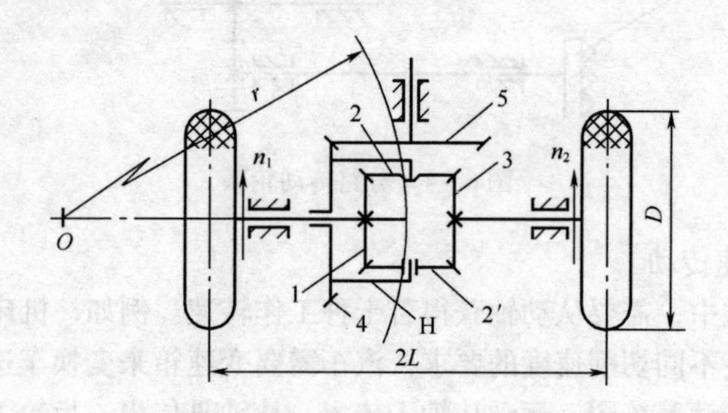

图6-7　差速器

第二节　定轴轮系的传动比计算

在轮系中，首末两轮的角速度之比称为该轮系的传动比。若以1与k分别代表轮系首、末两轮的标号，则轮系的传动比

$$i_{1_k} = \frac{n_1}{n_k} \tag{6-1}$$

下面首先讨论一对齿轮的传动比。

一、一对齿轮的传动比

1. 传动比大小

传动比的定义为：两轴的转速之比。因为转速$n=\frac{30}{\pi}\omega$，因此传动比又可以被表示为两轴的角速度之比。通常，传动比用i表示，对齿轮a和齿轮b的传动比可表示为：

$$i_{ab}=\frac{n_a}{n_b}=\frac{\omega_a}{\omega_b}$$

对一对相啮合的齿轮，在同一时间内转过的齿数是相同的，因此有：

$$n_a z_a = n_b = z_b$$

式中，n_a，n_b为两齿轮的转速；z_a，z_b为两齿轮的齿数。

因此，一对相互啮合的齿轮的传动比又可以写成：

$$i_{ab}=\frac{n_a}{n_b}=\frac{z_b}{z_a} \tag{6-2}$$

即，一对齿轮的传动比等于两齿轮齿数的反比。

2. 传动比方向

计算一对齿轮的传动比，不仅要确定它的数值的大小，而且要确定它的符号，这样才能完全表达从动轮的转速与主动轮的转速之间的关系。为此，我们先来讨论一下齿轮转向的表示方法。

（1）箭头表示　轴或齿轮的转向一般用箭头表示。当轴线垂直于纸面时，其表示方法如图6-8所示。当轴线在纸面内时，其表示方法如图6-9所示。

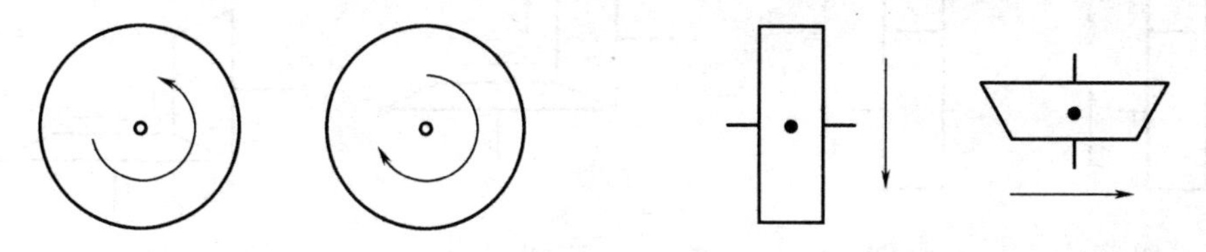

图6-8　轴线与纸面垂直时的转向表示方法　　图6-9　轴线在纸面内时的转向表示方法

（2）符号表示　当两轴或齿轮的轴线平行时，可以用正号“+”或负号“-”表示两轴或齿轮的转向相同或相反，并直接标注在传动比的公式中。例如，$i_{ab}=10$，表明：轴 a 和 b 的转向相同，转速比为10。又如，$i_{ab}=-5$，表明：轴a和b的转向相反，转速比为5。

$$i_{ab}=\frac{n_a}{n_b}=\frac{\omega_a}{\omega_b}=\mp\frac{z_b}{z_a} \tag{6-3}$$

符号表示法在平行轴的轮系中经常用到。由于一对内啮合齿轮的转向相同，因此它们的传动比取“+”。而一对外啮合齿轮的转向相反，因此它们的传动比取“-”。因此，两轴或齿轮的转向相同与否，由它们的外啮合次数而定。外啮合为奇数时，主、从动轮转向相反；外啮合为偶数时，主、从动轮转向相同。

注意：符号表示法不能用于轴线不平行的轮系的传动比计算中。

3. 判断从动轮转向的几个要点

（1）内啮合的圆柱齿轮的转向相同（图6-10）。

（2）外啮合的圆柱齿轮或圆锥齿轮的转动方向要么同时指向啮合点，要么同时指离啮合点。如图6-11所示为圆柱或圆锥齿轮的几种情况。

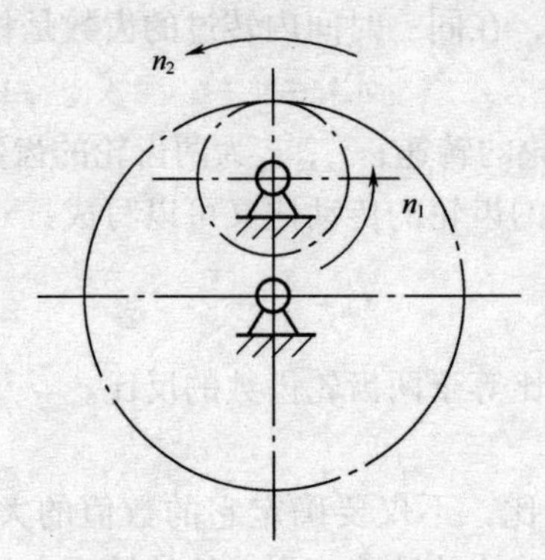

图 6 – 10　内啮合齿轮传动

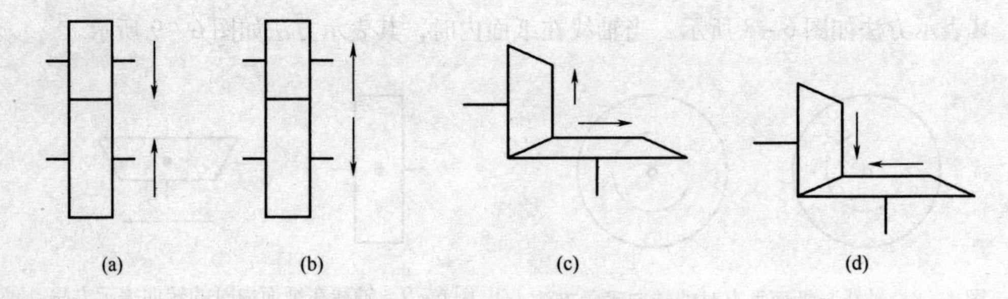

图 6 – 11　齿轮转动方向间的关系

（3）蜗杆蜗轮转向的表示方法，如图 6 – 12 所示。

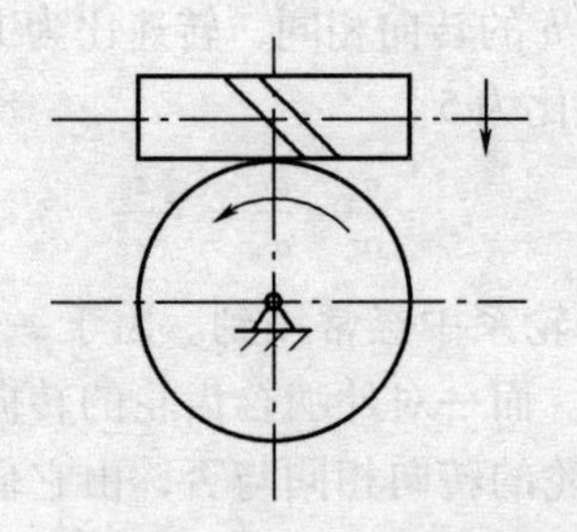

图 6 – 12　蜗杆 – 蜗轮转向的判断

二、定轴轮系传动比计算

下面分析图 6 – 13 所示轮系传动比与各齿轮齿数之间的关系和确定传动比正、负号的方法，然后从中概括出平行轴间定轴轮系传动比的普通计算公式。

图6－13所示的定轴轮系中，1为第一主动轴，5为最末从动轴。、设z_1、z_2、z_3、z_4及z_5分别为各齿轮的齿数；n_1、n_2、n_3、n_4及n_5分别为各齿轮的转速。

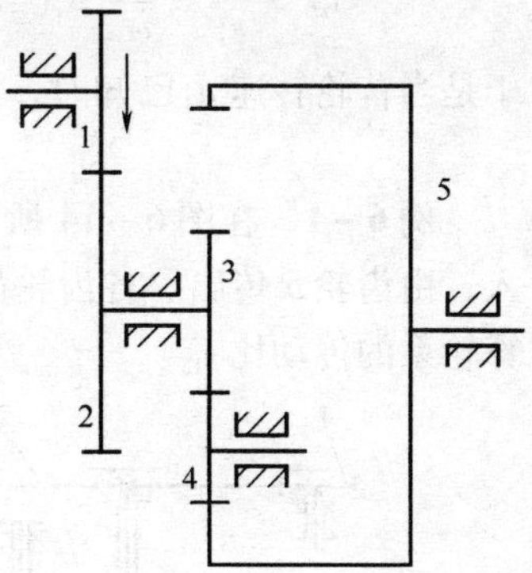

轮系中各对齿轮的传动比

$$i_{12}=\frac{n_1}{n_2}=\frac{\omega_1}{\omega_2}=-\frac{z_2}{z_1}$$

$$i_{34}=\frac{n_3}{n_4}=\frac{\omega_3}{\omega_4}=-\frac{z_4}{z_3}$$

$$i_{45}=\frac{n_4}{n_5}=\frac{\omega_4}{\omega_5}=\frac{z_5}{z_4}$$

图6－13　定轴轮系机构

其中　$n_2=n_3$

将以上各式两端分别连乘起来便得

$$\begin{aligned}i_{15}&=\frac{n_1}{n_5}=\frac{n_1}{n_2}\cdot\frac{n_3}{n_4}\cdot\frac{n_4}{n_5}=\frac{\omega_1}{\omega_2}\cdot\frac{\omega_3}{\omega_4}\cdot\frac{\omega_4}{\omega_5}\\&=\left(-\frac{z_2}{z_1}\right)\cdot\left(-\frac{z_4}{z_3}\right)\cdot\frac{z_5}{z_4}=(-1)^2\frac{z_2z_4z_5}{z_1z_3z_4}=\frac{z_2z_5}{z_1z_3}\end{aligned}\qquad(6-4)$$

由以上分析说明，该定轴轮系的传动比等于组成轮系的各对啮合齿轮传动比的连乘积，也等于各对齿轮传动中的从动轮齿数的乘积与主动轮齿数的乘积之比；首末两轮转向相同或相反（传动比的正负），取决于齿轮外啮合的次数。

轮系传动比的正负号还可以在图上根据主动轮与从动轮的转向关系，依次画上箭头来确定。图6－1（a）所示的轮系中，齿轮4同时与齿轮3和齿轮5啮合，它既是前一级齿轮传动的从动齿轮，又是后一级传动的主动齿轮，齿轮4的齿数z_4在轮系传动比计算式的分子与分母中同时出现而被约去。所以齿轮4的齿数不影响该轮系传动比的大小，但改变齿轮外啮合的次数，从而改变传动比的正负号。这种齿轮称为惰轮或介轮。

上述结论可以推广到平行轴间定轴轮系的一般情形。设1与k分别代表定轴轮系第一主动齿轮（首轮）和最末从动齿轮（末轮）的标号，m为外啮合的对数。则轮系传动比的普通计算公式为

$$i_{1_k}=\frac{n_1}{n_k}=(-1)^m\frac{z_2z_4z_6\cdots z_k}{z_1z_3z_5\cdots z_{(k-1)}}=(-1)^m\frac{\text{所有从动轮齿数的乘积}}{\text{所有主动轮齿数的乘积}}$$

必须注意，如果定轴轮系中有圆锥齿轮，圆柱螺旋齿轮或蜗杆蜗轮等空间齿轮机构，其传动比的大小仍可用此式来计算。但由于一对空间齿轮的轴线不平行，主动齿轮与从动齿轮之间不存在转动方向相同或相反的问题，所以不能根据齿轮外啮合的对数来确定轮系首轮与末轮的转向关系，即轮系传动比的正负，各轮的转向必须用画箭头的方法确定，如图6－1（b）所示。

在机床传动系统的运动计算中，为了便于计算轮系末轮的转速，常定义传动比为

$$i_{k1}=\frac{n_k}{n_1}=\frac{\omega_k}{\omega_1}=(-1)^m\frac{z_1z_3\cdots z_{(k-1)}}{z_2z_4\cdots z_k}=(-1)^m\frac{\text{所有从动轮齿数的乘积}}{\text{所有主动轮齿数的乘积}} \quad (6-5)$$

于是当首轮转速 n_1 已知时，容易求得末轮转速

$$n_k=n_1i_{k1}$$

例 6-1 在图 6-14 所示的车床溜板箱进给刻度盘轮系中，运动由齿轮 1 传入，由齿轮 5 传出。各齿轮齿数 $z_1=18$，$z_2=87$，$z_3=28$，$z_4=20$ 及 $z_5=84$，试计算轮系的传动比 i_{15}。

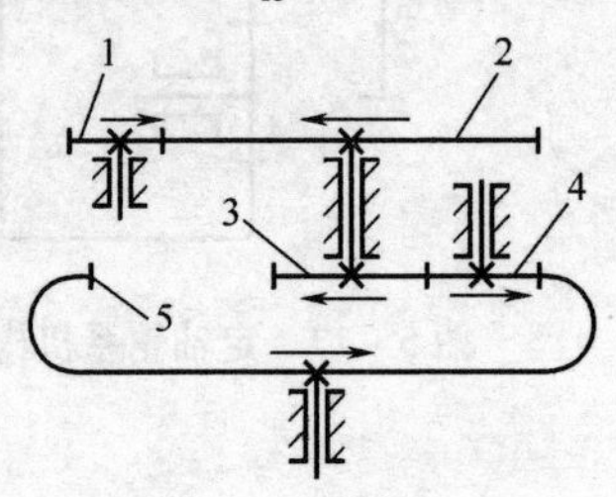

图 6-14 车床溜板箱轮系

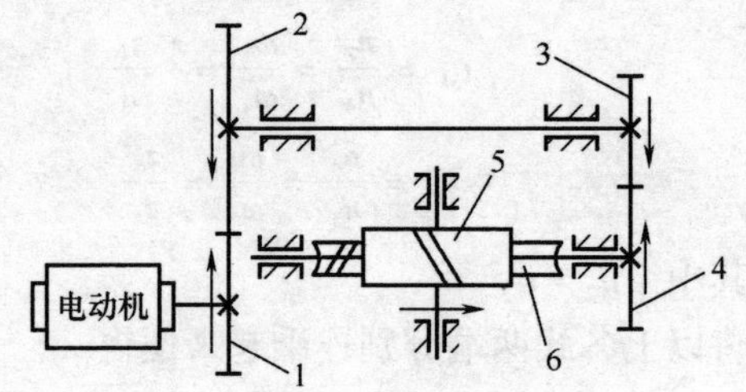

图 6-15 动力滑台轮系

解：

由图 6-14 可以看出，轮系为定轴轮系，所以传动比为：

$$i_{15}=\frac{n_1}{n_5}=(-1)^m\frac{z_2z_4z_5}{z_1z_3z_4}=(-1)^2\frac{87\times84}{18\times28}=14.5$$

因为传动比带正号，所以末轮 5 的转向与首轮 1 的转向相同。首、末两轮的转向关系也可以用画箭头的方法来确定，如图所示。

例 6-2 在图 6-15 所示的组合机床动力滑台轮系中，运动由电动机传入，由蜗轮 6 传出。电动机转速 $n=940\text{r/min}$ $(n=n_1)$，各齿轮齿数 $z_1=34$，$z_2=42$，$z_3=21$ 及 $z_4=31$，蜗轮齿数 $z_6=38$，蜗杆头数 $z_5=2$，螺旋线方向为右旋，试确定蜗轮的转速和转向。

解：轮系为定轴轮系。因轮系中有蜗杆蜗轮空间齿轮机构，所以公式计算传动比的大小，蜗轮转向须用画箭头的方法确定。传动比

$$i_{16}=\frac{n_1}{n_6}=\frac{z_2z_4z_6}{z_1z_3z_5}=\frac{42\times31\times38}{34\times21\times2}\approx34.64$$

于是蜗轮转速

代入给定数据，求得蜗轮转速为

$$n_6=\frac{1}{i_{16}}n_1=940\times\frac{1}{34.64}\approx27.14\ (\text{r/min})$$

蜗轮的转向如图中箭头所示。

例 6-3 在图 6-16 所示的轮系中，运动由齿轮 1 传入，由齿条 10 传出。各齿轮齿数 $z_1=15$，$z_2=25$，$z_3=20$，$z_4=40$，$z_5=12$，$z_6=30$ 及 $z_9=20$，蜗轮齿数 $z_8=60$，蜗杆头数 $z_7=2$（右旋），齿条模数 $m=4\text{mm}$，齿轮 1 的转速 $n_1=500\text{r/min}$，转向如图中箭头所示，试确定齿条 10 的移动速度 v_{10} 和移动方向。

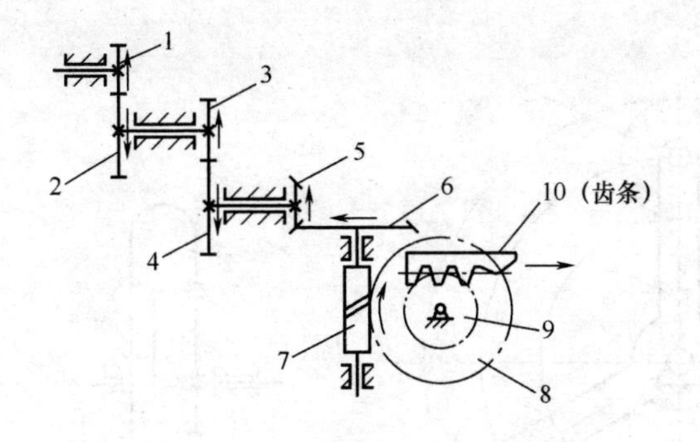

图 6－16　轮系

1～6、9—齿轮　7—蜗杆　8—蜗轮　10—齿条

解：

轮系为定轴轮系。先计算出蜗轮转速。

$$n_8 = n_1 \times i_{81} = n_1 \times \frac{z_1 z_3 z_5 z_7}{z_2 z_4 z_6 z_8} = 500 \times \frac{15 \times 20 \times 12 \times 2}{25 \times 40 \times 30 \times 60} = 2\ (\mathrm{r/min})$$

因齿轮 9 与蜗轮 8 的同轴，转速相同，所以 $n_9 = n_8 = 2$ （r/min）。

再计算齿条 10 的移动速度。根据齿轮与齿条啮合时节圆与节线速度相等的原理求得齿条速度为

$$v_{10} = 2\pi r_9 n_9 = 2\pi \times \frac{m z_9}{2} \times n_9 = 2\pi \times \frac{4 \times 20}{2} \times 2 = 502.6\ (\mathrm{mm/min})$$

齿条的移动方向如图中箭头所示。

第三节　周转轮系的传动比计算

在周转轮系中，中心齿轮、行星齿轮和转臂是基本构件。中心齿轮可以全部是外齿轮，也可以兼有外齿轮与内齿轮。每一个单一的周转轮系，其中心轮的数目不超过二个，行星齿轮至少有一个。为了平衡行星齿轮产生的离心惯性力和减小齿轮的作用力，通常采用多个对称分布的行星齿轮，如图 6－17 所示。

一、周转轮系的分类

为便于分析机构，周转轮系按活动度（自由度）数目分为两大类：行星轮系和差动轮系。

如图 6－18（a）所示的周转轮系中，活动件为中心齿轮 1、行星齿轮 2 和转臂 H，中心齿轮 3 固定在机架上，所以该轮系的活动件数 $n = 3$。该轮系有三个回转低副，两个轮齿啮合高副。根据平面机构活动度的计算公式，可以求得该周转轮系的活动度。

$$F = 3n - 2p_{\mathrm{L}} - p_{\mathrm{H}} = 3 \times 3 - 2 \times 3 - 2 = 1$$

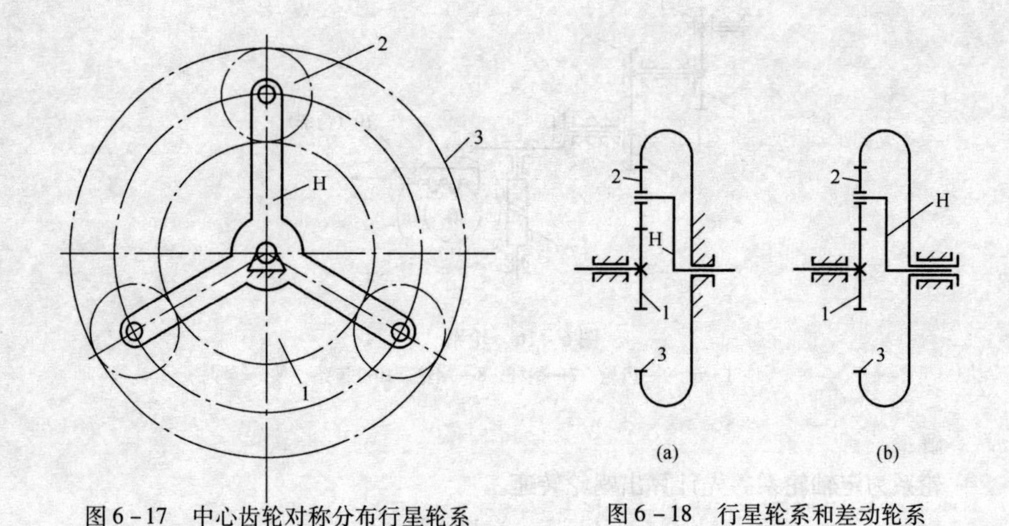

图6－17　中心齿轮对称分布行星轮系　　图6－18　行星轮系和差动轮系

凡具有一个活动度的周转轮系，称为行星轮系。对于行星轮系只要有一个活动件的运动是确定的，则整个行星轮系的运动就确定了。

如图6－18（b）所示，若中心齿轮1与3都不固定，则周转轮系的活动件数 $n=4$，回转低副数 $p_L=4$，高副数 $p_H=2$，周转轮系的活动度

$$F=3n-2p_L-p_H=3\times4-2\times4-2=2$$

凡具有两个活动度的周转轮系，称为差动轮系。对于差动轮系必须有两个活动件的运动是确定的，整个差动轮系的运动才能确定。

二、周转轮系传动比的计算

因为周转轮系有转臂，转臂的转速与转向影响行星齿轮和中心齿轮的运动，所以不能直接用定轴轮系传动比的计算公式来计算周转轮系的传动比。但是，如果应用相对运动原理将周转轮系转化为定轴轮系后，就可以用推导定轴轮系传动比计算公式的方法推导出周转轮系的转化轮系（或转化机构）的传动比计算公式。

要得到周转轮系的转化轮系，首先要了解相对运动原理。所谓相对运动原理是指一个机构整体的绝对运动不影响机构内部各构件之间的相对运动。

下面根据相对运动原理来推导周转轮系传动比的计算公式。

在图6－19所示的周转轮系中，转臂、中心齿轮和行星齿轮分别以转速 n_H、n_1、n_2及 n_3作逆时方向转动。根据相对运动原理，当给整个轮系加上一个大小为 n_H，而方向与 n_H相反的公共转速（$-n_H$）后，各构件间的相对运动并不改变，而转臂H却静止不动了。这样，所有齿轮的几何轴线的位置全部固定，原来的周转轮系便转化为定轴轮系了（图6－20）。

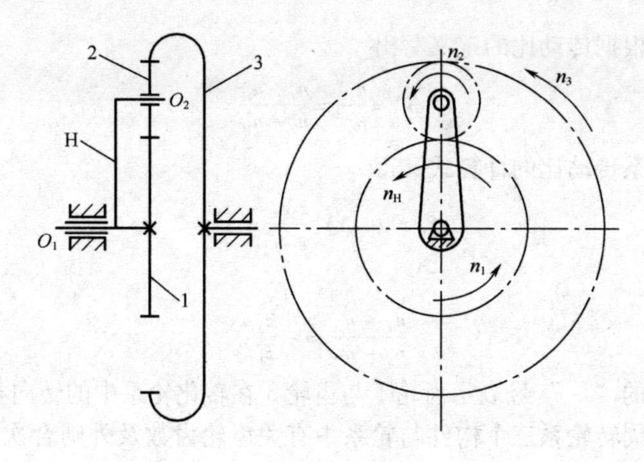

图 6－19　行星轮系

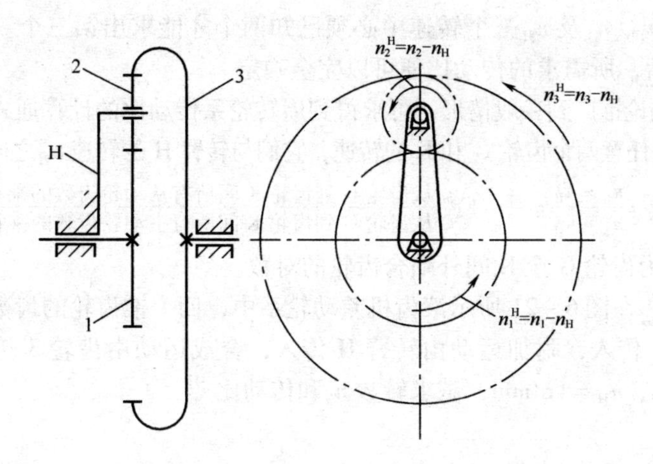

图 6－20　转化轮系

现将各构件转化前后的转速列表如下：

构件代号	原来的转速	转化轮系中的转速
1	n_1	$n_1^H = n_1 - n_H$
2	n_2	$n_2^H = n_2 - n_H$
3	n_3	$n_3^H = n_3 - n_H$
H	n_H	$n_H^H = n_H - n_H = 0$

转化轮系中各构件的转速 n_1^H、n_2^H、n_3^H 及 n_H^H 右上方标注的角标“H”，代表这些转速的各构件相对于转臂 H 的相对转速。

将周转轮系转化为定轴轮系后，就可以应用求解定轴轮系传动比的方法，求出其中任意两个齿轮的传动比来。转化轮系中齿轮 1 对齿轮 3 的传动比 n_{13}^H 的计

算公式，可以根据传动比的定义写出

$$n_{13}^{H}=\frac{n_1{}^{H}}{n_3{}^{H}}=\frac{n_1-n_H}{n_3-n_H}$$

由定轴轮系传动比的计算式又得

$$n_{13}^{H}=(-1)^{1}\frac{z_2z_3}{z_1z_2}=\frac{z_3}{z_1}$$

所以

$$\frac{n_1-n_H}{n_3-n_H}=-\frac{z_3}{z_1}$$

等式右边的“-”号表示齿轮1与齿轮3在转化轮系中的转向相反。

上式为该周转轮系三个构件与轮系中有关齿轮齿数及外啮合次数间的关系，对于行星轮系，其中有一个中心齿轮是固定的，转速为零，所以根据其余两构件中任意构件的已知转速（包括大小和转向），可以求出另一构件的转速；对于差动轮系，在 n_1、n_3 及 n_H 三个转速中必须已知两个才能求出第三个。当各构件的转速确定以后，所需求的传动比便可以完全确定。

将上述结论推广到一般情形，可求得到周转轮系传动比的计算通式。设 n_G、n_K 为周转轮系中任意两个齿轮G和K的转速，它们与转臂H的转速 n_H 之间的关系为

$$i_{GK}^{H}=\frac{n_G-n_H}{n_K-n_H}=(-1)^{m}\frac{\text{从齿轮 G 到齿轮 K 间所有从动轮齿数的乘积}}{\text{从齿轮 G 到齿轮 K 间所有主动轮齿数的乘积}} \quad (6-6)$$

式中 m 为齿轮G至K间外啮合齿轮的对数。

例6-4 在图6-21所示滚齿机差动轮系中，四个锥齿轮的齿数相等。分齿运动由齿轮1传入，附加运动由转臂H传入，合成运动由齿轮3传出，若已知 $n_1=-1\text{r/min}$，$n_H=1\text{r/min}$，试求转数 n_3 和传动比 i_{13}^{H}。

解:

由公式（6-6）求得

$$i_{13}^{H}=\frac{n_1-n_H}{n_3-n_H}=-\frac{z_3}{z_1}=-1$$

整理得 $n_3=2n_H-n_1$

代入给定数据，求得

$n_3=2n_H-n_1=2\times1-(-1)=3$（r/min）

例6-5 图6-22为某车床尾架传动简图，尾架顶尖有两种移动速度，在一般情况下，齿轮1与4啮合，这时手轮与丝杠为整体，转速相同，尾架顶尖可作快速移动。当在尾架套筒内装有钻头时，需有慢速移动钻头，这时脱开齿轮1与4，使齿轮1与行星齿轮2、2′啮合（图中所示啮合位置），组成行星轮系，其中齿轮4联同丝杠为转臂，齿轮3与尾架固联。若已知轮系中各齿轮齿数 $z_1=17$，$z_2=51$，试确定当轮系为行星轮系时，手轮与丝杠的转速关系。

解:

齿轮1与手轮转速相同，齿轮4与丝杠转速相同。由式（6-6）得

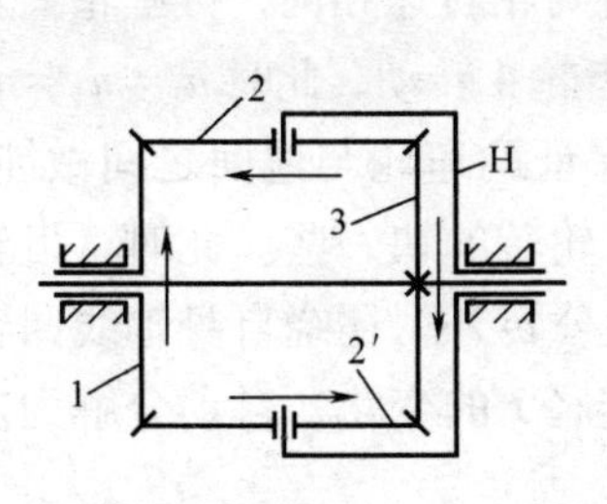

图 6－21　滚齿机差动轮系

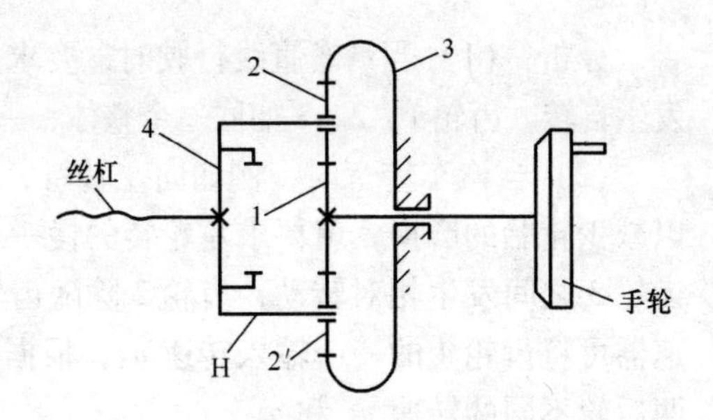

图 6－22　车床尾架

$$n_{\mathrm{H}} = \frac{z_1 n_1 + z_3 n_3}{z_1 + z_3}$$

代入给定数据得

$$n_{\mathrm{II}} = \frac{17 \times n_1}{17 + 51} = \frac{1}{4} n_1$$

式中 n_{H}等于丝杠转速，n_1等于手轮转速。丝杠转速为手轮转速的四分之一，于是达到钻头慢速移动的目的。

例 6－6　如图 6－23 所示汽车后桥差速器，已知齿轮 1、2、3 的齿数相等，求当汽车转弯时，其两车轮的转速 n_1、n_3和齿轮 4 的转速 n_4的关系。

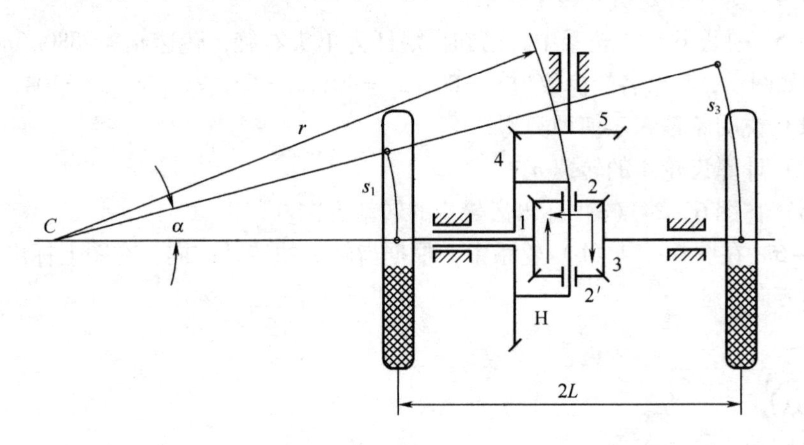

图 6－23　汽车后桥差动器

解：此轮系中，圆锥齿轮 5 和 4 啮合构成定轴轮系圆锥齿轮 2 和 2′由圆锥齿轮 4 带动绕着圆锥齿轮 1 的轴线转动，构成一周转轮系，圆锥齿轮 2 为行星齿轮，圆锥齿轮 1 为中心轮，圆锥齿轮 4 为行星架；周转轮系（差动轮系）的传动比方程式：

$$i_{13}^{4} = \frac{n_1 - n_4}{n_3 - n_4} = -\frac{z_3}{z_1} = -1$$

因为图中圆锥齿轮 1 和 3 转向相反，所以上式传动比为负。

所以　$2n_4 = n_1 + n_3$

分析：（1）当汽车直线行驶时，要求左、右两轮转速相同，行星轮2及2′不发生自转，齿轮1、2、3如同一个整体，一起随齿轮4转动，此时 $n_1 = n_3 = n_4$。

（2）当汽车转弯时，例如向左转弯，为了保证两车轮与地面之间做纯滚动，以减少轮胎的磨损，就要求左轮转的慢一些，右轮转的快一些。此时，齿轮1与齿轮3之间发生相对转动，齿轮2除随齿轮4做公转外，还绕自身轴线回转。差速器可将齿轮4的一个输入转速 n_4，根据转弯半径 r 的变化，自动分解为左、右两后轮不同的转速 n_1 和 n_3。

由图可见，当汽车绕瞬时回转中心 C 转动时，左、右两车轮滚过的弧长 s_1 及 s_3 应与两车轮到瞬心 C 的距离成正比，即

$$n_1/n_3 = s_1/s_3 = \alpha(r-L)/\alpha(r+L) = (r-L)/(r+L)$$

习　题

6-1　指出定轴轮系与周转轮系的区别。

6-2　如何确定轮系的转向关系？

6-3　行星轮系和差动轮系有何区别？

6-4　为什么要引入转化轮系？

6-5　在图6-24轮系中，已知：蜗杆为单头右旋，转速 $n_1 = 2880\text{r/min}$，转动方向如图示，其余各轮齿数为 $z_2 = 80$，$z_{2'} = 40$，$z_3 = 60$，$z_{3'} = 36$，$z_4 = 108$，要求：

（1）说明轮系属于何种类型；

（2）计算齿轮4的转速 n_4；

（3）在图6-24（a）标出齿轮4的转动方向。

6-6　在图6-24（b）轮系中，根据齿轮1的转动方向，在图上标出蜗轮4的转动方向。

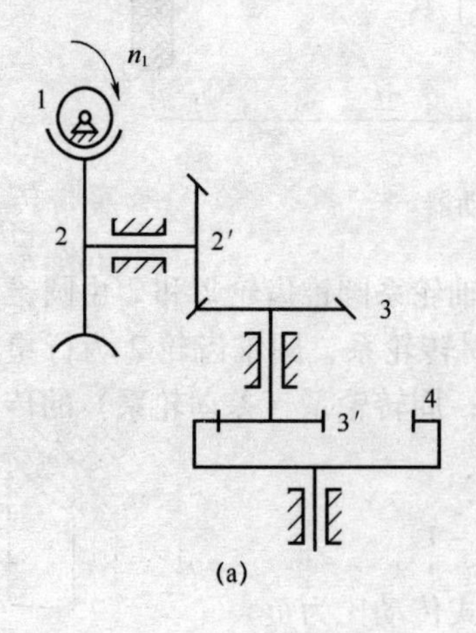

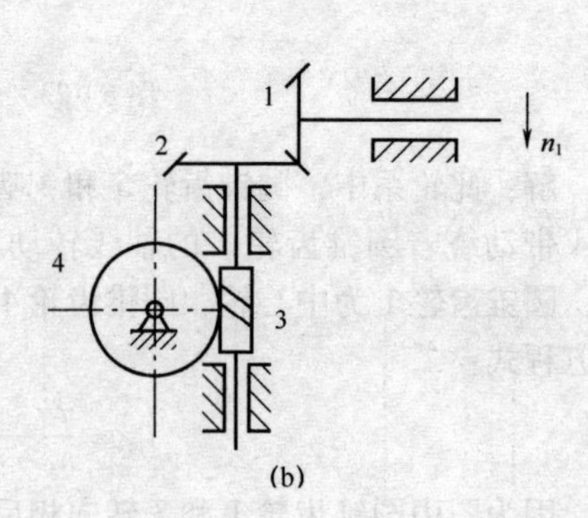

图6-24

第七章　其他类型传动

第一节　带　传　动

一、带传动的组成及类型

摩擦型带传动通常由主动轮、从动轮和张紧在两轮上的挠性传动带组成（图7－1）。带紧套在两个带轮上，借助带与带轮接触面间的压力所产生的摩擦力来传递运动和动力。

啮合型带传动由主动同步带轮，从动同步带轮和套在两轮上的环形同步带组成（图7－2），带的工作面制成齿形，与有齿的带轮相啮合实现传动。

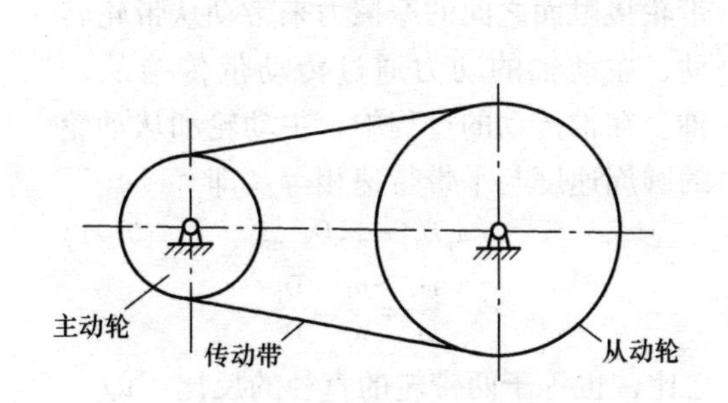

图7－1　摩擦型带传动

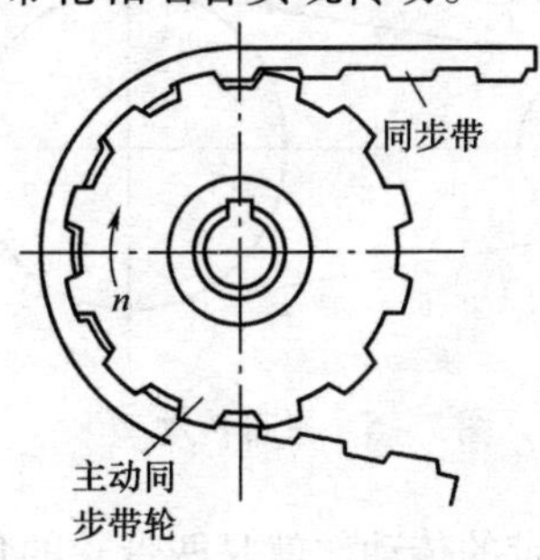

图7－2　啮合型带传动

摩擦型带传动，按带横剖面的形状是矩形、梯形或圆形，可分为平带传动［图7－3（a）］、V带传动［图7－3（b）］、楔带传动［图7－3（c）］和圆带传动［图7－3（d）］。汽车多用楔带传动。

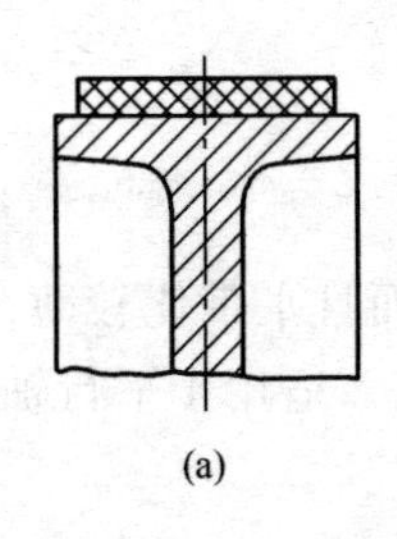

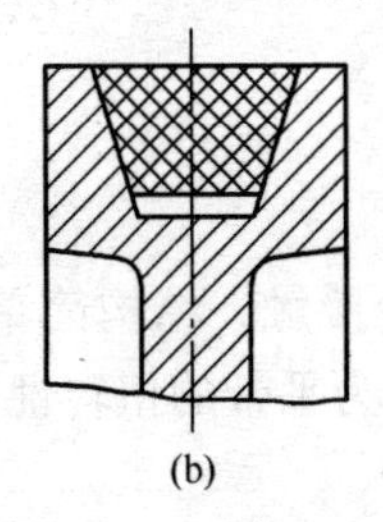

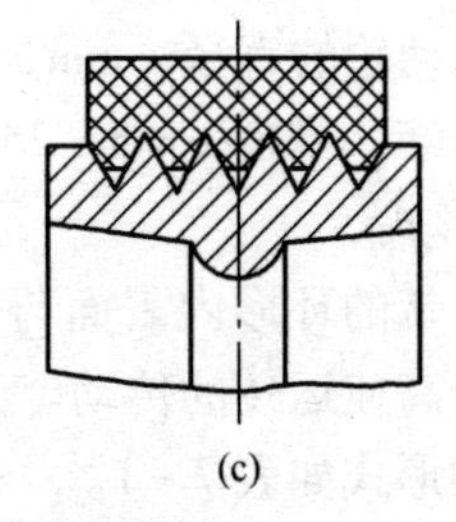

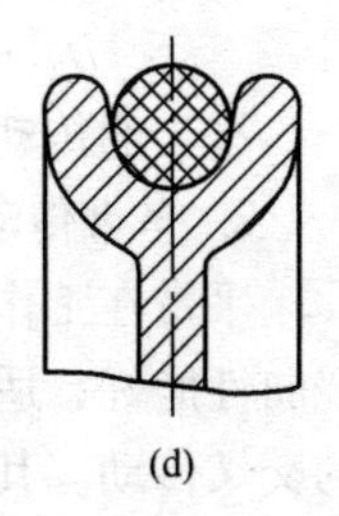

图7－3　带传动的类型

平带的横截面为扁平矩形，其工作面是与轮面相接触的内表面［图 7－4 (a)］，而 V 带的横截面为等腰梯形，V 带靠两侧面工作［图 7－4（b)］。

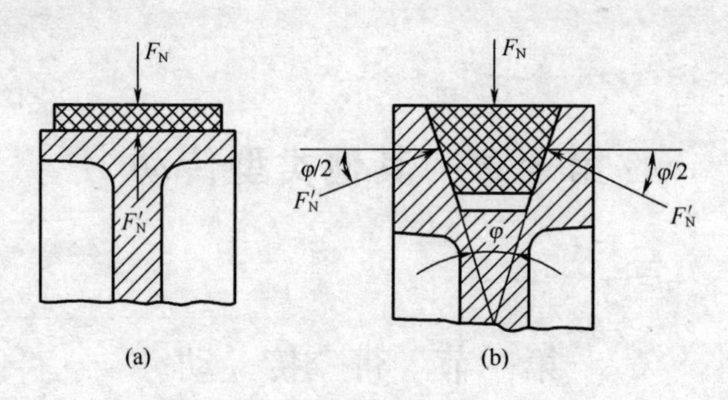

图 7－4　平带与 V 带传动的比较

二、平 带 传 动

1. 平带传动比

如图 7－5 所示，把一根连接成环形的平胶带张紧在主动轮 D_1 和从动轮 D_2 上，使带与两带轮之间的接触面产生正压力。当主动轮 D_1 转动时，依靠橡胶带与带轮接触面之间的摩擦力来带动从带轮转动，主动轴的动力通过传动带传给从动轴。在带传动的过程中，主动轮和从动轮的圆周速度与平带带速相等。即

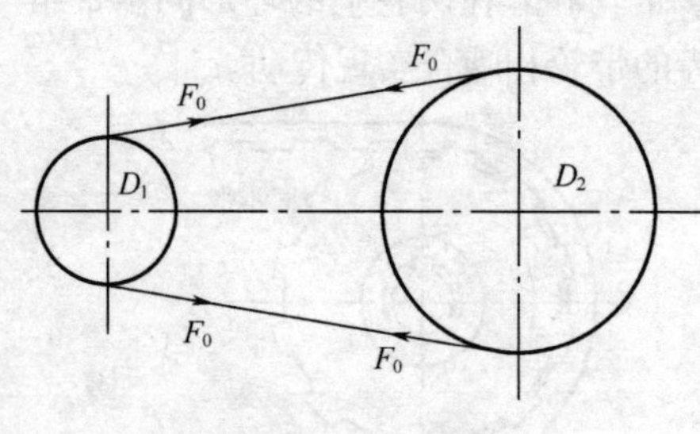

图 7－5　平带传动

$$n_1 D_1 = n_2 D_2 \tag{7-1}$$

或 $\frac{\omega_1}{\omega_2} = \frac{n_1}{n_2} = \frac{D_1}{D_2}$

平带的传动比就是两带轮的角速度之比，也等于两带轮的直径的反比。即

$$i = \frac{\omega_1}{\omega_2} = \frac{n_1}{n_2} = \frac{D_1}{D_2} \tag{7-2}$$

式中　ω_1、n_1——主动轮的角速度（rad/s），转速（r/min）

ω_2、n_2——从动轮的角速度（rad/s），转速（r/min）

D_1——主动轮的直径，mm

D_2——从动轮的直径，mm

平带的传动比 $i \leqslant 5$，带速 $v = 5 \sim 25$m/s。

2. 平带传动的形式

平带在工作时，带的环形内表面与带轮接触，结构简单，而且平带比较薄，挠曲性能好，适用于高速运转的传动。又因为平带的扭转性能好，适用于平行轴的交叉传动。其传动形式如表 7－1。

表 7－1　平带的传动形式

传动形式	图形	应用场合
开口式		主要应用于轴线平行且旋转方向相同的场合，应用较广
交叉式		主要应用于轴线平行且旋转方向相反的场合，应用较广
半交叉式		主要应用于轴线互不平行，空间交错的场合，一般交错角为 90°

3. 平带的接头形式

平带的接头形式主要有图 7－6 所示几种。

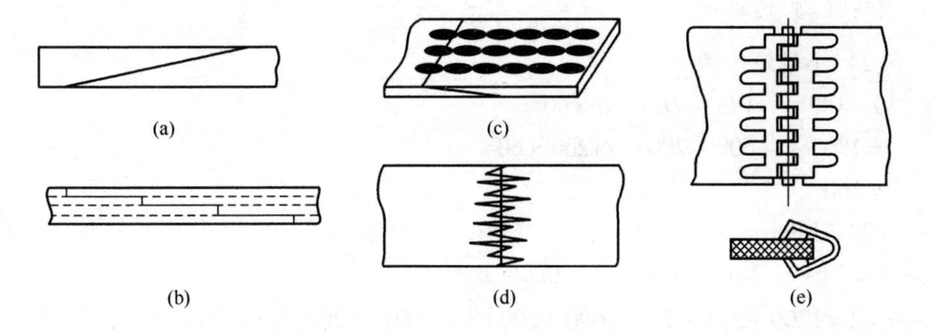

图 7－6　平带常用的接头形式

（a）皮革平带的胶合　（b）帆布芯平带的胶合　（c）用皮条缝合　（d）用肠线缝合　（e）铰链带扣

4. 平带的主要参数

（1）带轮的包角　带轮的包角就是胶带与带轮接触面的弧长所对应的中心角。如图 7－7 所示。包角的大小反映带与带轮接触弧的长短。包角越小接触弧长就越短，接触面之间的摩擦力总和就越小。为了提高平带的承载能力，包角就不能太小，一般包角 $\alpha \geqslant 120°$。由于大带轮上的包角总是大于小带轮的包角，因此只需要验算小带轮上的包角即可。小带轮包角计算公式见表 7－2 所示。

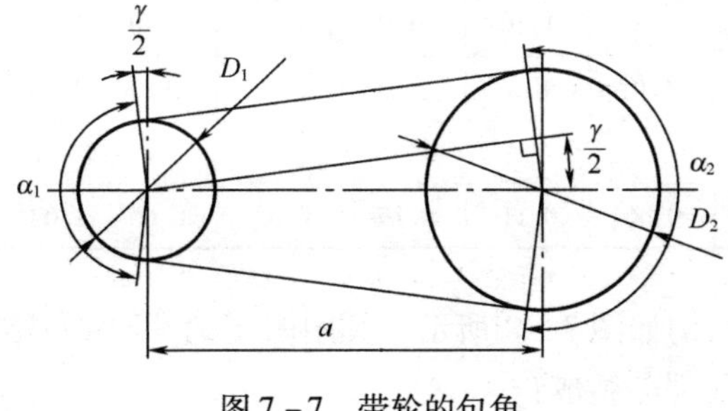

图 7－7　带轮的包角

表 7-2　　平带的参数计算

传动形式	小带轮包角	胶带几何长度
开口式	$\alpha \approx 180° - (D_2 - D_1)/a \times 60°$	$L = 2a + \pi/2\ (D_2 + D_1) + (D_2 - D_1)^2/4a$
交叉式	$\alpha \approx 180° + (D_2 + D_1)/a \times 60°$	$L = 2a + \pi/2\ (D_2 + D_1) + (D_2 + D_1)^2/4a$
半交叉式	$\alpha \approx 180° + D_1/a \times 60°$	$L = 2a + \pi/2\ (D_2 + D_1) + (D_2 + D_1)^2/2a$

(2) 带长　平带的长度是指带的内周长，其计算方法见表 7-2。在实际应用中，还需要考虑平带在带轮上的张紧量、悬垂量和平带的接头量。

例 7-1　在平带开口式传动中，已知主动轮的直径 $D_1 = 200$mm，从动轮直径 $D_2 = 600$mm，两传动轴中心距 $a = 1200$mm。试计算其传动比、验算包角并求出带长。

解：(1) 传动比：　$i = \frac{n_1}{n_2} = \frac{D_1}{D_2} = \frac{600}{200} = 3$

(2) 小带轮包角

$\alpha \approx 180° - (D_2 - D_1)/a \times 60°$

$= 180° - (600 - 200)/1200 \times 60°$

$= 160°$

(3) 带长：

$L = 2a + \pi/2\ (D_2 + D_1) + (D_2 - D_1)^2/4a$

$= 2 \times 1200 + 3.14/2 \times (600 + 200) + (600 + 200)^2/(4 \times 1200)$

$= 3678.3$ (mm)

三、V 带传动的结构和规格

1. V 带的结构和规格

V 带已标准化，按其截面大小分为 7 种型号，见表 7-3。

表 7-3　　普通 V 带截面尺寸（GB 11544—1989）　　单位：mm

型号	Y	Z	A	B	C	D	E
顶宽 b	6.0	10.0	13.0	17.0	22.0	32.0	38.0
节宽 b_p	5.3	8.5	11.0	14.0	19.0	27.0	32.0
高度 h	4.0	6.0	8.0	11.0	14.0	19.0	25.0
楔角 θ	40°						
q/(kg/m)	0.03	0.06	0.11	0.19	0.33	0.66	1.02

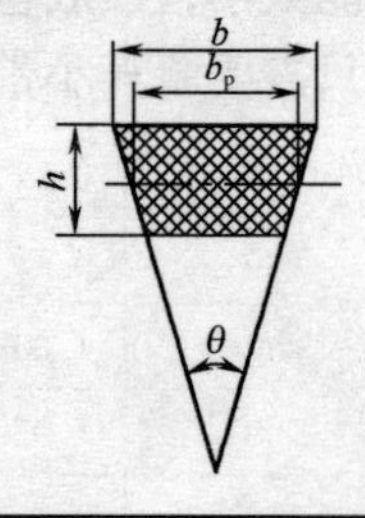

V 带的横剖面结构如图 7-8 所示，其中图 (a) 是帘布结构，图 (b) 是绳芯结构，均由下面几部分组成：

（1）包布层：由胶帆布制成，起保护作用；

（2）顶胶：由橡胶制成，当带弯曲时承受拉伸；

（3）底胶：由橡胶制成，当带弯曲时承受压缩；

（4）抗拉层：由几层挂胶的帘布或浸胶的棉线（或尼龙）绳构成，承受基本拉伸载荷。

当带受纵向弯曲时，在带中保持原长度不变的任一条周线称为节线，由全部节线构成的面称为节面，带的节面宽度称为节宽（b_p），当带受纵向弯曲时，该宽度保持不变。在V带轮上，与所配用的节宽 b_p 相对应的带轮直径称为节径 d_p，通常它又是基准直径 d_d（图7－9）。V带在规定的张紧力下，位于带轮基准直径上的周线长度称为基准长度 L_d。普通V带的长度系列见表7－4。

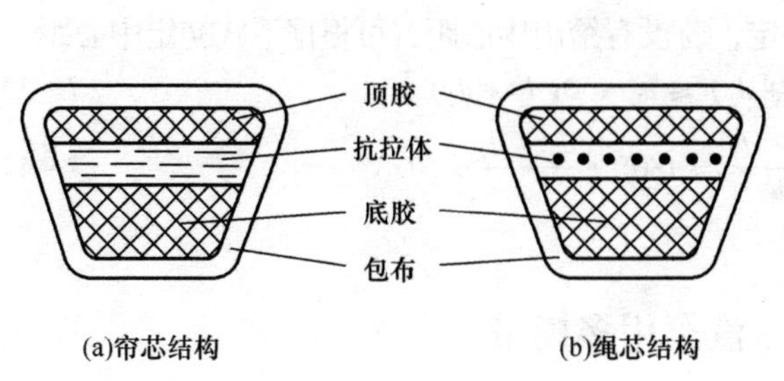

图7－8　V带结构

图7－9　带轮基准直径

表7－4　普通V带的长度系列和带长修正系数 K_L（GB/T13575.1—1992）

基准长度 L_d/mm	K_L					基准长度 L_d/mm	K_L			
	Y	Z	A	B	C		Z	A	B	C
200	0.81					1600	1.04	0.99	0.92	0.84
224	0.82					1800	1.06	1.01	0.95	0.86
250	0.84					2000	1.08	1.03	0.98	0.89
280	0.87					2240	1.10	1.06	1.00	0.91
315	0.89					2500	1.30	1.09	1.03	0.93
355	0.92					2800		1.11	1.05	0.96
400	0.96	0.87				3150		1.13	1.07	0.98
450	1.00	0.89				3550		1.17	1.09	1.00
500	1.02	0.91				4000		1.19	1.13	1.03
560		0.94				4500			1.15	1.04
630		0.96	0.81			5000			1.18	1.07
710		0.99	0.82			5600				1.09

续表

基准长度 L_d/mm	K_L					基准长度 L_d/mm	K_L			
	Y	Z	A	B	C		Z	A	B	C
800		1.00	0.85			6300				1.12
900		1.03	0.87	0.82		7100				1.15
1000		1.06	0.89	0.84		8000				1.18
1120		1.08	0.91	0.86		9000				1.21
1250		1.11	0.93	0.88		10000				1.23
1400		1.14	0.96	0.90						

2. 传动实际中心距 a

中心距一般根据结构要求来确定，若没有给出中心距，可根据下式初定中心距

$$0.7(d_1 + d_2) \leqslant a_0 \leqslant 2(d_1 + d_2) \quad (7-3)$$

3. 小带轮包角 $\alpha = \pi \pm \frac{d_2 - d_1}{a} = 180° \pm \frac{d_2 - d_1}{a} \times 57.3°$ (7-4)

小带轮包角要求 $\alpha \geqslant 120°$。

四、汽车用多楔带

汽车除了使用 V 带之外，还使用多楔带（图 7-10），多楔带是在平带的机体上由多根 V 带组成的传动带。

汽车多楔带的规格包括楔数、型号和长度。

标记：楔数、型号、有效长度

如：6PK1150 表示楔数 为 6，有效长 1150mm。

图 7-10　多楔带

五、带传动的特点

1. 带传动的优点

1）适用于中心距较大的传动；

2）带具有弹性，可缓冲和吸振；

3）传动平稳，噪声小；

4）过载时带与带轮间会出现打滑，可防止其他零件损坏，起安全保护作用；

5）结构简单，制造容易，维护方便，成本低。

2. 带传动的缺点

1）传动的外廓尺寸较大；

2）由于带的滑动，因此瞬时传动比不准确，不能用于要求传动比精确的场合；

3）传动效率较低；

4）带的寿命较短。

带传动多用于原动机与工作机之间的传动，一般传递的功率 $P \leqslant 100$kW；带速 $v = 5 \sim 25$ m/s；传动效率 $\eta = 0.90 \sim 0.95$；传动比 $i \leqslant 7$。需要指出，带传动中由于摩擦会产生电火花，故不能用于有爆炸危险的场合。

六、带传动的张紧装置及维护

1. 带传动的张紧装置

普通V带不是完全的弹性体，长期在张紧状态下工作，会因出现塑性变形而松弛，使初拉力 F_0 减小，传动能力下降。因此，必须将带重新张紧，以保证带传动正常工作。

带传动常用的张紧方法是调节中心距。常见的张紧装置有以下两类。

（1）定期张紧装置

图7－11（a）（b）是采用滑轨和调节螺钉或采用摆动架和调节螺栓改变中心距的张紧方法。前者适用于水平或倾斜不大的布置，后者适用于垂直或接近垂直的布置。若中心距不能调节时，可采用具有张紧轮的装置，［图7－11（c）］，它靠平衡锤将张紧轮压在带上，以保持带的张紧。

（2）自动张紧装置

图7－11（d）利电动机和浮动架自身的重量，使带轮随浮动架绕固定轴摆动而改变中心距的自动张紧方法。

2. 带传动的安装和使用

为了延长带的寿命，保证带传动的正常运转，必须重视正确地安装、使用和维护保养。

（1）安装V带时，首先缩小中心距，将V带套入轮槽中，再按初拉力进行张紧。同组使用的V带应型号相同、长度相等，不同厂家生产的V带或新旧V带不能同组使用。如图7－12所示。

（2）安装时两轮轴线必须平行，且两带轮相应的V形槽的对称平面应重合，误差不得超过±20′，如图7－13所示。否则将加剧带的磨损，甚至使带从带轮上脱离。

（3）V带张紧程度要适当，以大拇指能将带按下15mm为宜。如图7－14所示。

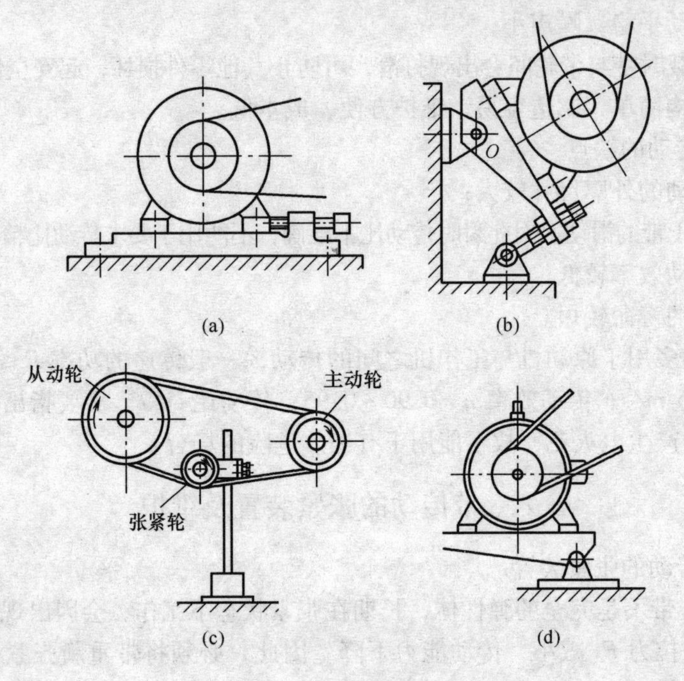

图 7－11　带传动的张紧装置

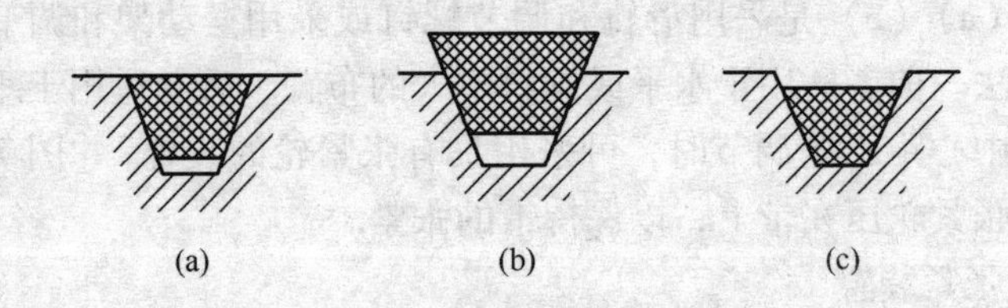

图 7－12　新旧 V 带不能同组使用

（a）正确　（b）错误　（c）错误

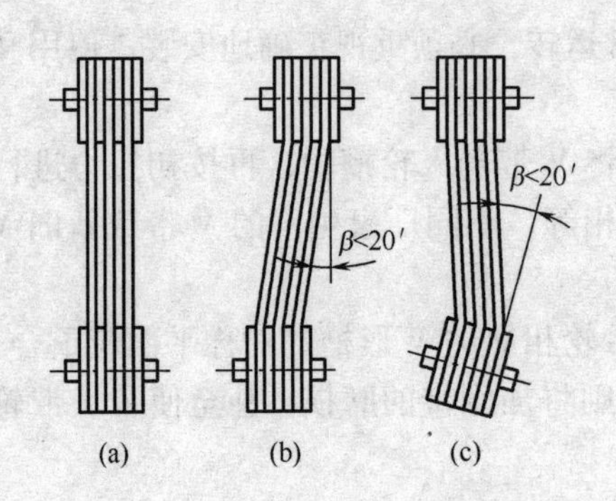

图 7－13　轮轴必须平行

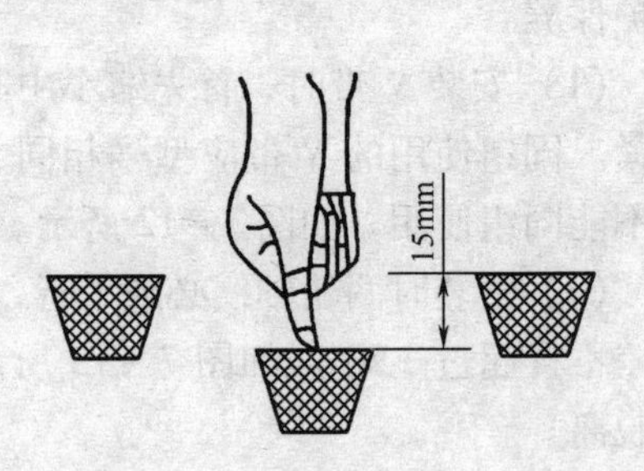

图 7－14　V 带张紧要适当

第二节　摩擦轮传动

在汽车修理车间，经常可以看到摩擦压力机（如图 7-15 所示），摩擦压力机利用摩擦轮进行摩擦传动而工作，两个主动摩擦轮在主动轴上旋转，与从动轮分别接触并产生摩擦力，通过摩擦力传递运动，使从动轮旋转，从而带动螺杆下降、上升，完成冲压工作。

1. 摩擦轮传动的工作原理和传动比

（1）摩擦轮传动工作原理　摩擦轮传动是利用两轮直接接触所产生的摩擦力来传递运动和动力的一种机构传动。图 7-16 所示为最简单的摩擦轮传动，由两个相互压紧的圆柱形摩擦轮组成。在正常传动时，主动轮依靠摩擦力的作用带动从动轮转动，并保证两轮面的接触处有足够大的摩擦力，使主动轮产生的摩擦力矩足以克服从动轮上的阻力矩。如果摩擦力矩小于阻力矩，两轮面接触处在传动中会出现相对滑移现象，这种现象称为“打滑”。增大摩擦力的途径，一是增大正压力，二是增大摩擦因数。增大正压力可以在摩擦轮上安装弹簧或其他的施力装置［图 7-17（a）］。但这样会增加作用在轴与轴承上的载荷，导致增大传动件的尺寸，使机构笨重。因此，正压力只能适当增加。增大摩擦因数的方法，通常是将其中一个摩擦轮用钢或铸铁材料制造，在另一个摩擦轮的工作表面，粘上一层石棉、皮革、橡胶布、塑料或纤维材料等。轮面较软的摩擦轮宜作主动轮，这样可以避免传动中因产生打滑，致使从动轮的轮面遭受局部磨损而影响传动质量。

图 7-15　摩擦压力机

（2）传动比　摩擦轮机构中瞬时输入转速与输出转速的比值称为机构的传动比。对于摩擦轮传动，其传动比就是主动轮转速与从动轮转速的比值。传动比用符号 i 表示，表达式为

$$i = \frac{n_1}{n_2} \tag{7-5}$$

式中　n_1—— 主动轮转速，r/min

n_2——从动轮转速，r/min

如图 7-16（a）所示，传动时如果两摩擦轮在接触处 P 点没有相对滑移，则两轮在 P 点处的线速度相等，即 $v_1 = v_2$。

因为

$$v_1 = \frac{\pi D_1 n_1}{1000 \times 60}(\mathrm{m/s})$$

$$v_2 = \frac{\pi D_2 n_2}{1000 \times 60}(\mathrm{m/s})$$

所以 $n_1 D_1 = n_2 D_2$

或

$$\frac{n_1}{n_2} = \frac{D_2}{D_1}$$

由此可知：两摩擦轮的转速之比等于它们直径的反比。得

$$i = \frac{n_1}{n_2} = \frac{D_2}{D_1} \tag{7-6}$$

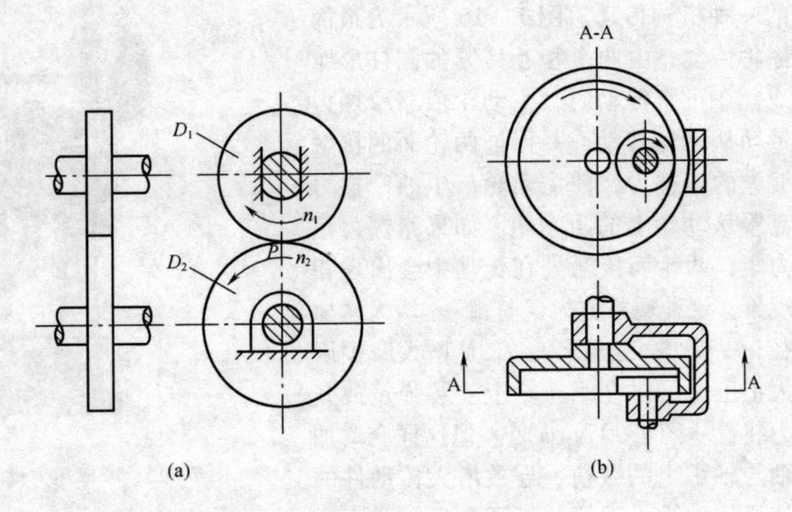

图 7－16 两轴平行的摩擦轮传动

（a）外接圆柱式 （b）内接圆柱式

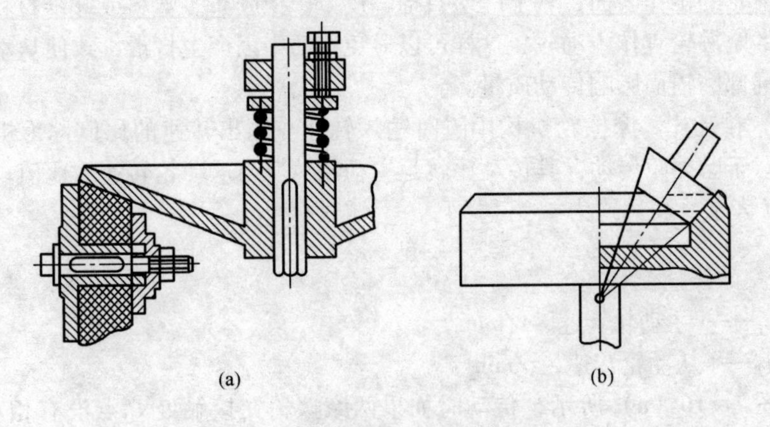

图 7－17 两轴相交的摩擦轮传动

（a）外接圆锥式 （b）内接圆锥式

式中　D_1——主动轮直径，mm

D_2——从动轮直径，mm

2. 摩擦轮传动的特点

与其他传动相比较，摩擦轮传动具有下列特点：

（1）结构简单，使用维修方便，适用于两轴中心距较近的传动。

（2）传动时噪声小，并可在运转中变速、变向。

（3）过载时，两轮接触处会产生打滑，因而可防止薄弱零件的损坏，起到安全保护作用。

（4）在两轮接触处有产生打滑的可能，所以不能保持准确的传动比。

（5）传动效率较低，不宜传递较大的转矩，主要适用于高速、小功率传动的场合。

3. 摩擦轮传动的类型和应用场合

按两轮轴线相对位置摩擦轮传动可分为两轴平行和两轴相交两类。

（1）两轴平行的摩擦轮传动

两轴平行的摩擦轮传动，有外接圆柱式摩擦轮传动［图7－16（a）］。和内接圆柱式摩擦轮传动［图7－16（b）］两种。前者两轴转动方向相反，后者两轴转动方向相同。

（2）两轴线相交的摩擦轮传动

两轴相交的摩擦轮传动，其摩擦轮多为圆锥形，并有外接圆锥式［图7－17（a）］和内接圆锥式［图7－17（b）］两种。圆锥形摩擦轮安装时，应使两轮的锥顶重合，以保证两轮锥面上各接触点处的线速度相等。此外，还有圆柱圆盘式结构，如图7－18所示。

如图7－18所示为滚子平盘式机械无级变速机构的示意图。当动力源带动轴Ⅰ上的滚子1以恒定的转速 n_1 回转时，因滚子紧压在平盘2上，靠摩擦力的作用，使平盘转动并带动从动轴Ⅱ以转速 n_2 回转，假定滚子与平盘接触线 AB 的中点 C 处无相对滑移，为纯滚动，则滚子与平盘在点 C 处的线速度相等，可得

$$v_{1c} = v_{2c}$$

即

$$2\pi r_1 n_1 = 2\pi r_2 n_2$$

$$r_1 n_1 = r_2 n_2$$

所以从动轴Ⅱ的转速为

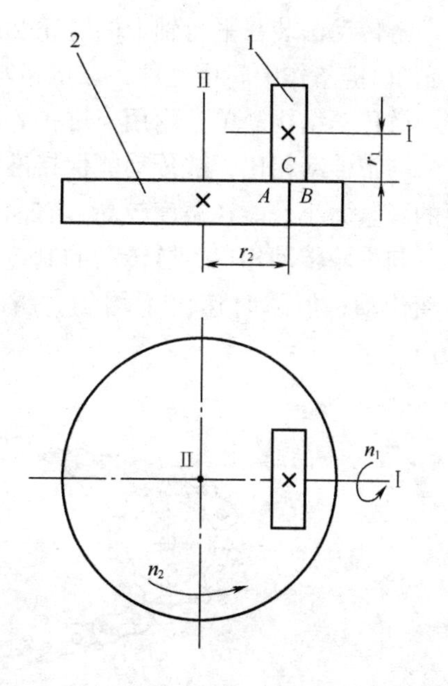

图7－18　圆柱圆盘式无级变速机构示意图

1—滚子　2—平盘

$$n_2 = \frac{r_1}{r_2} n_1$$

传动比为

$$i = \frac{n_1}{n_2} = \frac{r_2}{r_1} \qquad (7-7)$$

式中　r_1——滚子半径，mm

　　　r_2——滚子素线中点到从动轴轴线的距离，mm

若将滚子 1 沿平盘 2 表面作径向移动，改变 r_2，从动轴 Ⅱ 的转速 n_2 随之改变。由于 r_2 可在一定范围内任意改变，所以轴 Ⅱ 可以获得无级变速。直接接触的摩擦轮传动一般应用于摩擦压力机、摩擦离合器、制动器、机械无级变速器及仪器的传动机构等场合。

第三节　链　传　动

在日常生活中经常看到应用链传动的例子，比如摩托车利用链传动传递运动，链将摩托车发动机输出的动力传递给后车轮，使后车轮旋转，保证摩托车正常行驶。汽车曲轴通过链传动使凸轮轴转动，控制气门的开启和关闭，保证可燃混合气的进入和废气的排出等。

一、链传动的特点和类型

链传动由装在平行轴上的链轮和跨绕在两链轮上的环形链条所组成（图 7－19），以链条作中间挠性件，靠链条与链轮轮齿的啮合来传递运动和动力。

链传动结构简单，耐用、维护容易，运用于中心距较大的场合。

与带传动相比，链传动能保持准确的平均传动比；没有弹性滑动和打滑；需要的张紧力小；能在温度较高，有油污等恶劣环境条件下工作。

与齿轮传动相比，链传动的制造和安装精度要求较低；成本低廉；能实现远距离传动；但瞬时速度不均匀，瞬时传动比不恒定；传动中有一定的冲击和噪声。

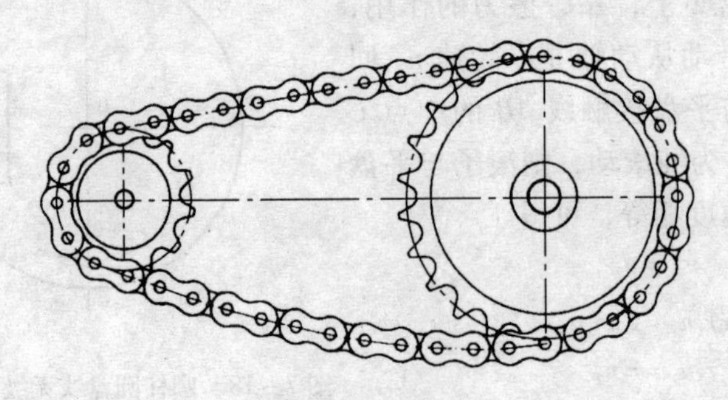

图 7－19　链传动

链传动的传动比 $i \leqslant 8$；中心距 $a \leqslant 5 \sim 6\text{m}$；传递功率 $P \leqslant 100\text{kW}$；圆周速度 $v \leqslant 15\text{m/s}$；传动效率 $\eta = 0.92 \sim 0.96$。链传动广泛用于矿山机械、农业机械、石油机械、机床及摩托车中。

按照链条的结构不同，传递动力用的链条主要有滚子链和齿形链两种（图 7－20）。其中齿形链结构复杂，价格较高，因此其应用不如滚子链广泛。

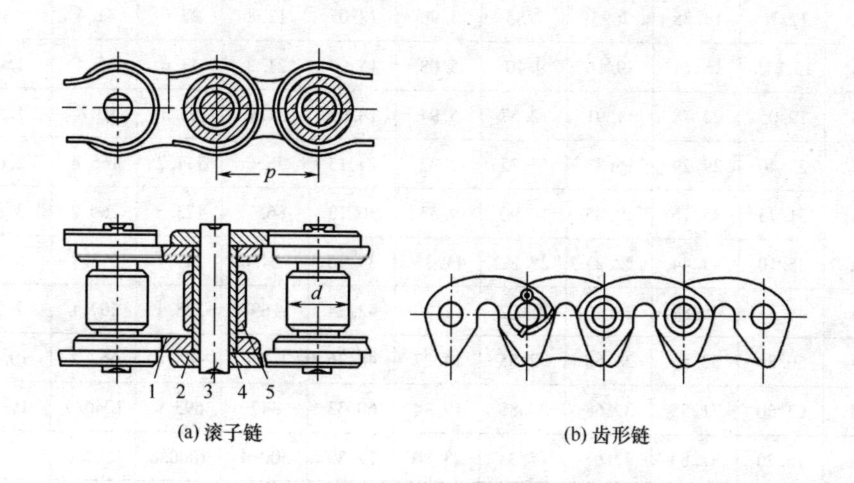

图 7－20　传动链的类型

1—内链板　2—外链板　3—销轴　4—套筒　5—滚子

二、滚子链传动的结构与选择

滚子链的结构如图 7－20（a）所示，其内链板 1 和套筒 4、外链板 2 和销轴 3 分别用过盈配合固联在一起，分别称为内、外链节。内、外链节构成铰链。滚子与套筒、套筒与销轴均为间隙配合。当链条啮入和啮出时，内、外链节作相对转动；同时，滚子沿链轮轮齿滚动，可减少链条与轮齿的磨损。

为减轻链条的重量并使链板各横剖面的抗拉强度大致相等。内、外链板均制成“∞”字形。组成链条的各零件，由碳钢或合金钢制成，并进行热处理，以提高强度和耐磨性。

滚子链相邻两滚子中心的距离称为链节距，用 p 表示，它是链条的主要参数。节距 p 越大，链条各零件的尺寸越大，所能承受的载荷越大。

滚子链可制成单排链和多排链，如双排链或三排链。排数越多，承载能力越大。由于制造和装配精度，会使各排链受力不均匀，故一般不超过 4 排。

滚子链已标准化，分为 A、B 两个系列，常用的是 A 系列。表 7－5 列出了几种 A 系列滚子链的主要参数。设计时，要根据载荷大小及工作条件等选用适当的链条型号；确定链传动的几何尺寸及链轮的结构尺寸。

表 7－5　A 系列滚子链的主要参数（摘自 GB/T 1243—1997）

链号	节距 p/mm	排距 p_t/mm	滚子外径 d_r/mm	内链节内宽 b_1/mm	销轴直径 d_z/mm	内链板高度 h/mm	极限拉伸载荷 单排 F_Q/kN	极限拉伸载荷 双排 F_Q/kN	极限拉伸载荷 三排 F_Q/kN	单排重量 q/(kg/m)
			最大	最小	最大	最大	最小	最小	最小	≈
08A	12.70	14.38	7.95	7.85	3.96	12.07	13.8	27.6	41.4	0.60
10A	15.875	18.11	10.16	9.40	5.08	15.09	21.8	43.6	65.4	1.00
12A	19.05	22.78	11.91	12.57	5.94	18.08	31.1	62.3	93.4	1.50
16A	25.40	29.29	15.88	15.75	7.92	24.13	55.6	111.2	166.8	2.60
20A	31.75	35.76	19.05	18.90	9.53	30.18	86.7	173.5	260.2	3.80
24A	38.10	45.44	22.23	25.22	11.10	36.20	124.6	249.1	373.7	5.60
28A	44.45	48.87	25.40	25.22	12.70	42.24	169	338.1	507.1	7.50
32A	50.80	58.55	28.58	32.55	14.27	48.26	222.4	444.8	667.2	10.10
40A	63.50	71.55	39.68	37.85	19.84	60.33	347	693.9	1040.9	16.10
48A	76.20	87.83	47.63	47.35	23.80	72.39	500.4	1000.8	1501.3	22.60

注：使用过渡链节时，其极限拉伸载荷按表列数值 80% 计算。

按照 GB/T 1243—1997 的规定，套筒滚子链的标记为：

链号—排数 × 整链节数　标准号

例如：A 级、双排、70 节、节距为 38.1mm 的标准滚子链，标记应为：

24A—2 × 70

标记中，B 级链不标等级，单排链不标排数。

滚子链的长度以链节数 L_p 表示。链节数 L_p 最好取偶数，以便链条联成环形时正好是内、外链板相接，接头处可用开口销或弹簧夹锁紧［图 7－21（a）］。若链节数为奇数时，则需采用过渡链节［图 7－21（b）］，过渡链节的链板需单独制造，另外当链条受拉时，过渡链节还要承受附加的弯曲载荷，使强度降低，通常应尽量避免。

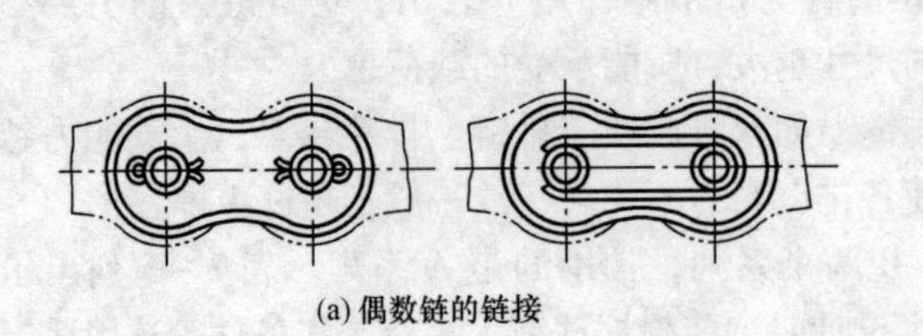

(a) 偶数链的链接

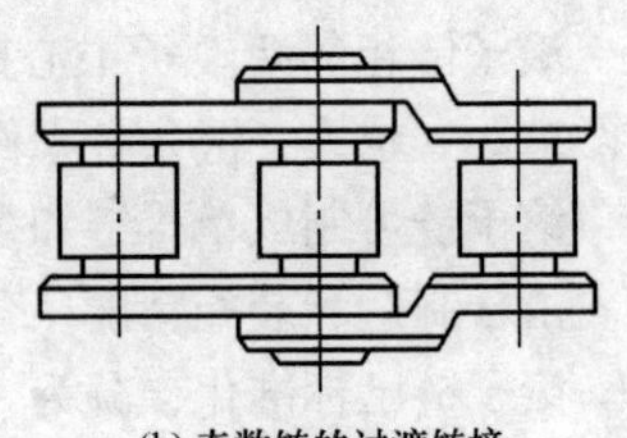

(b) 奇数链的过渡链接

图 7－21　链节

三、齿　形　链

齿形传动链是由一组齿形链板并列铰接而成（图 7－22），工作时，通过链片侧面的两直边与链轮轮齿相啮合。齿形链具有传动平稳、噪声小，承受冲击性能好，工作可靠等优点；但结构复杂，重量较大，价格较高。齿形链多用于高速（链速 v 可达 40m/s）或运动精度要求较高的传动。

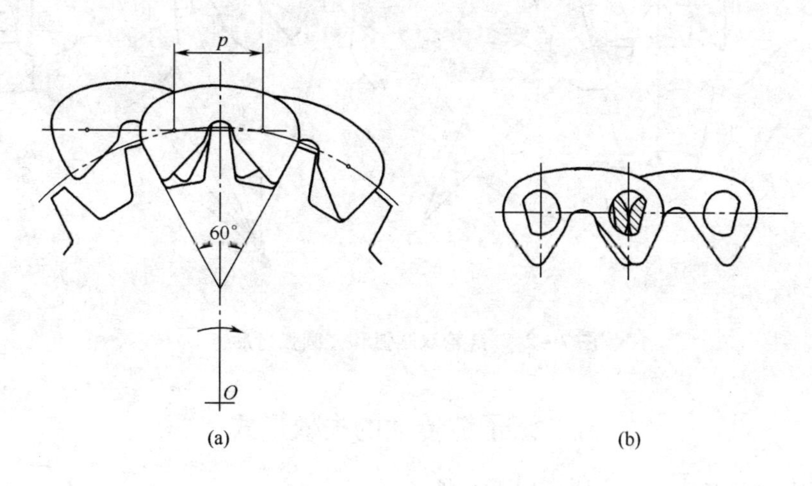

图 7－22　齿形链

四、链　　轮

链轮有整体式、孔板式、组合式等结构形式（图 7－23）。

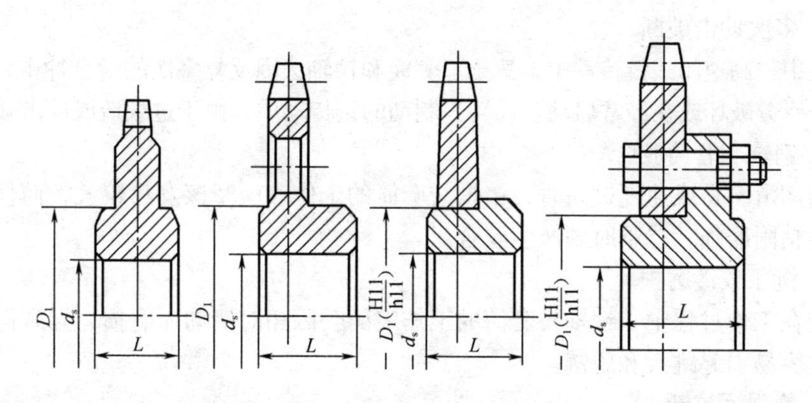

$L=(1.5\sim2)\ d_s$；$D_1=(1.2\sim2)\ d_s$；d_s 为轴孔直径

图 7－23　链轮的结构

轮齿的齿形应保证链节能平稳地进入和退出啮合，受力良好，不易脱链，便于加工。

滚子链链轮的齿形已标准化（GB1244—1985），有双圆弧齿形［图7－24(a)］和三圆弧—直线齿形［图7－24（b）］两种，前者齿形简单，后者可用标准刀具加工。

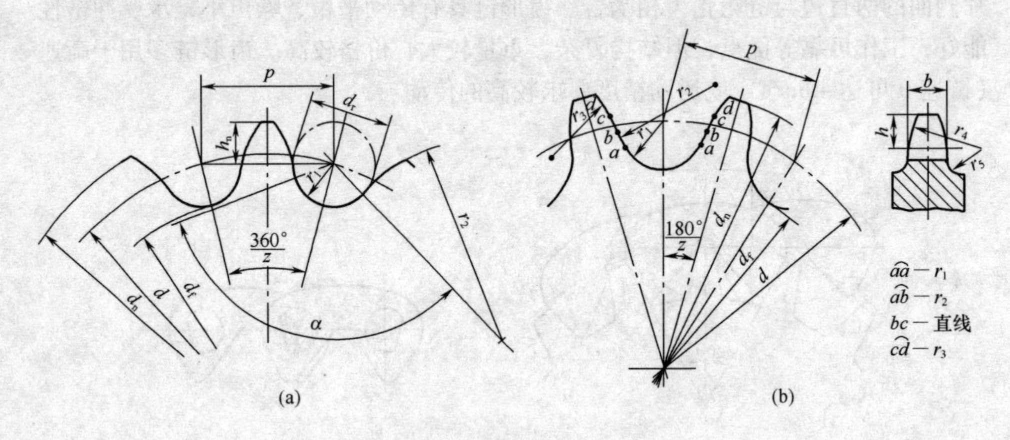

图7－24　链轮双圆弧和三圆弧齿形

五、滚子链传动的失效形式

链传动的失效形式主要有以下几种：

1. 链板的疲劳破坏

链传动在工作中，由于链条松边、紧边拉力不同，经过一定的循环次数后，链板会发生疲劳破坏，在正常润滑条件下，链板的疲劳强度是决定链传动承载能力的主要因素。

2. 多次冲击破断

在中、高速闭式链传动中，滚子、套筒和销轴会因反复多次的啮合冲击，而发生冲击疲劳破坏或在经常启动、反转、制动的链传动中，由于过载造成冲击破断。

3. 销轴与套筒胶合

当润滑不良或速度过高时，销轴与套筒的工作表面摩擦发热较大，而使两表面发生粘附磨损，严重时则产生胶合。

4. 链条铰链磨损

链在工作过程中，销轴与套筒的工作表面会因相对滑动而磨损，导致链节的伸长，容易引起跳齿和脱链。

5. 静强度拉断

在低速（$v<0.6\mathrm{m/s}$）重载或瞬时严重过载时，链条可能被拉断。

六、链传动的布置

在链传动中，两链轮的转动平面应在同一平面内，两轴线必须平行，最好成水平布置［图7－25（a)］，如需倾斜布置时，两链轮中心连线与水平线的夹角β应小于45°［图7－25（b)］。同时链传动应使紧边（即主动边）在上，松边在下，以便链节和链轮轮齿可以顺利地进入和退出啮合。如果松边在上，可能会因松边垂度过大而出现链条与轮齿的干扰，甚至会引起松边与紧边的碰撞。

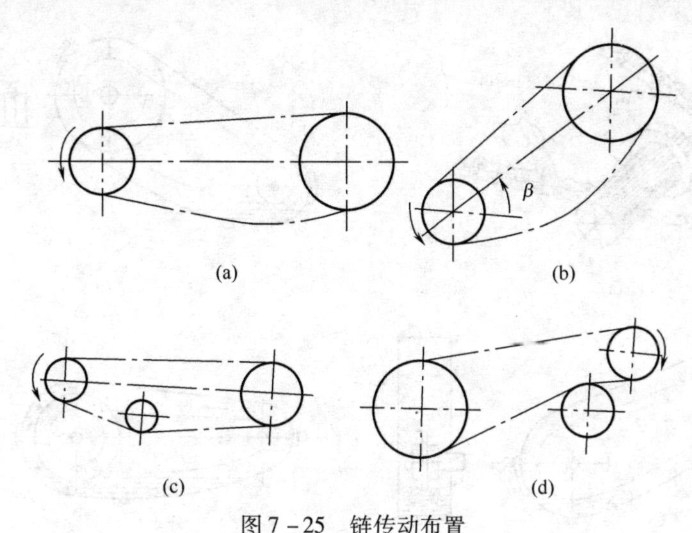

图7－25　链传动布置

为防止链条垂度过大造成啮合不良和松边的颤动，需用张紧装置。如中心距可以调节时，可用调节中心距来控制张紧程度；如中心距不可调节时，可用张紧轮。张紧轮应安装在链条松边靠近小链轮处，放在链条内、外侧均可，分别如图7－25（c）（d）所示。张紧轮可以是链轮，也可以是无齿的滚轮，其直径可比小链轮略小些。

七、链传动的润滑

链传动良好的润滑将会减少磨损、缓和冲击，提高承载能力，延长使用寿命，因此链传动应合理地确定润滑方式和润滑剂种类。

常用的润滑方式有以下几种：

（1）人工定期润滑：用油壶或油刷给油［图7－26（a)］，每班注油一次，适用于链速$v\leqslant4$m/s的不重要传动。

（2）滴油润滑：用油杯通过油管向松边的内、外链板间隙处滴油，用于链速$v\leqslant10$m/s的传动［图7－26（b)］。

（3）油浴润滑：链从密封的油池中通过，链条浸油深度以6～12mm为宜，适用于链速$v=0.6\sim2$m/s的传动［图7－26（c)］。

（4）飞溅润滑：在密封容器中，用甩油盘将油甩起，经由壳体上的集油装置将油导流到链上。甩油盘速度应大于3m/s，浸油深度一般为12～15mm［图7－26（d)］。

（5）压力油循环润滑：用油泵将油喷到链上，喷口应设在链条进入啮合之处。适用于链速 $v \geq 8m/s$ 的大功率传动［图 7－26（e）］。

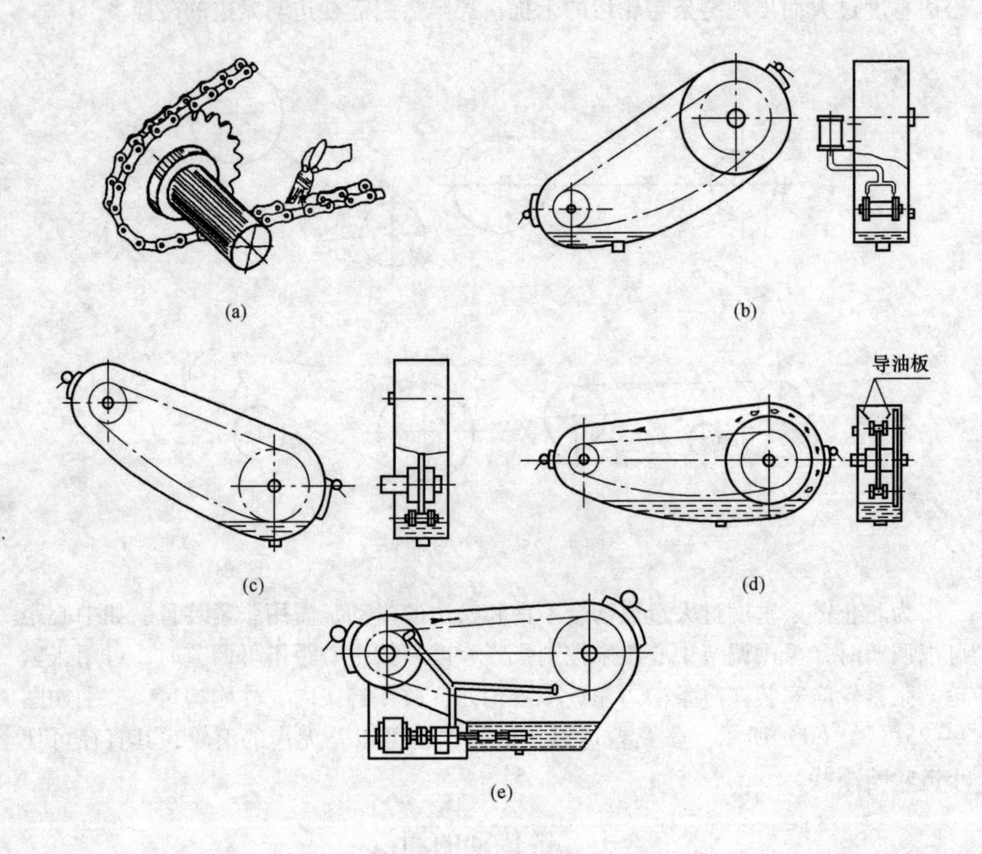

图 7－26　链传动润滑方法

链传动常用的润滑油有 L－AN32、L－AN46、L－AN68、L－AN100 等全损耗系统用油。温度低时，黏度宜低；功率大时，黏度宜高。为了安全与防尘，开式的链传动应装防护罩。

第四节　螺旋传动

螺旋传动广泛应用于汽车维修设备、起重设备以及精密仪表等。

在机械传动中，有时需要将转动变为直线移动。螺旋传动是实现这种转变经常采用的一种传动。例如机床进给机构中采用螺旋传动实现刀具或工作台的直线进给，又如螺旋压力机和螺旋千斤顶（图 7－27）的工作部分的直线运动都是利用螺旋传动来实现的。

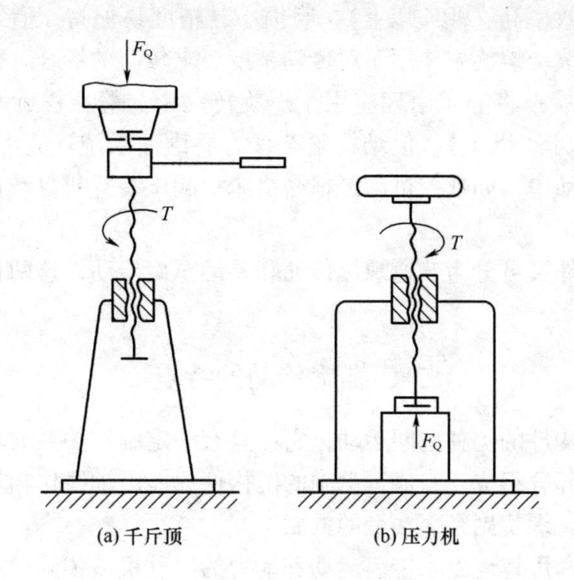

图 7－27　螺旋传动机械

一、螺旋传动的组成及类型

螺旋传动由螺杆、螺母和机架组成。

1. 按用途分类

（1）传力螺旋：以传递动力为主，一般要求用较小的转矩转动螺杆（或螺母）而使螺母（或螺杆）产生轴向运动和较大的轴向推力。例如螺旋千斤顶等。这种传力螺旋主要是承受很大的轴向力，通常为间歇性工作，每次工作时间较短，工作速度不高，而且需要自锁。

（2）传导螺旋：以传递运动为主，要求能在较长的时间内连续工作，工作速度较高，因此，要求较高的传动精度。如精密车床的走刀螺杆。

（3）调整螺旋：用于调整并固定零部件之间的相对位置，它不经常转动，一般在空载下调整，要求有可靠的自锁性能和精度，用于测量仪器及各种机械的调整装置。如千分尺中的螺旋。

2. 按摩擦性质分类

螺旋传动按其摩擦性质又可分为：

（1）滑动螺旋：螺旋副作相对运动时产生滑动摩擦的螺旋。滑动螺旋结构比较简单，螺母和螺杆的啮合是连续的，工作平稳，易于自锁，这对起重设备，调节装置等很有意义。但螺纹之间摩擦大、磨损大、效率低（一般在 0.25～0.70，自锁时效率小于 50%）；滑动螺旋不适宜用于高速和大功率传动。

（2）滚动螺旋：螺旋副作相对运动时产生滚动摩擦的螺旋。滚动螺旋的摩擦阻力小，传动效率高（90%以上），磨损小，精度易保持，但结构复杂，成本高，不能自锁。滚动螺旋主要用于对传动精度要求较高的场合。

（3）静压螺旋：将静压原理应用于螺旋传动中。静压螺旋摩擦阻力小，传动效率高（可达90%以上），但结构复杂，需要供油系统。适用于要求高精度、高效率的重要传动中，如数控机床、精密机床、测试装置或自动控制系统的螺旋传动中。

根据工作条件又可分为普通螺旋传动和差动螺旋传动，这两种形式在传动中应用较广。

二、螺旋传动的特点

螺旋运动是构件的一种空间运动，它由具有一定制约关系的转动及沿转动轴线方向的移动两部分组成。组成运动副的两构件只能沿轴线作相对螺旋运动的运动副称为螺旋副。螺旋副是面接触的低副。

螺旋传动是利用螺旋副来传递运动和动力的一种机械传动，可以方便地把主动件的回转运动转变为从动件的直线运动。

与其他回转运动转变为直线运动的传动装置相比，螺旋传动具有结构简单，工作连续、平稳，承载能力大，传递精度高等优点，因此广泛应用于各种机械和仪器中。它的缺点是摩擦损失大，传递效率较低；但滚动螺旋传动的应用，已使螺旋传动摩擦大、易磨损和效率低的缺点得到了很大程度的改善。

三、螺旋传动方向的判定

1. 普通螺旋传动方向的确定

普通螺旋传动时，从动件作直线运动的方向（移动方向）不仅与螺纹的回转方向有关，还与螺纹的旋向有关。正确判定螺杆或螺母的移动方向十分重要。判断方法如下：

（1）右旋螺纹用右手，左旋螺纹用左手。手握空拳，四指指向与螺杆（或螺母）回转方向相同，大拇指竖直。

（2）若螺杆（或螺母）回转并移动，螺母（或螺杆）不动，则大拇指指向即为螺杆（或螺母）的移动方向。

（3）若螺杆（或螺母）原位回转，螺母（或螺杆）移动，则大拇指指向的相反方向既为螺母（或螺杆）的移动方向。

2. 差动螺旋传动方向的确定

由两个螺旋副组成的使活动的螺母与螺杆产生差动（即不一致）的螺旋传动称为差动螺旋传动。

（1）螺杆上两螺纹旋向相同时，活动螺母的移动距离减小。当机架上固定螺母的导程大于活动螺母的导程时，活动螺母移动方向与螺杆移动方向相同；当机架上固定螺母的导程小于活动螺母导程时，活动螺母移动方向与螺杆移动方向相反；当两螺纹的导程相等时，活动螺母不动（既移动距离为零）。

（2）螺杆上两螺纹旋向相反时，活动螺母移动距离增大。活动螺母移动方向与螺杆移动方向相同。

（3）在判定差动螺旋传动中活动螺母的移动方向时，应先确定螺杆的移动方向。

四、螺旋传动移动距离的确定

图 7－28 是最简单的滑动螺旋传动。其中螺母 3 相对支架 1 可作轴向移动。设螺杆 2 的导程为 S，螺距为 p，螺纹线数为 n，因此螺母的位移 L 和螺杆的转角 φ（rad）有如下关系：

$$L = \frac{S}{2\pi}\varphi = \frac{np}{2\pi}\varphi \tag{7-8}$$

图 7－29 是一种差动滑动螺旋传动，螺杆 2 分别与支架 1、螺母 3 组成螺旋副 A 和 B，导程分别为 S_A 和 S_B，螺母 3 只能移动不能转动。若左、右两段螺纹的螺旋方向相同，则螺母 3 的位移 L 与螺杆 2 的转角 φ（rad）有如下关系：

$$L = (S_A - S_B)\frac{\varphi}{2\pi}$$

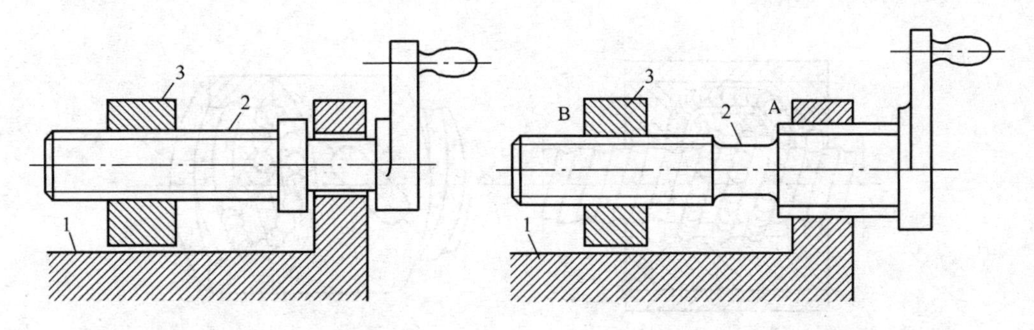

图 7－28　简单的滑动螺旋传动　　　　图 7－29　差动滑动螺旋传动

由式可知，若 A、B 两螺旋副的导程 S_A 和 S_B 相差极小时，则位移 L 也很小，而其螺纹的导程并不需要很小，加工容易。所以，这种差动滑动螺旋传动广泛应用于各种测微器、计算机、分度机及诸多精密切削机床、仪器和工具中。

若图 7－29 两段螺纹的螺旋方向相反，则螺杆 2 的转角 φ 与螺母 3 的位移 L 之间的关系为

$$L = (S_A + S_B)\frac{\varphi}{2\pi}$$

这时，螺母 3 将获得较大的位移，它能使被联接的两构件快速接近或分开。这种差动滑动螺旋传动常用于要求快速夹紧的夹具或锁紧装置中，例如钢索的拉紧装置，某些螺旋式夹具等。

例7－2 在图7－29中，固定螺母的导程 $S_A=1.5$mm，活动螺母导程 $S_B=$ 2mm，螺纹均为左旋。问当螺杆顺时针回转2周时，活动螺母的移动距离是多少？移动方向如何？

解：1）螺纹为左旋，用左手判定螺杆向右移动。

2）因为两螺纹旋向相同，活动螺母移动距离为

$$L=(S_A-S_B)\varphi/2\pi=(1.5-2)2\times360/2\times180=-1\text{mm}$$

计算结果为负值，活动螺母移动方向与螺杆移动方向相反，既活动螺母向左移动了1mm。

五、滚动螺旋传动

滑动螺旋传动虽有很多优点，但传动精度还不够高，低速或微调时可能出现运动不稳定现象，不能满足某些机械的工作要求。为此可采用滚动螺旋传动。如图7－30所示，滚动螺旋传动是在螺杆和螺母的螺纹滚道内连续填装滚珠作为滚动体，使螺杆和螺母间的滑动摩擦变成滚动摩擦。螺母上有导管或反向器，使滚珠能循环滚动。滚珠的循环方式分为外循环和内循环两种，滚珠在回路过程中离开螺旋表面的称为外循环，如［图7－30（a）］所示，外循环加工方便，但径向尺寸较大。滚珠在整个循环过程中始终不脱离螺旋表面的称为内循环，如［图7－30（b）］所示。

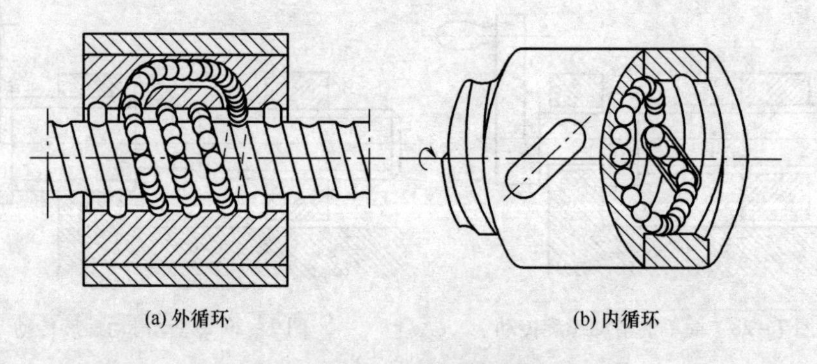

(a) 外循环　　(b) 内循环

图7－30　滚动螺旋传动

滚动螺旋传动具有滚动摩擦阻力很小、摩擦损失小、传动效率高、传动是熨斗温度、动作灵敏等优点。但其结构复杂，外形尺寸较大，制造技术要求高，因此成本也较高。目前滚动螺旋传动主要用于对传动精度要求高的场合，如精密传动的数控机床（滚珠丝杠传动），以及自动控制装置、升降机构和精密测量仪器等。

习　题

7－1　汽车发动机配气机构的传动方式有链传动、带传动（图7－31）以及

其他传动等方式，查找资料，完成以下作业：

（1）采用链传动的汽车有（举出两个例子）。

（2）采用带传动的汽车有（举出两个例子）________________。

（3）采用链传动的优点__________，缺点__________。

（4）采用带传动的优点__________，缺点__________。

（5）采用链传动，链条的张紧方式为________________。

（6）采用带传动，带的张紧方式为________________。

(a) 链传动机构

(b) 齿形带传动机构

图 7－31　汽车发动机配气机构传动方式

7－2　请各举出日常生活中接触到的摩擦轮传动和螺旋传动的例子。

7－3　什么是螺旋传动？常用螺旋传动有哪几种？

7－4　螺旋传动有何优点？

7－5　计算题：有一普通螺旋机构，以双线螺杆驱动螺母作直线运动。已知：螺距 $p=3\text{mm}$，转速 $n=46\text{r/min}$。试求螺母在 2min 内移动的距离 L。

7－6　带传动的工作原理是什么？它有哪些优缺点？

7－7　与平带传动相比，V 带传动有何优缺点？

7－8　摩擦轮机构传动有什么特点？

7－9　与带传动相比较，链传动有哪些优缺点？

第八章　轴　系

第一节　轴

轴是机器中的重要零部件之一，在日常生活和工作中经常可以看到应用轴的场合，比如减速器传动轴（图 8 –1），汽车底盘传动轴（图 8 –2），自行车前、后、中轴（图 8 –3）等。

一、轴的功用和类型

轴是机器中的重要零部件之一，用来支承回转零件（如齿轮、带轮等），使回转零件具有确定的工作位置，并传递运动和转矩。

根据承受载荷的不同，轴可分为转轴、传动轴和心轴三种。转轴既承受转矩又承受弯矩，如图 8 –1 所示的减速箱转轴。传动轴主要承受转矩，不承受或承受很小的弯矩。汽车的传动轴（图 8 –2）通过两个万向联轴器与发动机转轴和

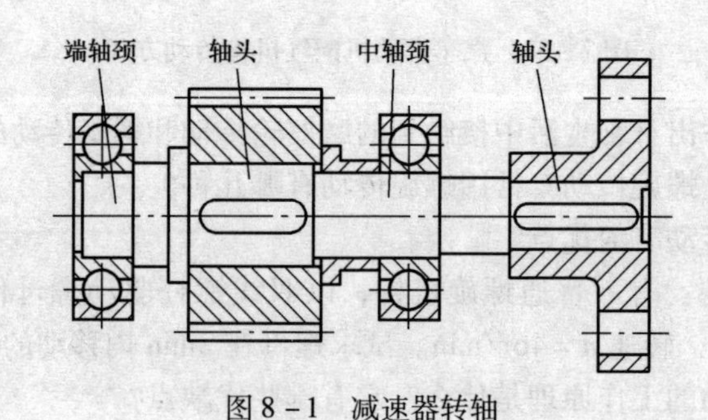

图 8 –1　减速器转轴

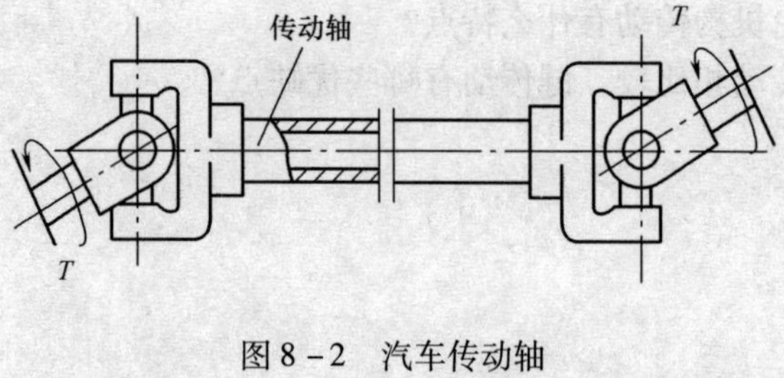

图 8 –2　汽车传动轴

汽车后桥相连，来传递转矩。心轴只承受弯矩而不传递转矩。心轴又可分为固定心轴（图8-4）和转动心轴（图8-5）。

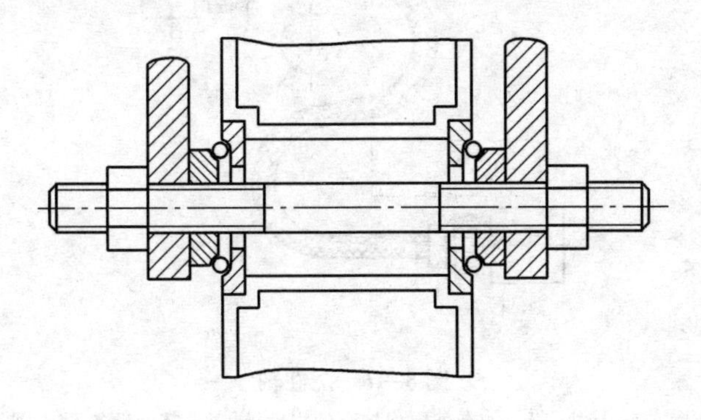

图8-3 自行车中轴

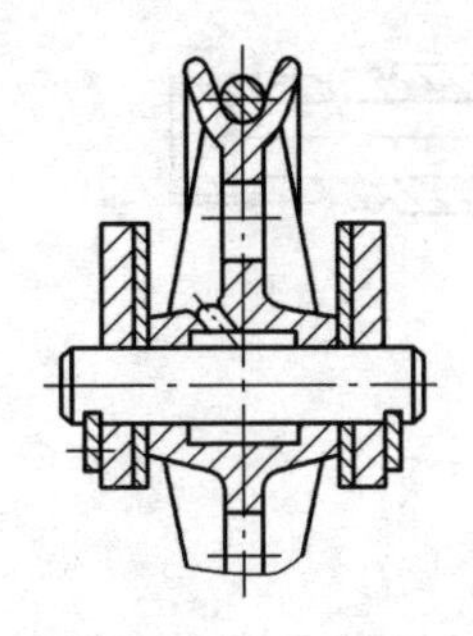

图8-4 固定心轴

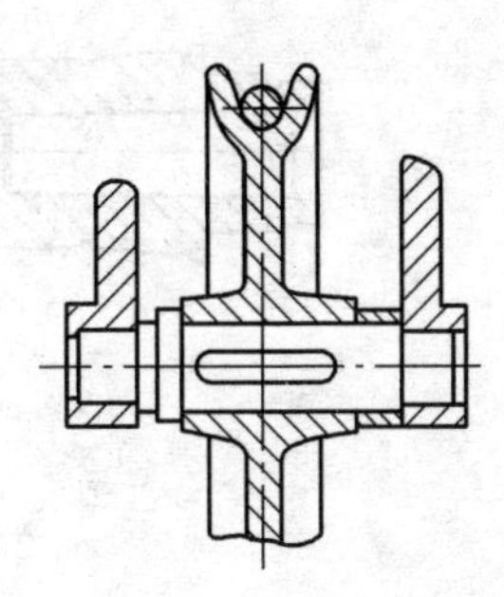

图8-5 转动心轴

按轴线的形状不同轴可分为直轴（图8-1到图8-5）、曲轴（图8-6）和挠性轴（图8-7）。直轴使用最广泛。曲轴常用于往复式机械中，如发动机等。挠性钢丝轴通常是由几层紧贴在一起的钢丝层构成的，可以把转矩和运动灵活地传到任何位置。挠性轴常用于振捣器和医疗设备中。另外，为减轻轴的重量，还可以将轴制成空心的形式，如图8-8所示。

轴的设计，主要是根据工作要求并考虑制造工艺等因素，选用合适的材料，进行结构设计，经过强度和刚度计算，定出轴的结构形状和尺寸。高速时还要考虑振动稳定性。

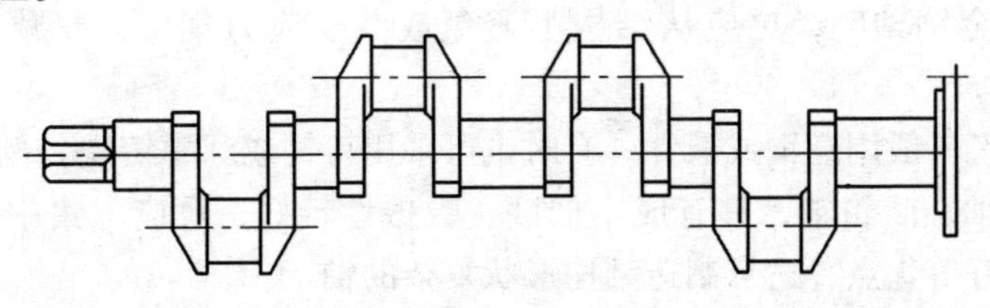

图8-6 曲轴

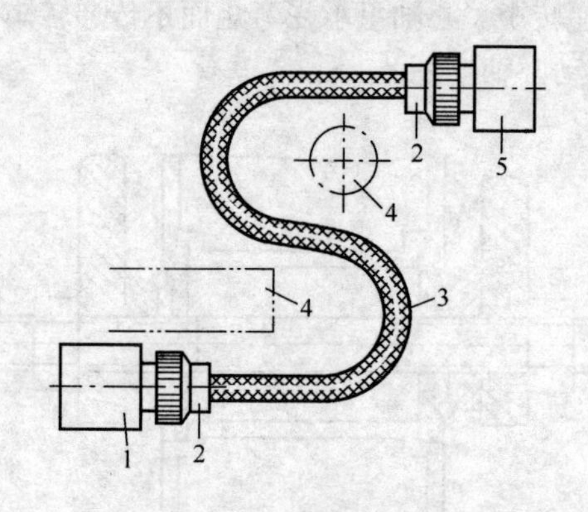

图 8 - 7　挠性轴

1—动力装置　2—接头　3—加有外层保护套的挠性轴　4—其他设备　5—被驱动装置

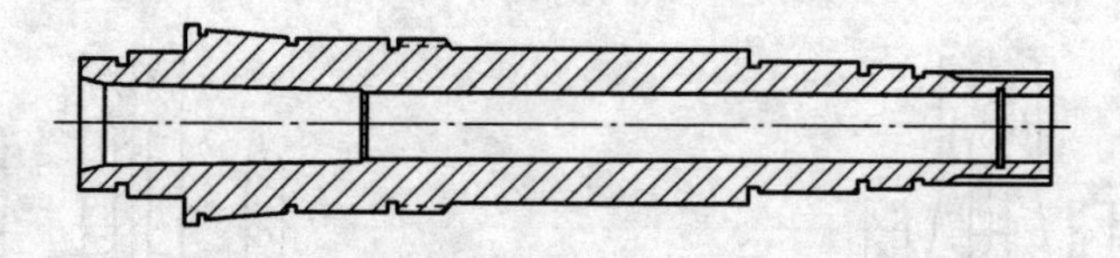

图 8 - 8　空心轴

二、轴 的 材 料

在轴的设计中，首先要选择合适的材料。轴的材料常采用碳素钢和合金钢。

碳素钢有 35、45、50 等优质中碳钢。它们具有较高的综合机械性能，因此应用较多，特别是 45 号钢应用最为广泛。为了改善碳素钢的机械性能，应进行正火或调质处理。不重要或受力较小的轴，可采用 Q237，Q275 等普通碳素钢。

合金钢具有较高的机械性能，但价格较贵，多用于有特殊要求的轴。例如采用滑动轴承的高速轴，常用 20Cr、20CrMnTi 等低碳合金钢，经渗碳淬火后可提高轴颈耐磨性；汽轮发电机转子轴在高温、高速和重载条件下工作，必须具有良好的高温机械性能，常采用 27Cr2Mo1V、38CrMoA1A 等合金结构钢。值得注意的是：钢材的种类和热处理对其弹性模量的影响甚小，因此如欲采用合金钢或通过热处理来提高轴的刚度，并无实效。此外，合金钢对应力集中的敏感性较高，因此设计合金钢轴时，更应从结构上避免或减小应力集中，并减小其表面粗糙度。

轴的毛坯一般用圆钢或锻件。有时也可采用铸钢或球墨铸铁。例如，用球墨铸铁制造曲轴、凸轮轴，具有成本低廉、吸振性较好，对应力集中的敏感性较低，强度较好等优点，适合制造结构形状复杂的轴。

表 8 - 1 列出轴的常用材料及其主要机械性能。

表 8－1　　轴的常用材料及其主要机械性能

材料及热处理	毛坯直径 mm	硬度 HB	强度极限 σ_b	屈服极限 σ_s	弯曲疲劳极限 σ_{-1}	应用说明
			MPa			
Q235			440	240	200	用于不重要或载荷不大的轴
35 正火	≤100	149～187	520	270	250	塑性好和强度适中，可做一般曲轴、转轴等
45 正火	≤100	170～217	600	300	275	用于较重要的轴，应用最为广泛
45 调质	≤200	217～255	650	360	300	
40Cr 调质	25	241～286	1000	800	500	用于载荷较大，而无很大冲击的重要的轴
	≤100	241～286	750	550	350	
	>100～300	241～266	700	550	340	
40MnB 调质	25	207	1000	800	485	性能接近于 40Cr，用于重要的轴
	≤200	241～286	750	500	335	
35CrMo 调质	≤100	207～269	750	550	390	用于受重载荷的轴
20Cr 渗碳淬火回火	15	表面 HRC56～62	850	550	375	用于要求强度、韧性及耐磨性均较高的轴
	—		650	400	280	
QT400－100	—	156～197	400	300	145	结构复杂的轴
QT600－2	—	197～269	600	200	215	结构复杂的轴

三、轴的结构

1. 轴的组成

轴主要由轴颈、轴身和轴头组成如图 8－1 所示。

轴颈：轴与轴承配合的部分叫轴颈。

轴头：轴与传动零件（如带轮、齿轮联轴器）配合的部分叫轴头。

轴身：轴连接轴颈与轴头的部分叫轴身。

轴肩：阶梯轴上截面变化的地方叫轴肩（轴环）。

2. 对轴的结构的一般要求

轴的结构设计就是使轴的各部分具有合理的形状和尺寸。其主要要求：

（1）满足制造安装要求，轴应便于加工；

（2）结构上要方便装拆；

（3）满足零件定位要求，轴和轴上零件有准确的工作位置；

（4）要牢固而可靠，具有较好的加工工艺性，使加工方便和节省材料；

（5）满足强度要求，尽量减少应力集中等。

3. 结构工艺性要求

轴的形状，从满足强度和节省材料考虑，最好是等强度的抛物线回转体。但这种形状的轴既不便于加工，也不便于轴上零件的固定；从加工考虑，最好是直径不变的光轴，但光轴不利于轴上零件的装拆和定位。由于阶梯轴接近于等强度，而且便于加工和轴上零件的定位和装拆，所以实际上轴的形状多呈阶梯形。为了能选用合适的圆钢和减少切削加工量，阶梯轴各轴段的直径不宜相差太大，一般取（5~10）mm。

为了保证轴上零件紧靠定位面（轴肩），轴肩的圆角半径 r 必须小于相配合零件的倒角 C_1 或圆角半径 R，轴肩高 h 必须大于 C_1 或 R（见表 8－2）。

在采用套筒、螺母、轴端挡圈作轴向固定时，应把安装零件的轴段长度做得比零件轮毂短 2~3mm，以确保套筒、螺母或轴端挡圈能靠紧零件端面。（见表 8－2）。

为了便于切削加工，一根轴上的圆角应尽可能取相同的半径，退刀槽取相同的宽度，倒角尺寸相同；一根轴上各键槽应开在轴的同一母线上，若开有键槽的轴段直径相差不大时，尽可能采用相同宽度的键槽（图 8－9），以减少换刀的次数；需要磨削的轴段，应留有砂轮越程槽［图 8－10（a）］，以便磨削时砂轮可以磨到轴肩的端部；需切削螺纹的轴段，应留有退刀槽，以保证螺纹牙型均能达到预期的高度［图 8－10（b）］。为了便于加工和检验，轴的直径应取圆整值；与滚动轴承相配合的轴颈直径应符合滚动轴承内径标准；有螺纹的轴段直径应符合螺纹标准直径。为了便于装配，轴端应加工出倒角（一般为 45°），以免装配时把轴上零件的孔壁擦伤［图 8－10（c）］；过盈配合零件装入端常加工出导向锥面［图 8－10（d）］，以使零件能较顺利地压入。

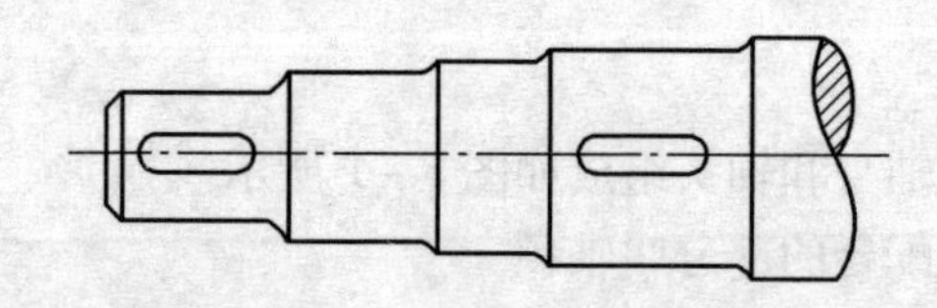

图 8－9　键槽应在同一母线上

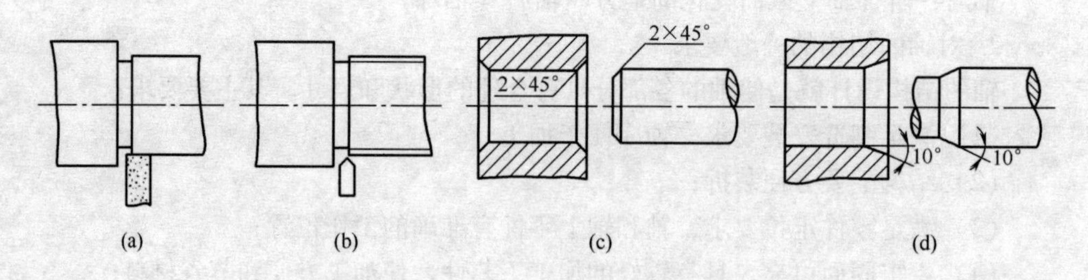

图 8－10　越程槽、退刀槽、倒角和锥面

四、零件轴向和周向定位

1. 轴上零件的轴向定位和固定

轴上零件的轴向固定的目的在于保证零件在轴上有确定的轴向位置，防止零件发生轴向移动。

常用零件轴向固定方法，见表 8－2。

表 8－2　　常用轴向固定方法

固定方法	图例	应用特点
轴肩和轴环定位	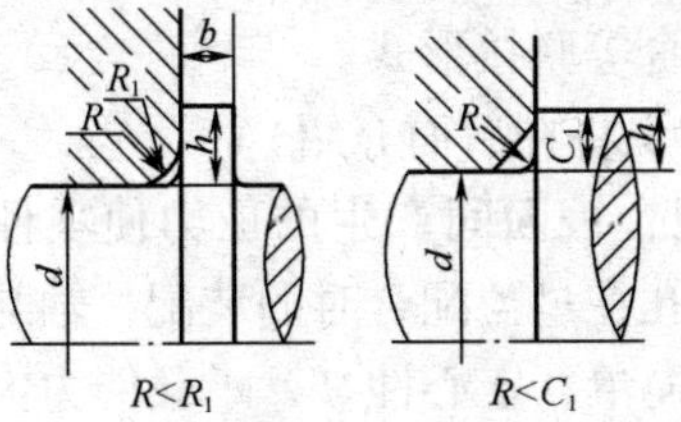 $R<R_1$　$R<C_1$	利用轴肩和轴环进行轴向定位，其结构简单、可靠，并能承受较大轴向力。常用于齿轮、带轮、轴承等零件的轴向固定 为了使轴上零件能紧靠定位面，轴肩和轴环的圆角半径 r 必须小于轴上零件上零件孔端的圆角半径 R 或倒角 C
套筒定位	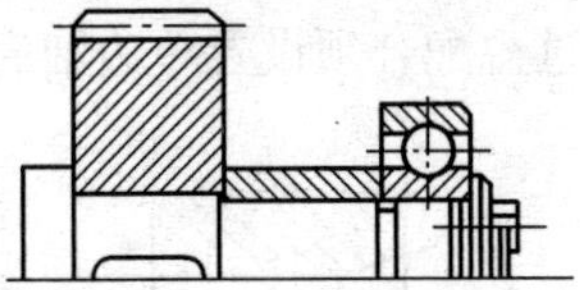	套筒又称为轴套，常用于轴上两个零件距离较小的场合，用套筒定位可以简化轴的结构，套筒定位结构简单、可靠，但不适合高转速情况
轴端挡圈定位	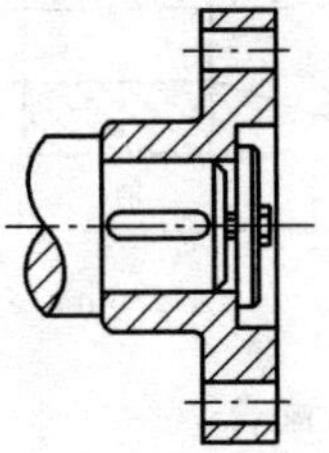	挡圈定位适用于轴端，可承受剧烈的振动和冲击载荷。如带轮的轴向固定是靠轴端挡圈
圆螺母定位	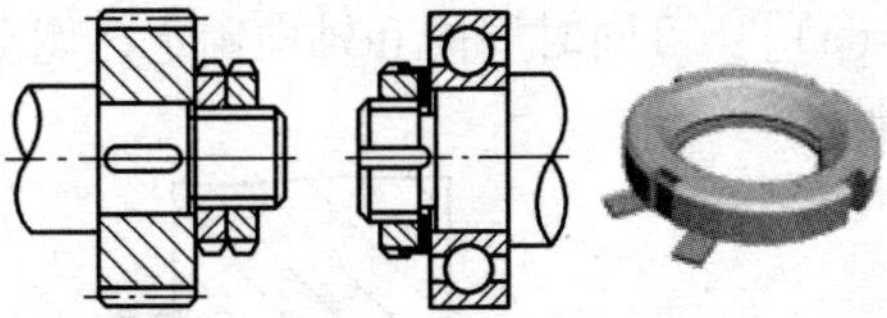	无法采用套筒或套筒太长时，可采用圆螺母加以固定，为了防止螺母松脱，可采用双螺母或加止退垫圈。圆螺母定位可靠、并能承受较大轴向力。通常用在轴端或中部
弹性挡圈	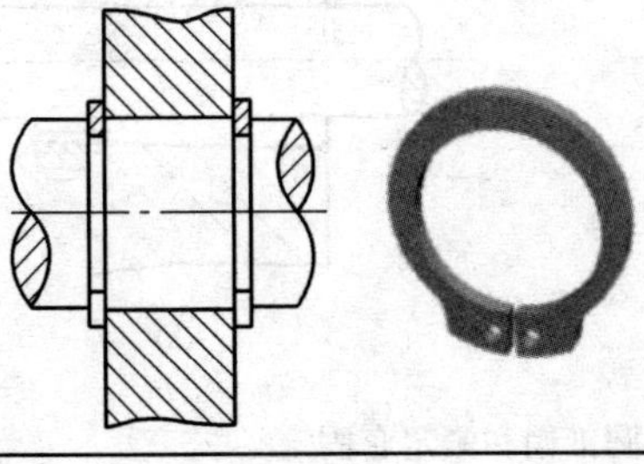	弹性挡圈定位结构简单、紧凑，但只能承受较小的轴向力，可靠性差，可在不太重要的场合使用

续表

固定方法	图例	应用特点
圆锥面定位		在轴端部可以用圆锥面定位，圆锥面定位的轴和轮毂之间无径向间隙，装拆方便，能承受冲击，但锥面加工较为麻烦

2. 轴上零件的周向固定

轴上零件周向固定的目的是使其能同轴一起转动并传递转矩。轴上零件的周向固定，大多采用键、花键或过盈配合等联接形式。

（1）键联接和花键联接（有关知识将在后面介绍）。

（2）过盈配合：利用过盈量在配合表面间产生的压力使零件周向固定，同时也使零件轴向固定。为了便于轴、孔在过盈配合时的装配，轴与孔的结构及尺寸应按图 8－11 设计。过盈配合结构简单，定心性好，承载能力大，受变载和冲击载荷的能力大，固定可靠，且轴的剖面面积不减少。缺点是对配合面要求高，配合处有应力集中，装拆不便，圆柱面过盈配合须设置单边轴肩以控制零件装配时的轴向尺寸。

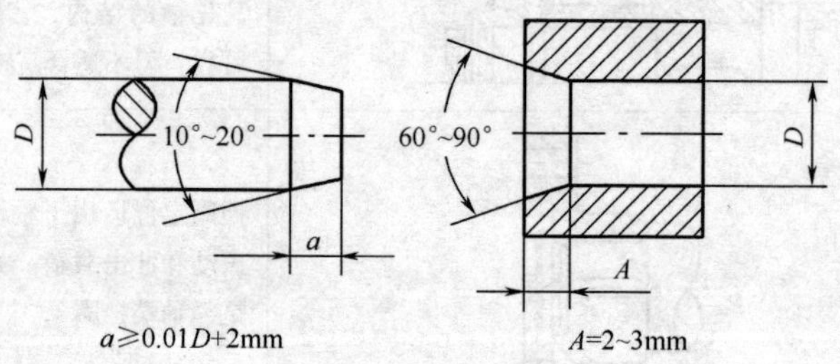

图 8－11　过盈配合

（3）圆锥销固定［图 8－12（a）］：可同时周向和轴向固定，能自锁，但承受的力不大，且对轴的强度有削弱。

图 8－12　圆锥销和紧定套固定

(4) 紧定套固定[图8－12(b)]：可同时作周向和轴向固定，能轴向调整位置，不削弱轴的强度，多用于光轴上。

选择零件固定方法时，首先要保证固定牢固，零件轴向位置准确。此外，还应满足：零件毂孔与轴头及轴承与轴颈的同轴度；装拆方便；轴剖面削弱小；尺寸紧凑等要求。

第二节 轴 承

轴承是用来支承轴及轴上零件、保持轴的旋转精度和减少转轴与支承之间的摩擦和磨损。按照轴承与轴工作表面间摩擦性质的不同，轴承一般分为滚动轴承和滑动轴承两大类。滚动轴承有着一系列优点，在一般机器中获得了广泛应用。但是在高速、高精度、重载、结构上要求剖分等场合下，滑动轴承就体现出它的优异性能。因而在汽轮机、离心式压缩机、内燃机、大型电机中多采用滑动轴承。此外，在低速而带有冲击的机器中，如水泥搅拌机、滚筒清砂机、破碎机等也采用滑动轴承。

仅发生滑动摩擦的轴承称为滑动轴承。根据所受载荷的方向不同，滑动轴承主要分为：①径向滑动轴承，又称向心滑动轴承，主要承受径向载荷；②止推滑动轴承，只能承受轴向载荷；③径向止推滑动轴承，可以同时承受径向和轴向载荷。

一、滑动轴承

1. 滑动轴承的结构型式

(1) 径向滑动轴承

[图8－13(a)] 所示是整体式径向滑动轴承。轴承用螺栓固定在机架上。滑动轴承座孔中压入用具有减摩特性的材料制成的轴套，并用紧固螺钉固定。滑动轴承座顶部设有安装润滑装置的螺纹孔。轴套上开有油孔，并在内表面上开有油槽，以输送润滑油减小摩擦；简单的轴套内孔则无油槽如[图8－13(b)] 所示。滑动轴承磨损后，只需更换轴套即可。整体式滑动轴承结构简单，制造成本低，但只能通过轴向移动安装和拆卸轴颈和轴承，造成安装和检修困难。此外，轴承磨损后无法调整轴颈与轴承间的间隙，必须更换新的轴套。整体式滑动轴承通常应用于轻载、低速或间歇工作的场合，如绞车、手动起重机。

图8－14所示是一种普通的剖分式轴承，由轴承盖、轴承座、剖分轴瓦和联接螺栓等组成。轴承中直接支承轴颈的零件是轴瓦。为了安装时容易对中，在轴承盖与轴承座的剖分面上做出阶梯形的榫口。轴承盖应当适度压紧轴瓦，使轴瓦不能在轴承孔中转动。轴承盖上制有螺纹孔，以便安装油杯或油管。

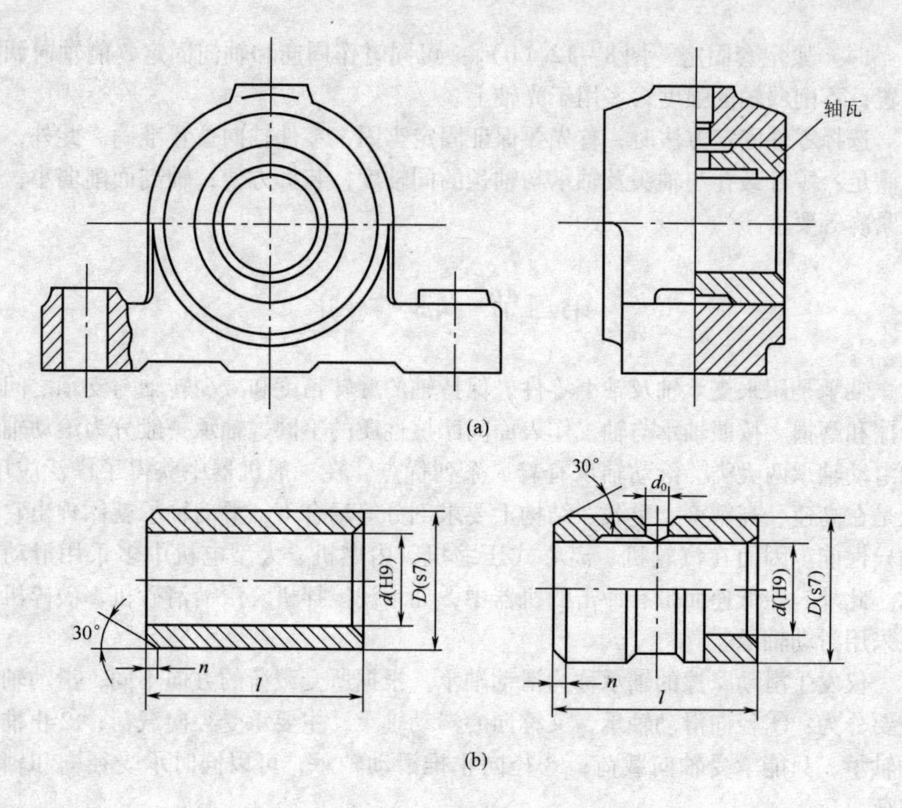

图 8－13　滑动轴承

（a）整体式径向滑动轴承　（b）轴套

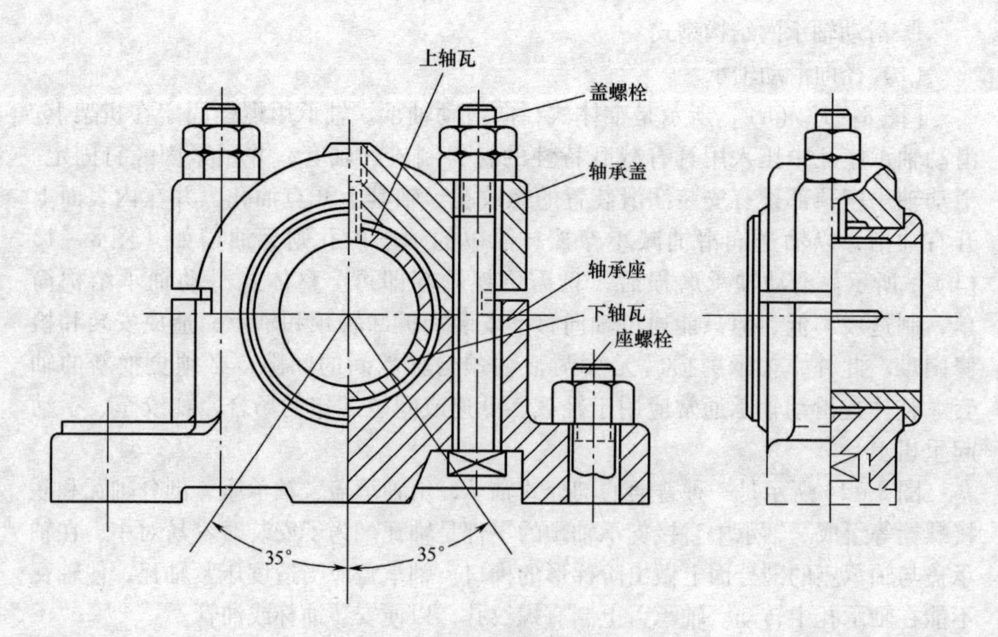

图 8－14　剖分式径向滑动轴承

当载荷垂直向下或略有偏斜时，轴承剖分面常为水平方向。若载荷方向有较大偏斜时，则轴承的剖分面也斜着布置（通常倾斜45°），使剖分平面垂直于或接近垂直于载荷方向（图8－15）。

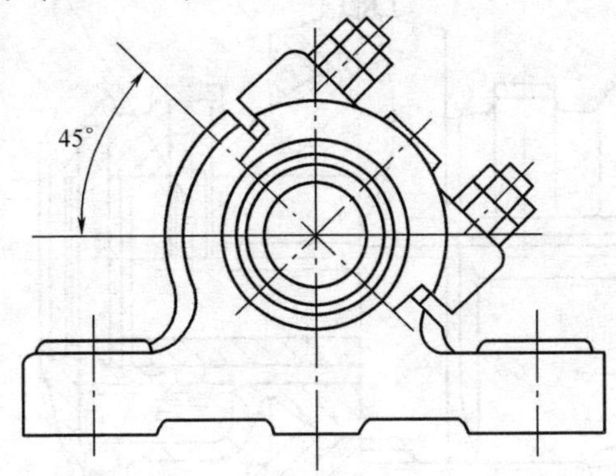

图8－15 轴承剖分面倾斜布置的滑动轴承

径向滑动轴承的类型很多，例如有轴承间隙可调节的滑动轴承（图8－16）、轴瓦外表面为球面的自位轴承（图8－17）等。

轴瓦是滑动轴承中的重要零件。径向滑动轴承的轴瓦内孔为圆柱形。若载荷方向向下，则下轴瓦为承载区，上轴瓦为非承载区。润滑油应由非承载区引入，所以在顶部开有油孔。在轴瓦内表面，以进油口为中心沿纵向、斜向或横向开有油沟，以利于润滑油均布在整个轴颈上。油沟的形式很多，如图8－18所示。一般油沟离端面应保持一定距离，防止润滑油从端部大量流失。

图8－19所示为润滑油从两侧导入的结构，常用于大型的液体润滑滑动轴承中。一侧油进入后被旋转着的轴颈带入楔形间隙中形成动压油膜，另一侧油进入后覆盖在轴颈上半部，起着冷却作用，最后油从轴承的两端泄出。图8－20所示的轴瓦两侧面镗有油室，这种结构可以使润滑油顺利地进入轴瓦轴颈的间隙。

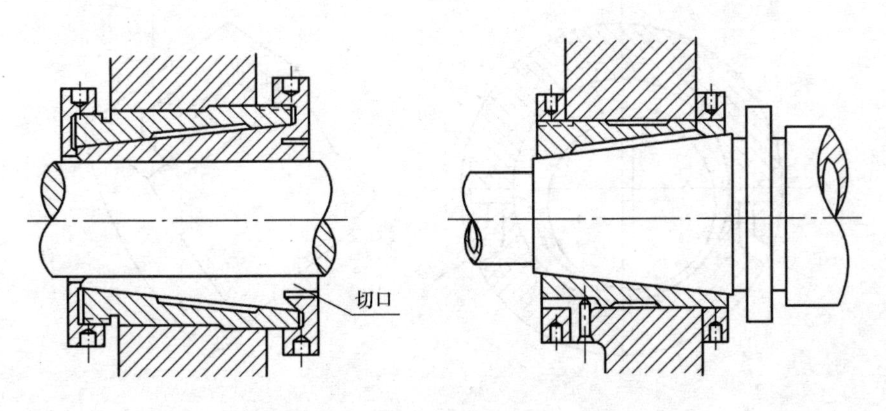

图8－16 轴承间隙可调节的滑动轴承

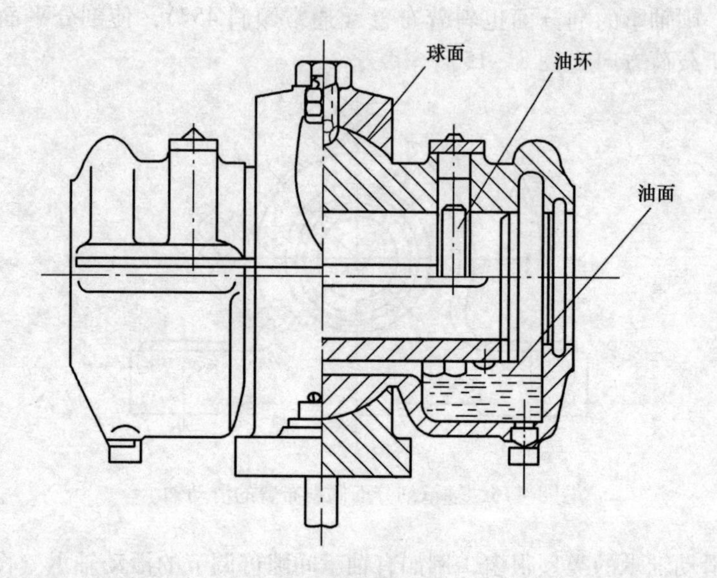

图 8－17　自位轴承

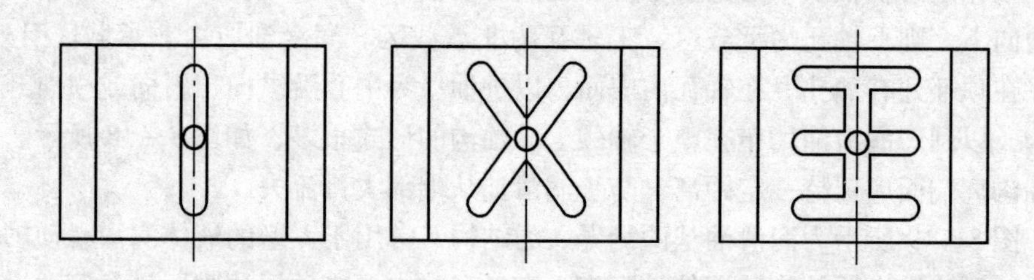

图 8－18　轴瓦上的油沟

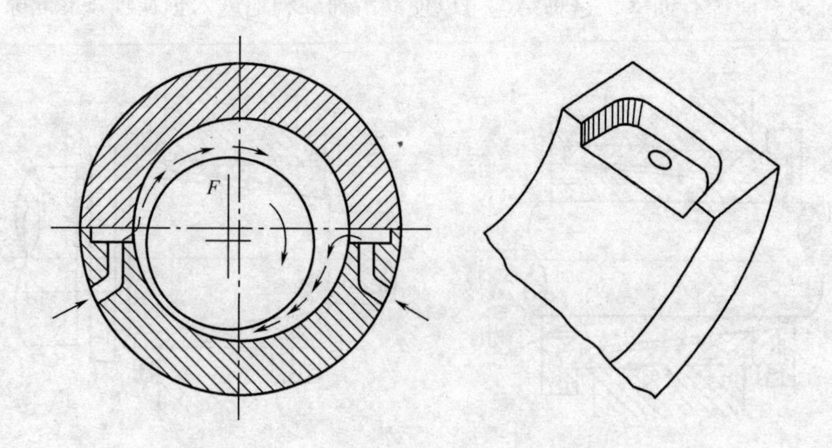

图 8－19　轴瓦上的润滑油导入结构

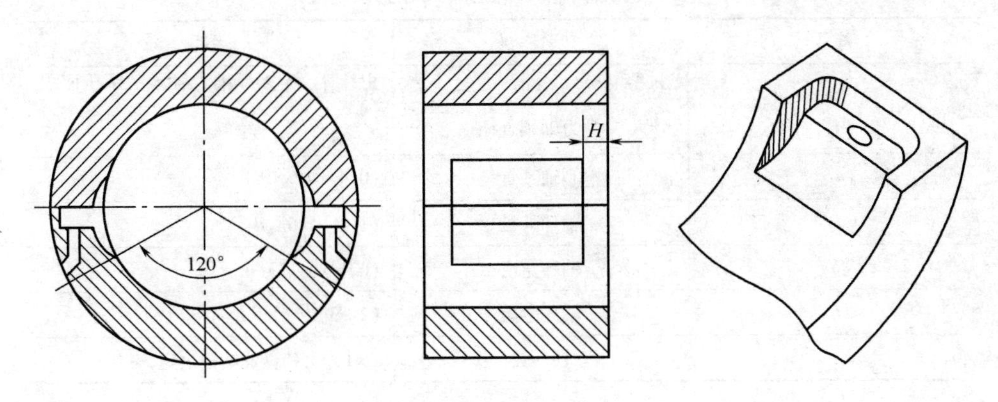

图 8－20　轴瓦上的油室

轴瓦宽度与轴颈直径之比 B/d 称为宽径比，它是径向滑动轴承中的重要参数之一。对于液体摩擦的滑动轴承，常取 $B/d=0.5\sim1$，对于非液体摩擦的滑动轴承，常取 $B/d=0.8\sim1.5$，有时可以更大些。

（2）止推滑动轴承

止推滑动轴承又称推力轴承，是承受轴向载荷的滑动轴承。止推面可以利用轴的端面，或在轴的中段做出凸肩或装上止推圆盘，如图 8－21。由图可见，推力轴承的工作表面可以是轴的端面或轴上的环形平面。由于支承面上离中心越远处，其相对滑动速度越大，因而磨损也越快，故实心端面上的压力分布极不均匀，靠近中心处的压强极高。因此，一般推力轴承大多采用环状支承面。多环轴颈不仅能承受双向的轴向载荷，且承载能力较大。

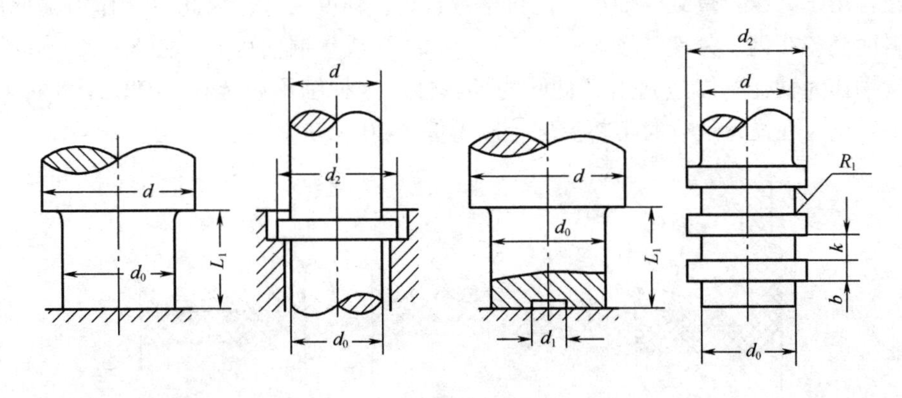

图 8－21　固定式推力轴承轴颈结构形式

推力轴承轴颈的基本尺寸关系可按表 8 －3 中的经验公式确定。

表 8 －3　　推力轴承轴颈的基本尺寸关系

符号	名称	说明
D_0 d_0	轴直径 推力轴颈直径	由计算决定多环推力轴承的承压面积 $A=\frac{\pi}{4}\left(d_2^2-d_1^2\right)z$
d_1	空心轴颈直径	$(0.4\sim0.6)\ d_0$
d_2	轴环外径	$(1.2\sim1.6)\ d$
b	轴环宽度	$(0.1\sim0.15)\ d$
k	轴环距离	$(2\sim3)\ b$
z	轴环数	$z\geqslant1$，由计算及结构决定

2. 滑动轴承材料

根据轴承的工作情况，要求轴瓦材料具备以下性能：①摩擦因数小；②导热性好，热膨胀系数小；③耐磨、耐蚀、抗胶合能力强；④要有足够的机械强度和可塑性。

能同时满足上述要求的材料是难找的，但应根据具体情况满足主要实用要求。较常见的是做成双层金属的轴瓦，以便性能上取长补短。在工艺上可以用浇铸或压合方法，将薄层材料粘附在轴瓦基体上。粘附上去的薄层材料通常称为轴承衬。

常用的轴瓦和轴承衬材料有下列几种。

（1）轴承合金（又称白合金、巴氏合金）

轴承合金有锡锑轴承合金和铅锑轴承合金两大类。锡锑轴承合金的摩擦因数小，抗胶合性能良好，对油的吸附性强，耐蚀性好，易跑合，是优良的轴承材料，常用于高速、重载的轴承。但价格贵且机械强度较差，因此只能作为轴承衬材料而浇铸在钢、铸铁［图 8 －22（a）、（b）］或青铜轴瓦上［图 8 －22（c）］。用青铜作为轴瓦基体是利用其良好的导热性。这种轴承合金在 110℃ 开始软化，为了安全，在设计运行时常将温度控制得低于 70 ~ 80℃。

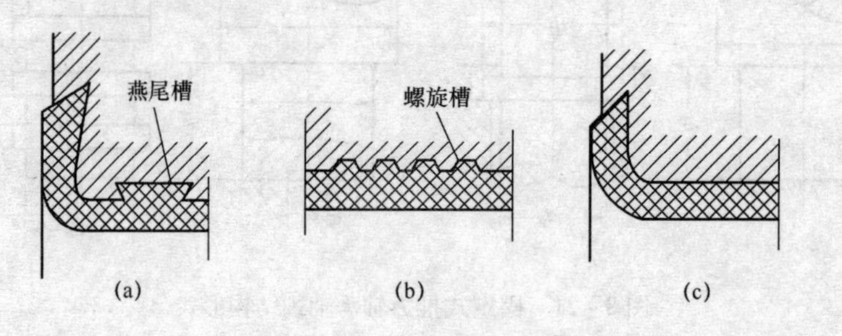

图 8 －22　轴承合金的浇铸方法

铅锑轴承合金的各方面性能与锡锑轴承合金相近，但这种材料较脆，不宜承受较大的冲击载荷，一般用于中速、中载的轴承。

(2) 青铜

青铜的强度高，承载能力大，耐磨性与导热性都优于轴承合金。它可以在较高的温度（250℃）下工作。但它可塑性差，不易跑合，与之相配的轴颈必须淬硬。青铜可以单独做成轴瓦。为了节省有色金属，也可将青铜浇铸在钢或铸铁轴瓦内壁上。用作轴瓦材料的青铜，主要有锡磷青铜、锡锌铅青铜和铝铁青铜。在一般情况下，它们分别用于中速重载、中速中载和低速重载的轴承上。

(3) 具有特殊性能的轴承材料

用粉末冶金法（经制粉、成型、烧结等工艺）做成的轴承，具有多孔性组织，孔隙内可以储存润滑油，常称为含油轴承。运转时，轴瓦温度升高，由于油的膨胀系数比金属大，因而自动进入滑动表面以润滑轴承。含油轴承加一次油可以使用较长时间，常用于加油不方便的场合。

在不重要的或低速轻载的轴承中，也常采用灰铸铁或耐磨铸铁作为轴瓦材料。

橡胶轴承具有较大的弹性，能减轻振动使运转平稳，可以用水润滑，常用于潜水泵、砂石清洗机、钻机等有泥沙的场合。

塑料轴承具有摩擦因数低，可塑性、跑合性良好，耐磨、耐蚀，可以用水、油及化学溶液润滑等优点。但它的导热性差，膨胀系数较大，容易变形。为改善此缺陷，可将薄层塑料作为轴承衬材料粘附在金属轴瓦上使用。

表8-4、表8-5中给出常用轴瓦及轴承衬材料的最大许用值 [p]、[pv] 等数据。

表8-4　　常用轴瓦及轴承衬材料的性能

<table>
<tr><th rowspan="2">材料及其代号</th><th rowspan="2" colspan="2">[p]/MPa</th><th rowspan="2">[pv]/(MPa·m/s)</th><th colspan="2">HBS</th><th rowspan="2" colspan="2">最高工作温度/℃</th><th rowspan="2">轴颈硬度</th></tr>
<tr><th>金属型</th><th>砂型</th></tr>
<tr><td rowspan="2">铸锡锑轴承合金
ZSnSb11Cu6</td><td>平稳</td><td>25</td><td>20</td><td rowspan="2" colspan="2">27</td><td rowspan="2" colspan="2">150</td><td rowspan="2">150 HBS</td></tr>
<tr><td>冲击</td><td>20</td><td>15</td></tr>
<tr><td>铸铅锑轴承合金
ZPbSb16Sn16Cu2</td><td colspan="2">15</td><td>10</td><td colspan="2">30</td><td colspan="2">150</td><td>150 HBS</td></tr>
<tr><td>铸锡磷青铜
ZCuSn10P1</td><td colspan="2">15</td><td>15</td><td colspan="2">90</td><td>80</td><td>280</td><td>45 HRC</td></tr>
<tr><td>铸锡锌铅青铜
ZCuSn5Pb5Zn5</td><td colspan="2">8</td><td>10</td><td colspan="2">65</td><td>60</td><td>280</td><td>45 HRC</td></tr>
<tr><td>铸铝青铜
ZCuAl10Fe3</td><td colspan="2">15</td><td>12</td><td colspan="2">110</td><td>100</td><td>280</td><td>45 HRC</td></tr>
</table>

注：[pv] 值为非液体摩擦下的许用值。

表8-5 轴瓦常用非金属材料

材料	最大许用值 [p] /MPa	最大许用值 [v] /(m/s)	最大许用值 [pv] /(MPa·m/s)	最高工作温度 /℃	备注
酚醛塑料	42	12.7	0.53	110	用于重载大型轴承。导热性差，需充分润滑（水或油），耐水、酸、碱的侵蚀
聚酰胺（尼龙）	7	5.1	0.11	110	用于中载小型轴承。轻载时可不加润滑剂，摩擦因数低，耐磨性好，工作安静
聚四氟乙烯	3.5	0.25	0.036	280	摩擦因数很低，自润滑性能好，耐腐蚀，但成本高，承载能力差
加强聚四氟乙烯	17.5	5.1	0.36	280	用石墨及其他惰性材料作填料时 [pv] 值大大提高
聚碳酸酯	7	5.1	0.11	120	易于成型，价廉
聚甲醛	7	5.1	0.11	100	易于成型，价廉
碳—石墨	4.2	12.7	0.53	420	有自润滑性，常用于高温、要求清洁或在腐蚀性介质中工作的轴承。长时间运转时，其 [pv] 值还需降低
橡胶	0.35	20.3	—	85	用于水润滑轴承。能补偿安装误差和吸振，导热性差
木材	14	10.2	0.43	88	有自润滑性，耐化学腐蚀。用于要求清洁工作的轴承

二、滚动轴承

以滚动摩擦为主的轴承称为滚动轴承。与滑动轴承相比，滚动轴承具有摩擦阻力小，启动灵敏、效率高、润滑简便和易于互换等优点，所以获得广泛应用。它的缺点是抗冲击能力较差，高速时出现噪声，工作寿命也不及液体摩擦的滑动轴承。

1. 滚动轴承的结构

滚动轴承一般是由内圈、外圈、滚动体和保持架组成［图8-23（a）］。通常内圈随轴颈转动，外圈装在机座或零件的轴承孔内固定不动。内外圈都制有滚道，当内外圈相对旋转时，滚动体将沿滚道滚动。保持架的作用是把滚动体沿滚道均匀地隔开，如［图8-23（b）］所示。

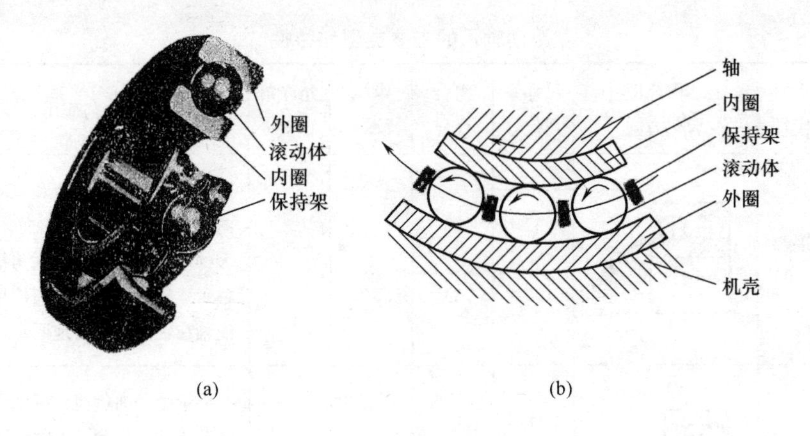

(a)　　(b)

图 8－23　滚动轴承
（a）滚动轴承结构　（b）滚动轴承运动

滚动体与内外圈的材料应具有高的硬度和接触疲劳强度、良好的耐磨性和冲击韧性。一般用含铬合金钢制造，经热处理后硬度可达 61～65 HRC，工作表面需经磨削和抛光。保持架一般用低碳钢板冲压制成，高速轴承多采用有色金属或塑料保持架。

2. 滚动轴承的类型

按照滚动轴承所承受载荷的不同，滚动轴承可分成三大类：

（1）向心轴承　主要承受或只能承受径向载荷的滚动轴承。

（2）推力轴承　只能承受轴向载荷的滚动轴承。

（3）向心推力轴承　能同时承受径向载荷和轴向载荷的滚动轴承。

按滚动体形状不同，滚动轴承可分为球轴承和滚子轴承，图 8－24 给出了不同形状的滚动体。滚子又分为长圆柱滚子、短圆柱滚子、螺旋滚子、圆锥滚子、球面滚子和滚针等。滚动轴承中的滚动体可以是单列的也可以是双列的。

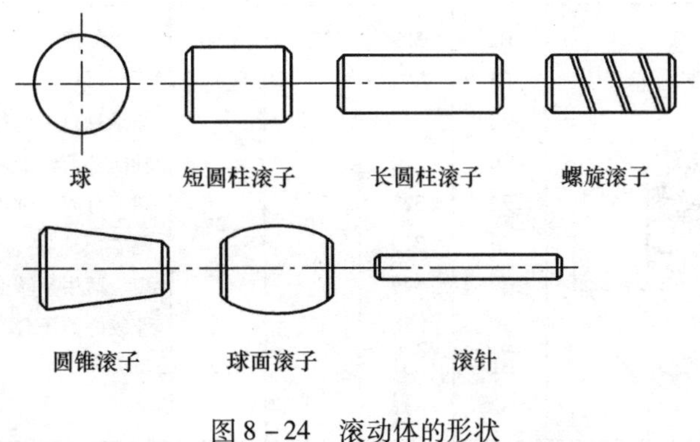

图 8－24　滚动体的形状

滚动轴承常用的类型和特性，见表8-6。

表8-6　　滚动轴承的主要类型和特性

轴承名称、类型及代号	结构简图承载方向	尺寸系列代号	组合代号	极限转速 n_c	允许角偏差 θ	特性与应用
双列角接触球轴承（0）		32 33	32 33	中		同时能承受径向负荷和双向的轴向负荷，比角接触球轴承具有较大的承载能力，与双联角接触球轴承比较，在同样负荷作用下能使轴在轴向更紧密地固定
调心球轴承1或（1）		（0）2 22 （0）3 23	12 22 13 23	中	2°~3°	主要承受径向负荷，可承受少量的双向轴向负荷。外圈滚道为球面，具有自动调心性能。适用于多支点轴、弯曲刚度小的轴以及难于精确对中的支承
调心滚子轴承2		13 22 23 30 31 32 40 41	213 222 223 230 231 232 240 241	中	0.5°~2°	主要承受径向负荷，其承载能力比调心球轴承约大一倍，也能承受少量的双向轴向负荷。外圈滚道为球面，具有调心性能，适用于多支点轴、弯曲刚度小的轴及难于精确对中的支承
推力调心滚子轴承2		92 93 94	292 293 294		2°~3°	可承受很大的轴向负荷和一定的径向负荷，滚子为鼓形，外圈滚道为球面，能自动调心。转速可比推力球轴承高。常用于水轮机轴和起重机转盘等
圆锥滚子轴承3	α	02 03 13 20 22 23 29 30 31 32	302 303 313 320 322 323 329 330 331 332	中	2′	能承受较大的径向负荷和单向的轴向负荷，极限转速较低。内外圈可分离，轴承游隙可在安装时调整。通常成对使用，对称安装。适用于转速不太高，轴的刚性较好的场合

续表

轴承名称、类型及代号	结构简图承载方向	尺寸系列代号	组合代号	极限转速 n_c	允许角偏差 θ	特性与应用
双列深沟球轴承4		(2) 2 (2) 3	42 43	中		主要承受径向负荷，也能承受一定的双向轴向负荷。它比深沟球轴承具有较大的承载能力
推力球轴承5		11 12 13 14	511 512 513 514	低	不允许	推力球轴承的套圈与滚动体可分离，单向推力球轴承只能承受单向轴向负荷，两个圈的内孔不一样大，内孔较小的与轴配合，内孔较大的与机座固定。双向推力球轴承可以承受双向轴向负荷，中间圈与轴配合，另两个圈为松圈 高速时，由于离心力大，寿命较低。常用于轴向负荷大、转速不高场合
		22 23 24	522 523 524	低	不允许	
深沟球轴承6或（16）		17 37 18 19 (0) 0 (1) 0 (0) 2 (0) 3 (0) 4	617 637 618 619 160 60 62 63 64	高	8′~16′	主要承受径向负荷，也可同时承受少量双向轴向负荷，工作时内外圈轴线允许偏斜。摩擦阻力小，极限转速高，结构简单，价格便宜，应用最广泛。但承受冲击载荷能力较差，适用于高速场合。在高速时可代替推力球轴承
角接触球轴承7	α	19 (1) 0 (0) 2 (0) 3 (0) 4	719 70 72 73 74	较高	2′~3′	能同时承受径向负荷与单向的轴向负荷，公称接触角 α 有15°、25°、40°三种，α 越大，轴向承载能力也越大。成对使用，对称安装，极限转速较高。适用于转速较高，同时承受径向和轴向负荷场合

续表

轴承名称、类型及代号	结构简图承载方向	尺寸系列代号	组合代号	极限转速 n_c	允许角偏差 θ	特性与应用
推力圆柱滚子轴承 8		11 12	811 812	低	不允许	能承受很大的单向轴向负荷，但不能承受径向负荷。它比推力球轴承承载能力要大，套圈也分紧圈与松圈。极限转速很低，适用于低速重载场合
圆柱滚子轴承 N		10 （0）2 22 （0）3 23 （0）4	N10 N2 N22 N3 N23 N4	较高	2′~4′	只能承受径向负荷。承载能力比同尺寸的球轴承大，承受冲击载荷能力大，极限转速高。 对轴的偏斜敏感，允许偏斜较小，用于刚性较大的轴上，并要求支承座孔很好地对中
滚针轴承 NA		48 49 69	NA48 NA49 NA69	低	不允许	滚动体数量较多，一般没有保持架。径向尺寸紧凑且承载能力很大，价格低廉 不能承受轴向载荷，不允许有角偏斜，极限转速较低，结构紧凑，在内径相同的条件下，与其他轴承比较，其外径最小。适用于径向尺寸受限制的部件中

由于结构的不同，各类轴承的使用性能如下。

（1）承载能力

在同样外形尺寸下滚子轴承的承载能力约为球轴承的1.5~3倍。所以，在载荷较大或有冲击载荷时宜采用滚子轴承。但当轴承内径 $d \leqslant 20$mm 时，滚子轴承和球轴承的承载能力已相差不多，而球轴承的价格一般低于滚子轴承，故可优先选用球轴承。

（2）接触角 α

接触角是滚动轴承的一个主要参数，轴承的受力分析和承载能力等都与接触角有关。表8-7列出各类轴承的公称接触角。

滚动体和套圈接触处的法线与轴承径向平面（垂直于轴承轴心线的平面）之间的夹角称为公称接触角。公称接触角越大，轴承承受轴向载荷的能力也越大。

由于接触角的存在，角接触轴承可同时承受径向载荷和轴向载荷。公称接触角小的，如角接触向心轴承，主要用于承受径向载荷；公称接触角大的，如角接触推力轴承，主要用于承受轴向载荷。径向接触向心球轴承的公称接触角为零（表8-7），但由于滚动体与滚道间留有微量间隙，受轴向载荷时轴承内外圈间将产生轴向相对位移，实际上形成一个不大的接触角，所以它也能承受一定的轴向载荷。

表 8-7　　各类球轴承的公称接触角

轴承类型	径向轴承		推力轴承	
	径向接触	向心角接触	推力角接触	轴向接触
公称接触角 α	$\alpha=0°$	$0°<\alpha\leqslant 45°$	$45°<\alpha<90°$	$\alpha=90°$
图例	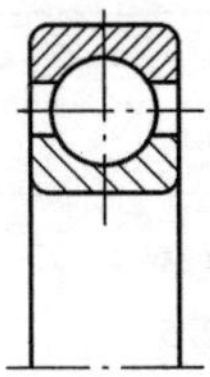	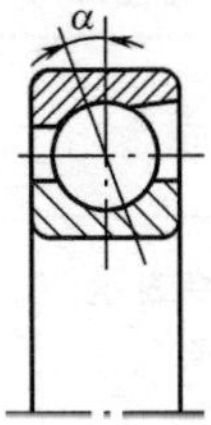 α	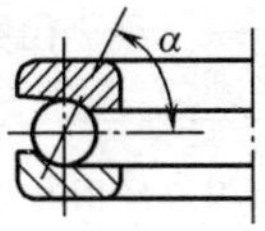 α	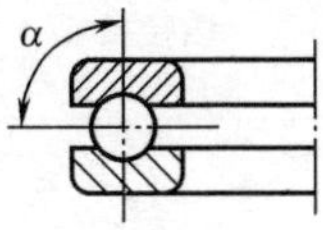 α

（3）极限转速 n_c

滚动轴承转速过高会使摩擦面间产生高温，润滑失效，从而导致滚动体回火或胶合破坏。轴承在一定载荷和润滑条件下，允许的最高转速称为极限转速，其具体数值见有关手册。各类轴承极限转速的比较，见表 8-6。如果轴承极限转速不能满足要求，可采取提高轴承精度、适当加大间隙、改善润滑和冷却条件、选用青铜保持架等措施。

（4）角偏差 θ

轴承由于安装误差或轴的变形等都会引起内外圈中心线发生相对倾斜。其倾斜角称为角偏差。各类轴承的允许角偏差见表 8-6。

3. 滚动轴承的代号

滚动轴承的类型很多，而各类轴承又有不同的结构、尺寸、精度和技术要求，为便于组织生产和选用，应规定滚动轴承的代号。滚动轴承的代号表示方法如下：

前置代号	基本代号	后置代号

基本代号　表示滚动轴承的基本类型、结构和尺寸，是轴承代号的基础。基本代号由轴承类型代号、尺寸系列代号、内径代号构成，排列如下：

类型代号	尺寸系列	内径代号

1）内径尺寸代号：右起第一、二位数字表示内径尺寸，表示方法见表 8-8

2）尺寸系列代号：右起第三、四位表示尺寸系列（第四位为 0 时可不写出）。为了适应不同承载能力的需要，同一内径尺寸的轴承，可使用不同大小的滚动体，因而使轴承的外径和宽度也随着改变。这种内径相同而外径或宽度不同的变化称为尺寸系列，见表 8-9。

3）类型代号：右起第五位表示轴承类型，其代号见表8-6。代号为0时不写出。

前置代号：表示成套轴承分部件代号，用字母表示，见表8-10。例如以L表示可分离的内圈或外圈等。示例LNU207。

后置代号：表示轴承内部结构、公差等级等，其顺序见表8-10，常见的轴承内部结构代号和公差等级见表8-11和表8-12。

表8-8　　轴承内径尺寸代号

内径尺寸		代号表示	举例	
			代号	内径
1到9		用公称内径毫米直接表示，对深沟及角接触球轴承7、8、9、直径系列，内径与尺寸系列代号之间用“/”分开	深沟球轴承 62/5 深沟球轴承 618/7	$d=5$mm $d=7$mm
10到17	10 12 15 17	00 01 02 03	深沟球轴承 6200	$d=10$mm
20~480（5的倍数）		内径/5的商	调心滚子轴承23208	$d=40$mm
22、28、32及500以上		/内径	调心滚子轴承230/500 深沟球轴承62/22	$d=500$mm $d=22$mm

表8-9　　向心轴承、推力轴承尺寸系列代号表示法

直径系列代号	向心轴承							推力轴承			
	宽度系列代号							高度系列代号			
	窄0	正常1	宽2	特宽3	特宽4	特宽5	特宽6	特低7	低9	正常1	正常2
	尺寸系列代号										
超特轻7	—	17	—	37	—	—	—	—	—	—	—
超轻8	08	18	28	38	48	58	68	—	—	—	—
超轻9	09	19	29	39	49	59	69	—	—	—	—
特轻0	00	10	20	30	40	50	60	70	90	10	—
特轻1	01	11	21	31	41	51	61	71	91	11	—
轻2	02	12	22	32	42	52	62	72	92	12	22
中3	03	13	23	33	—	—	63	73	93	13	23
重4	04	—	24	—	—	—	—	74	94	14	24

表 8－10　　轴承前置、后置代号排列

轴承代号									
前置代号	基本代号	后置代号							
		1	2	3	4	5	6	7	8
成套轴承分部件		内部结构	密封与防尘套圈变型	保持架及其材料	轴承材料	公差等级	游隙	配置	其他

表 8－11　　轴承内部结构代号

代号	含义	示例
C	角接触球轴承公称接触角 $\alpha=15°$ 调心滚子轴承 C 型	7005C 23122C
AC	角接触球轴承公称接触角 $\alpha=25°$	7210AC
B	角接触球轴承公称接触角 $\alpha=40°$ 圆锥滚子轴承接触角加大	7210B 32310B
E	加强型	N207E

表 8－12　　轴承公差等级代号

代号	含义	示例
/P0	公差等级符合标准规定的 0 级（可省略不标注）	6205
/P6	公差等级符合标准规定的 6 级	6205/P6
/P6x	公差等级符合标准规定的 6X 级	6205/P6X
/P5	公差等级符合标准规定的 5 级	6205/P5
/P4	公差等级符合标准规定的 4 级	6205/P4
/P2	公差等级符合标准规定的 2 级	6205/P2

例 8－1　试说明轴承代号 6208/P53 和 7312C 的意义。

6208/P53 表示内径为 40mm，宽度代号为 0，直径代号为 2，正常结构，P5 级精度，径向游隙为 3 组的深沟球轴承。

7312C 表示内径为 60mm，宽度代号为 0，直径代号为 3，正常结构，公称接触角为 15°的角接触球轴承。

4. 滚动轴承的失效形式

（1）疲劳破坏

在工作过程中，滚动体和内外圈不断地接触，滚动体与滚道受变应力作用，可近似地看作是脉动循环。在载荷的反复作用下，首先在表面下一定深度处产生疲劳裂纹，继而扩展到接触表面，形成疲劳点蚀，致使轴承不能正常工作。通常，疲劳点蚀是滚动轴承的主要失效形式。

（2）塑性变形

当轴承转速很低或间歇运动时，一般不会产生疲劳损坏。而很大的静载荷或冲击载荷会使轴承滚道和滚动体接触处产生塑性变形，使滚道表面形成变形凹坑，从而使轴承在运转中产生剧烈振动和噪声，无法正常工作。

此外，使用维护和保养不当或密封润滑不良也能引起轴承早期磨损、胶合、内外圈和保持架破损等失效形式。

5. 滚动轴承的选用

滚动轴承是标准化零件，种类繁多，特性各异，在了解各类轴承应用特点的基础上，选用时还应考虑以下一些因素：

（1）所承受载荷的大小、方向和性质

载荷的大小和方向是选择滚动轴承类型的主要因素。当结构尺寸相同时，滚子轴承的承载能力比球轴承大，承受冲击载荷的能力也较强。

1）承受载荷较小且平稳时，可选用球轴承，载荷较大且有冲击时，宜选用滚子轴承。

2）仅为径向载荷时，可选用向心轴承，仅为轴向载荷时，可选用推力轴承。

3）当径向载荷 F_r 与轴向载荷 F_t 同时作用时：

（a）轴向载荷远小于径向载荷（$F_t << F_r$）时，选用向心球轴承（如深沟球轴承、调心球轴承等）；

（b）一般情况下，轴向载荷小于径向载荷（$F_t < F_r$）时，选用向心推力轴承（角接触球轴承、四点接触球轴承等）；

（c）轴向载荷较大（$F_t > F_r$）时，可选用接触角较大的角接触球轴承或大锥角的圆锥滚子轴承；

（d）轴向载荷（$F_t >> F_r$）很大时，可采用推力轴承与向心轴承组合，分别承受轴向载荷与径向载荷。

（2）转速和回转精度

当轴承的结构尺寸、精度相同时，球轴承比滚子轴承径向间隙小。理论上球轴承是点接触，极限转速高。

1）转速高、回转精度高的轴宜选用球轴承；滚子轴承一般用于低速轴上。

2）轴向载荷较大或纯轴向载荷的高速轴（轴颈圆周速度大于5m/s），宜选用角接触球轴承而不选用推力球轴承，因为转速高时滚动体的离心惯性力很大，会使推力轴承工作条件恶化。

（3）调心性能

在支点跨距大或难以保证两轴承的同轴度时，应选择调心轴承，这类轴承在内外圈轴线有不大的相对偏斜时，仍能正常工作。具有调心性能的滚动轴承必须在轴的两端成对使用，如果一端采用调心轴承，另一端使用不能调心的轴承，则不能起调心作用。

（4）经济性

普通结构的轴承比采用特殊结构的轴承便宜，球轴承比滚子轴承便宜。只要能满足使用的基本要求，应尽可能选用普通结构的球轴承。滚动轴承的公差等级分/P0，/P6，/P6x，/P5，/P4，/P2 6 级，轴承精度依次由低到高，其价格也依次升高。一般尽可能选用/P0 级（轴承代号中省略不表示），只有对回转精度有较高要求时，才选用相应公差等级的轴承。此外，选用轴承还应考虑轴承装拆是否方便、市场供应是否充足等因素。

6. 滚动轴承的固定、润滑与密封

为保证轴承在机器中能正常工作，除合理选择轴承类型、尺寸外，还应正确进行轴承的组合设计，处理好轴承与其周围零件之间的关系。也就是要解决轴承的轴向位置固定、轴承与其他零件的配合、间隙调整、装拆和润滑密封等一系列问题。

（1）轴承的固定

1）双支点单向固定　如［图 8－25（a）］所示，使轴的两个支点中每一个支点都能限制轴的单向移动，两个支点合起来就限制了轴的双向移动。它适用于工作温度变化不大的短轴，考虑到轴因受热而伸长，在轴承盖与外圈端面之间应留出热补偿间隙［图 8－25（b）］。

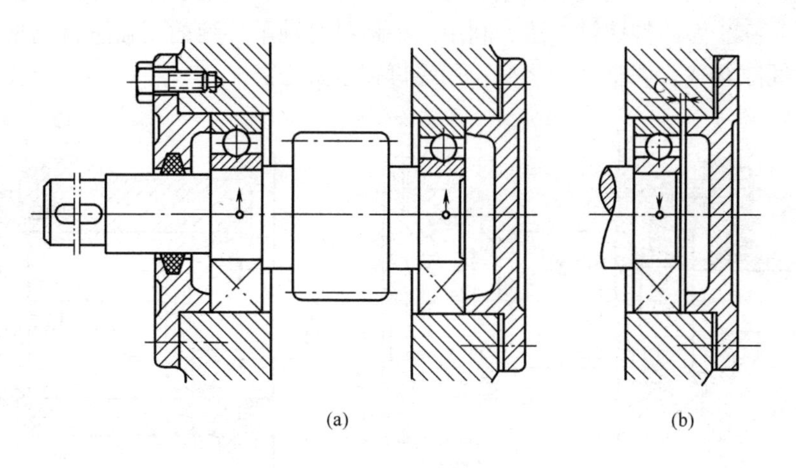

(a)　　(b)

图 8－25　双支点单向固定

2）单支点双向固定　这种固定方式适用于温度变化较大的长轴，如图 8－26 所示，在两个支点中使一个支点能限制轴的双向移动，另一个支点则可作轴向移动。可作轴向移动的支承称为游动支承，它不承受轴向载荷。［图 8－26（a）］右轴承外圈轴向未完全固定，可以有一定的游动量；［图 8－26（b）］采用的圆柱滚子轴承，其滚子和轴承的外圈之间可以发生轴向游动。

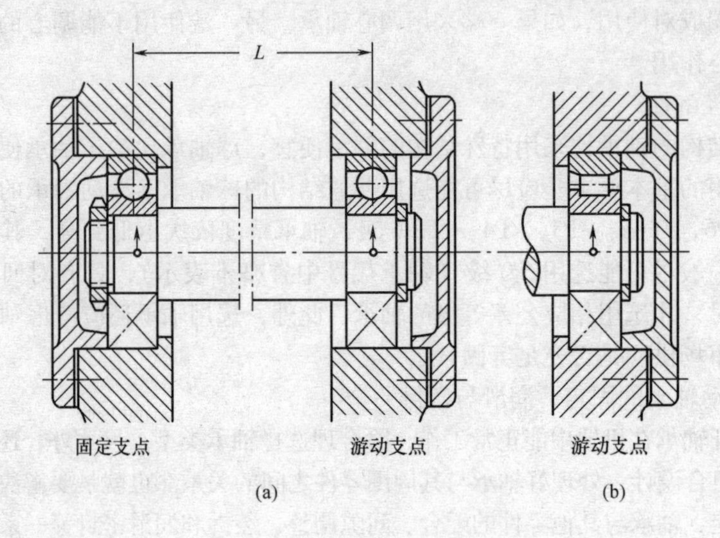

图 8 – 26　单支点双向固定

（2）轴承组合的调整

1）轴承的调整　轴承的调整包括轴承间隙调整和轴承位置调整。轴承间隙的调整是通过调整垫片厚度、调整螺钉和调整套筒等方法完成的。轴承组合位置调整是使轴上的零件（如齿轮、带轮等）具有准确的工作位置。

图 8 – 27 通过调整轴承端盖与机座间垫片厚度实现轴承间隙的调整。

图 8 – 28 为调整螺钉方法。利用调整螺钉对轴承外圈的压盖进行调整以实现轴承的间隙调整。调整完毕之后，用螺母锁紧防松。

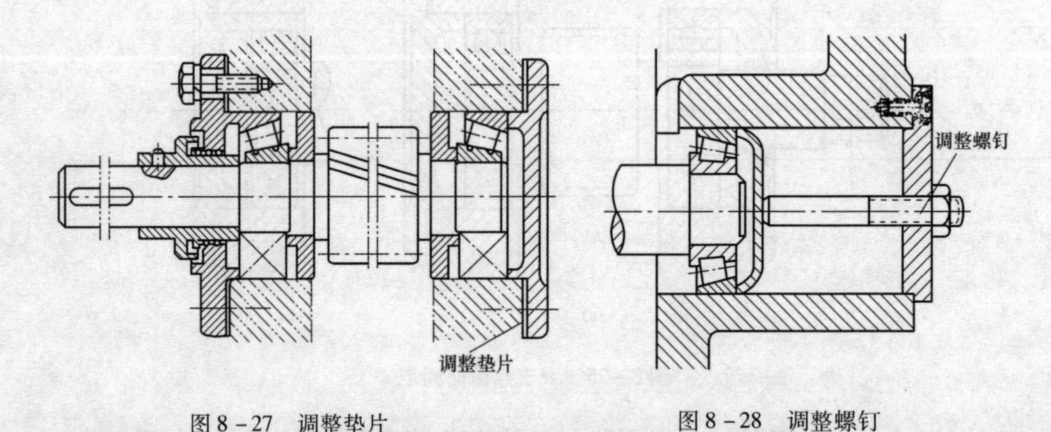

图 8 – 27　调整垫片　　　图 8 – 28　调整螺钉

图 8 – 29 是调整套筒。整个圆锥齿轮轴系安装在调整套筒中，然后再安装在机座上。通过垫片 1 调整套筒与机座的相对位置，实现对锥齿轮轴轴向位置的调整。通过垫片 2 调整轴承的间隙。

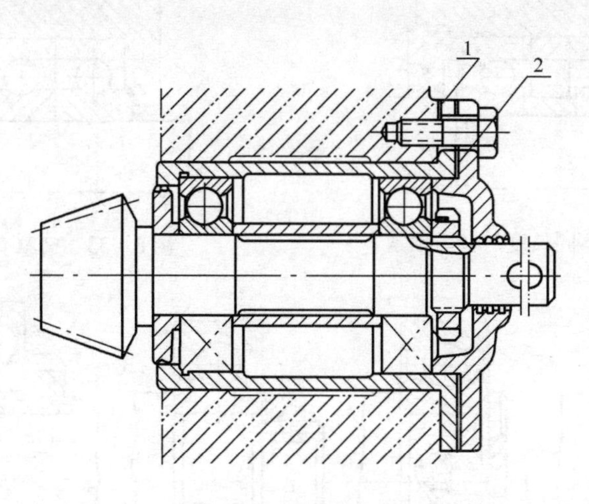

图 8－29　调整套筒

2）轴承的预紧　对某些可调游隙式轴承，在安装时给予一定的轴向预紧力，使内外圈产生相对位移，因而消除了游隙，并在套圈和滚动体接触处产生了弹性预变形，借此提高轴的旋转精度和刚度，称为轴承的预紧。

图 8－30 是通过外圈压紧预紧，利用夹紧一对圆锥滚子轴承的外圈而将轴承预紧。

通过弹簧预紧，如图 8－31 所示，在一对轴承间加入弹簧，可以得到稳定的预紧力。

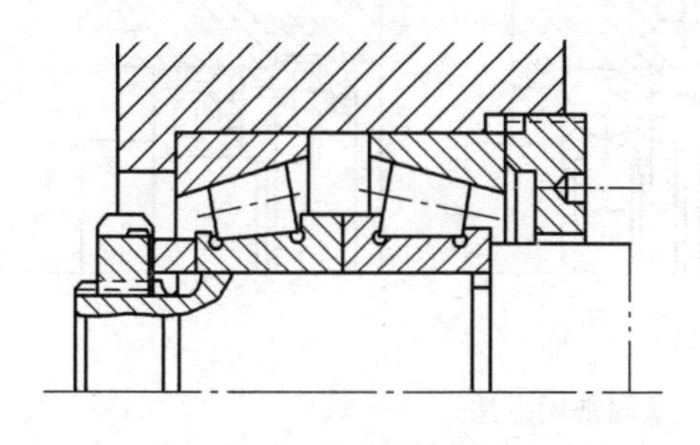

图 8－30　外圈压紧预紧

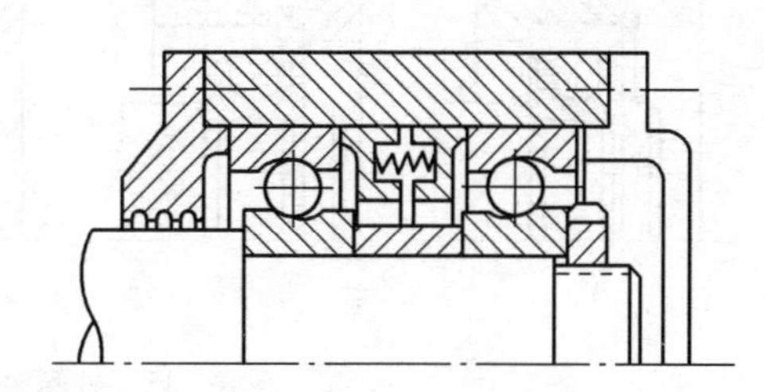

图 8－31　弹簧预紧

图 8－32 用不同长度的套筒预紧。两轴承之间加入不同长度的套筒实现预紧，预紧力可以由两个套筒的长度差加以控制。

图 8－33 利用磨窄套圈预紧，夹紧一对磨窄了外圈的轴承实现预紧。反装时可磨窄轴承的内圈。这种特制的成对安装的角接触球轴承可由生产厂家选配组合成套供应。并可在滚动轴承样本中查到不同型号成对安装的角接触球轴承的轻、中、重三个系列预紧载荷值及相应的内外圈磨窄量。

图 8－34 给出了滚动轴承内圈轴向紧固常用方法。

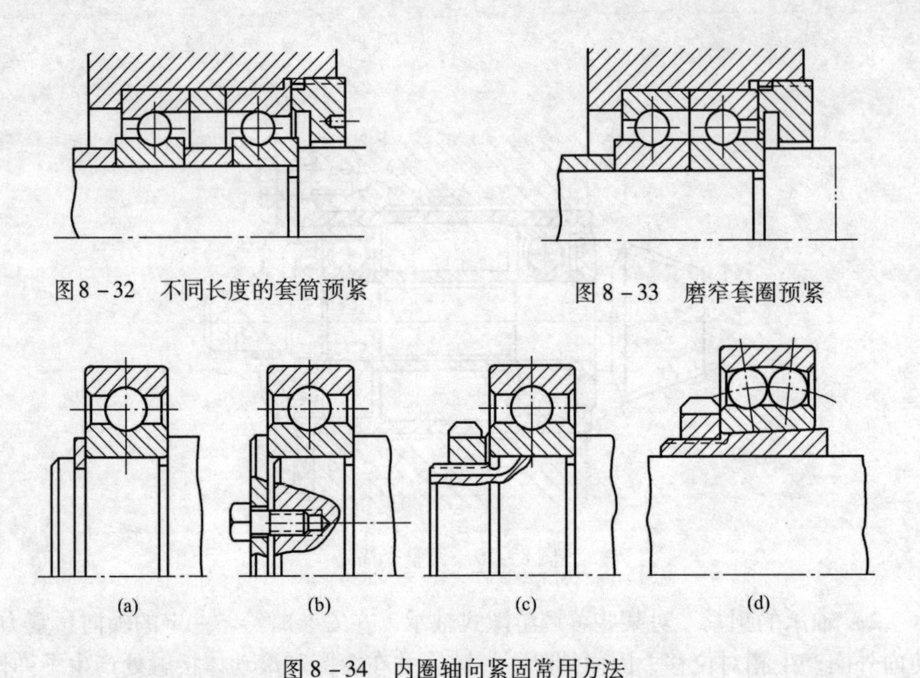

图8－32　不同长度的套筒预紧

图8－33　磨窄套圈预紧

图8－34　内圈轴向紧固常用方法

（a）弹性挡圈和轴肩　（b）轴端端盖和轴肩　（c）圆螺母和止推垫圈　（d）圆螺母和轴肩

图8－35给出了滚动轴承外圈轴向紧固常用方法。

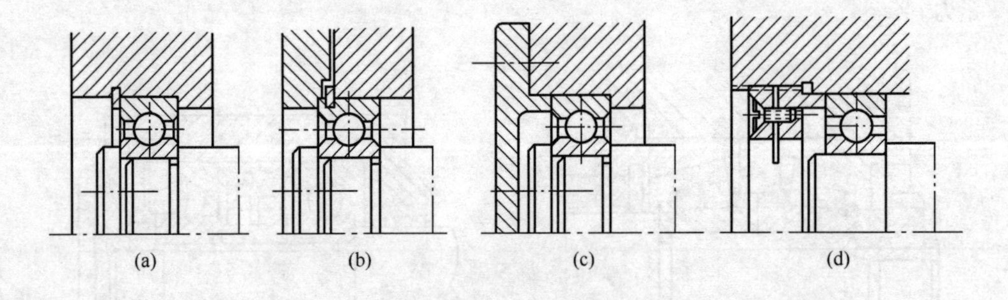

图8－35　外圈轴向紧固常用方法

（a）弹性挡圈紧固　（b）止动环紧固　（c）端盖紧固　（d）螺纹环紧固

（3）滚动轴承的配合

由于滚动轴承是标准件，选择配合时就把它作为基准件。因此，轴承内圈与轴的配合采用基孔制，轴承外圈与轴承座孔的配合则采用基轴制。

选择配合时，应考虑载荷的方向、大小和性质，以及轴承类型、转速和使用条件等因素。当外载荷方向不变时，转动套圈应比固定套圈的配合紧一些。一般情况下是内圈随轴一起转动、外圈固定不转，故内圈常取具有过盈的过渡配合；外圈常取较松的过渡配合。当轴承作游动支承时，外圈应取保证有间隙的配合。

（4）轴承的装拆

设计轴承组合时，应考虑怎样有利于轴承装拆，以便在装拆过程中不致损坏轴承和其他零件。滚动轴承的装拆以压力法最常用，此外还有温差法、液压配合法等。温差法是将轴承放进烘箱或热油中，使轴承的内圈受热膨胀，然后即可将轴承顺利装在轴上。

图 8－36 和图 8－37 分别是轴承内圈和外圈的压装方式，通过压轴承内外圈，将轴承压装到轴上或轮毂孔中。

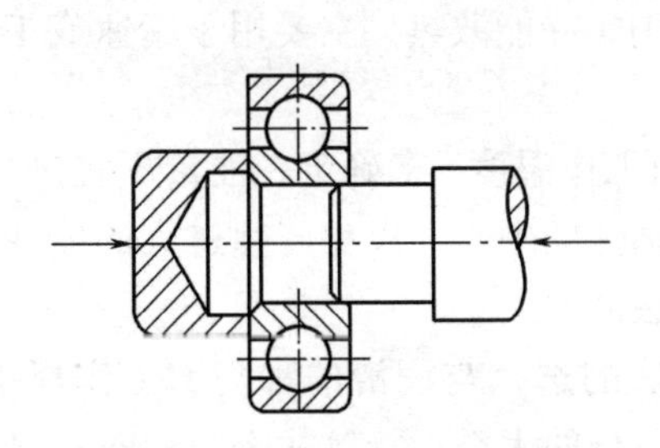

图 8－36　轴承内圈压装

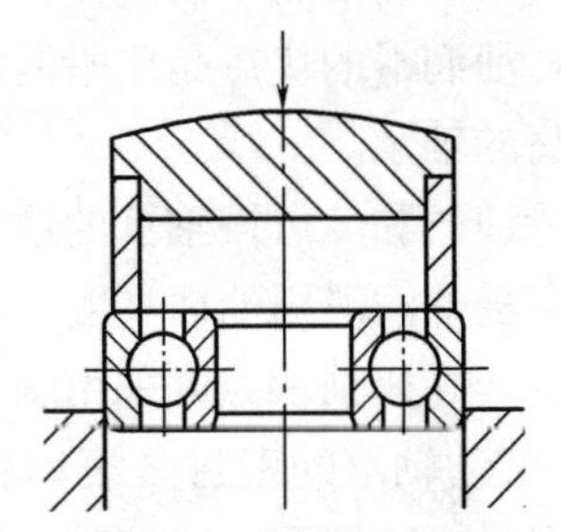

图 8－37　轴承外圈压装

图 8－38 是用轴承拆卸器拆卸轴承。在设计中应预留拆卸空间。另外应注意：从轴上拆卸时，应卡住轴承的内圈，如图 8－38 所示。从座孔中拆卸轴承时，应用反向爪拆卸轴承的外圈。

当轴不太重时，可以用压力法拆卸轴承，如图 8－39 所示。注意采用该方法时，不可只垫轴承的外圈，以免损坏轴承。

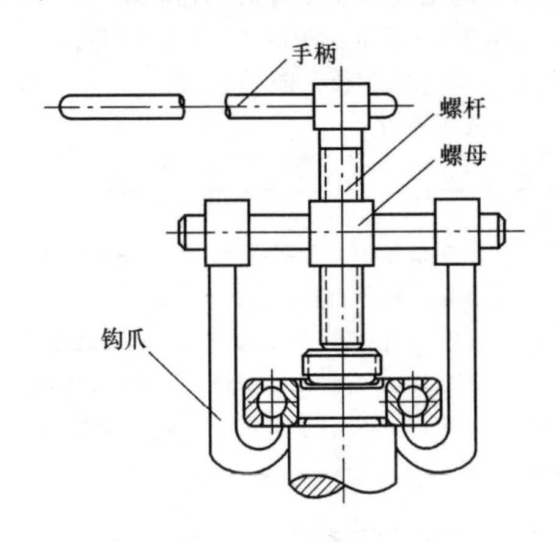

图 8－38　钩爪拆卸器

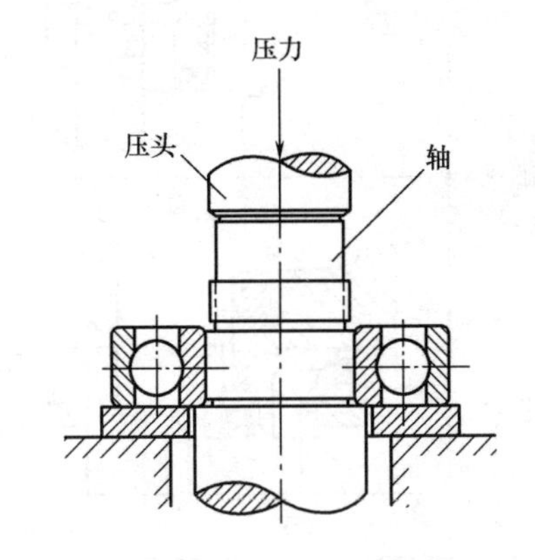

图 8－39　压力法压拆轴承

（5）滚动轴承的润滑和密封

润滑和密封对滚动轴承的使用寿命有重要影响。润滑的主要目的是减小摩擦与磨损。滚动接触部位形成油膜时，还有吸收振动、降低工作温度等作用。密封的目的是防止灰尘、水分等进入轴承，并阻止润滑剂的流失。

1）滚动轴承的润滑　滚动轴承的润滑剂可以是润滑脂、润滑油或固体润滑剂。一般情况下，轴承采用润滑脂润滑，但在轴承附近已经具有润滑油源时（如变速箱内本来就有润滑齿轮的油），也可采用润滑油润滑。具体选择可按速度因数 dn 值来定。d 代表轴承内径（mm）；n 代表轴承转速（r/min），dn 值间接地反映了轴颈的圆周速度，当 $dn<(1.5\sim2)\times10^5$ mm r/min 时，一般滚动轴承可采用润滑脂润滑，超过这一范围宜采用润滑油润滑。

脂润滑因润滑脂不易流失，故便于密封和维护，且一次充填润滑脂可运转较长时间。油润滑的优点是比脂润滑摩擦阻力小，并能散热，主要用于高速或工作温度较高的轴承。

润滑油的黏度可按轴承的速度因数 dn 和工作温度 t 来确定。油量不宜过多，如果采用浸油润滑则油面高度不超过最低滚动体的中心，以免产生过大的搅油损耗和热量。高速轴承通常采用滴油或喷雾方法润滑。

2）滚动轴承的密封　滚动轴承密封方法的选择与润滑的种类、工作环境、温度、密封表面的圆周速度有关。密封方法可分两大类：接触式密封和非接触式密封。它们的密封型式、适用范围和性能可查阅表 8－13。

表 8－13　　滚动轴承的密封方法

密封方法	图例	说明
接触式密封	毛毡圈密封 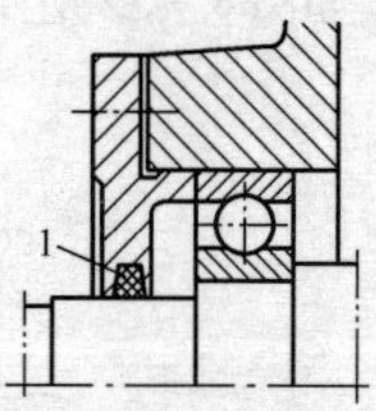	在轴承盖上开出梯形槽，将矩形剖面的毛毡圈，放置在梯形槽中与轴接触，对轴产生一定的压力进行密封。这种密封结构简单，但摩擦较严重，主要用于 $v<4\sim5$ m/s 脂润滑场合
	密封圈密封 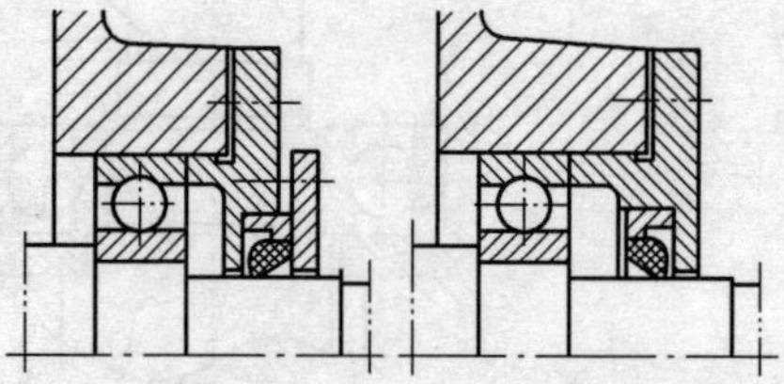 (a)　(b)	在轴承盖中放置密封圈，密封圈用皮革、耐油橡胶等材料制成，有的带金属骨架，有的没有骨架。密封圈与轴紧密接触而起密封作用。图（a）密封唇朝里，目的是防漏油，图（b）密封唇朝外，目的是防灰尘、杂质进入
非接触式密封	间隙密封 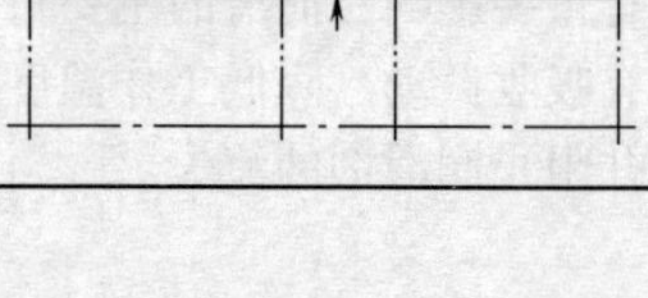	在轴与轴承盖的通孔壁间留 0.1～0.3mm 的极窄缝隙，并在轴承盖上车出沟槽，在槽内填满油脂，以起密封作用。这种形式结构简单，多用于 $v<5\sim6$ m/s 的场合

续表

密封方法	图例	说明
非接触式密封	迷宫式密封 (a) (b)	将旋转的和固定的密封零件间的间隙制成迷宫（曲路）形式，缝隙间填入润滑脂以加强润滑效果。这种方法对脂润滑和油润滑都很有效，尤其适用于环境较脏的场合。图（a）为径向曲路，径向间隙 δ 不大于 0.1～0.2mm；图（b）为轴向曲路，因考虑到轴受热后会伸长，间隙应取大些，δ = 1.5～2mm
组合密封	毛毡加迷宫密封	把毛毡和迷宫组合一起密封，可充分发挥各自优点，提高密封效果，多用于密封要求较高的场合

第三节 键、销及其联接

键联接、花键联接和销联接均为可拆联接。它们主要用以实现轴和轮毂的周向固定和传递转矩；其中，有些还能实现轴向固定以传递轴向力；有些则能构成轴向动联接。

一、键 联 接

键联接由键、轴和轮毂组成，键联接的主要类型有：平键联接、半圆键联接、楔键联接和切向键联接。它们均已标准化。

1. 平键联接

如［图 8－40（a）］所示，平键的两侧面是工作面，平键的上表面与轮毂槽底之间留有间隙。这种键的定心性好，装拆方便，应用广泛。常用的平键有普通平键和导向平键。

普通平键用于静联接，按其结构可分为圆头（称为 A 型）、方头（称为 B 型）和单圆头（称为 C 型）三种。［图 8－40（b）］为 A 型键，A 型键在键槽中固定良好，但轴上键槽引起的应力集中较大。［图 8－40（c）］为 B 型键，B 型键克服了 A 型键的缺点，当键尺寸较大时，宜用紧定螺钉将键固定在键槽中，以防松动。［图 8－40（d）］为 C 型键，C 型键主要用于轴端与轮毂的联接。

［图 8 -40（e）］为导向平键，主要用于动联接。该键较长，键用螺钉固定在键槽中，为了卸键方便，键中部做有起键螺孔。键与轮毂之间采用间隙配合，轴上零件可沿键作轴向滑移。

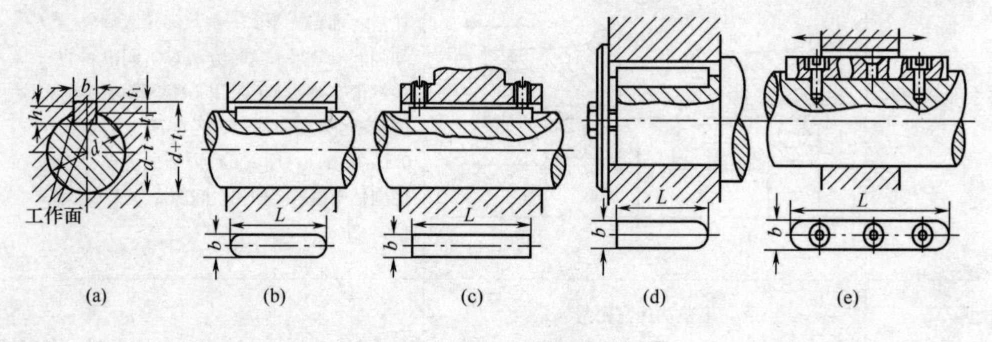

图 8 -40　平键联接

2. 半圆键联接

图 8 -41 所示为半圆键，半圆键的工作面也是键的两个侧面。轴上键槽用与半圆键尺寸相同的键槽铣刀铣出，半圆键可在槽中绕其几何中心摆动以适应毂槽底面的倾斜。这种键联接的特点是工艺性好，装配方便，尤其适用于锥形轴端与轮毂的联接；但键槽较深，对轴的强度削弱较大，一般用于轻载静联接。

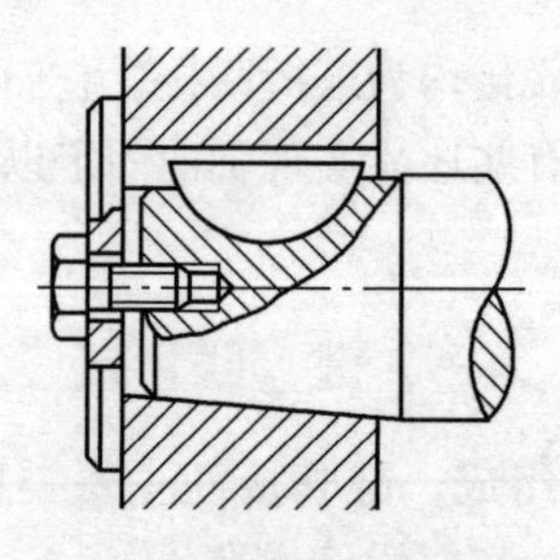

图 8 -41　半圆键联接

3. 楔键联接和切向键联接

图 8 -42 所示为楔键联接，楔键的上、下两面为工作面。楔键的上表面和与它相配合的轮毂键槽底面均有 1∶100 的斜度。装配时将楔键打入，使楔键楔紧在轴和轮毂的键槽中，楔键的上、下表面受挤压，工作时靠这个挤压产生的摩擦力传递转矩。如图 8 -42 所示，楔键分为普通楔键和钩头楔键两种，钩头楔键的钩头是为了便于拆卸的。

楔键联接的主要缺点是键楔紧后，轴和轮毂的配合产生偏心和偏斜，因此楔键联接一般用于定心精度要求不高和低转速的场合。

［图8－43（a)］所示为切向键。切向键是由一对楔键组成的，装配时将切向键沿轴的切线方向楔紧在轴与轮毂之间。切向键的上、下面为工作面，工作面上的压力沿轴的切线方向作用，能传递很大的转矩。用一对切向键时，只能单向传递转矩，当要双向传递转矩时，需采用两对互成120°分布的切向键［图8－43（b)］。由于切向键对轴的强度削弱较大，因此常用于直径大于100mm的轴上。

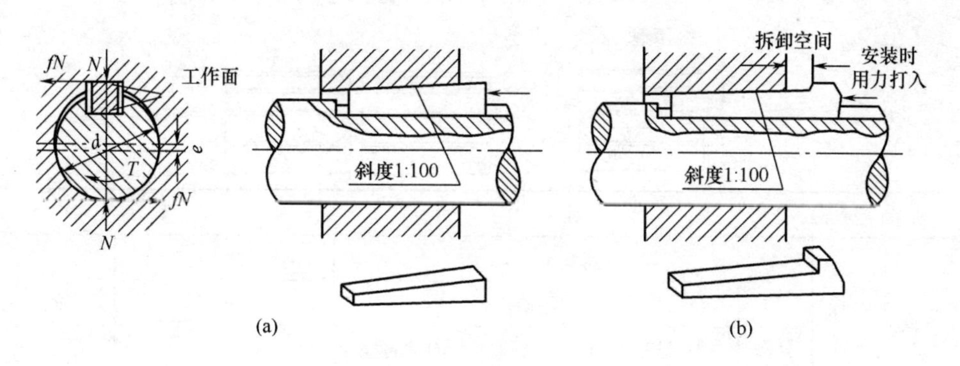

图8－42　楔键联接

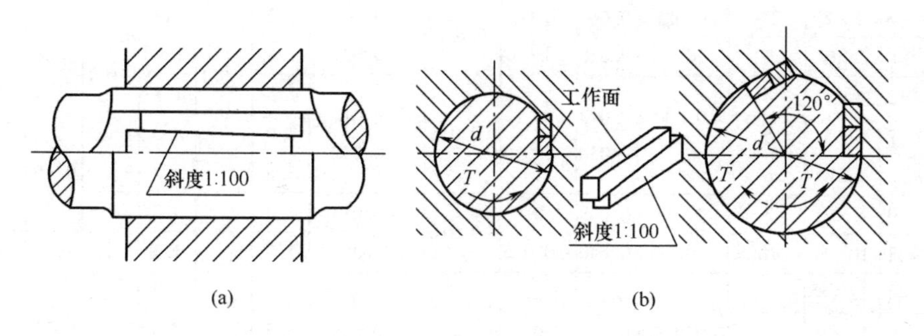

图8－43　切向键联接

4. 平键联接的选择

设计键联接时，先根据工作要求选择键的类型，再根据安装键处轴径 d 从标准（表8－14）中查取键的宽度 b 和高度 h，并参照轮毂长度从标准中选取键的长度 L，最后进行键联接的强度较核。

键的材料一般采用抗拉强度不低于600MPa的碳素钢。平键联接的主要失效形式是工作面的压溃，除非有严重的过载，一般不会出现键的剪断。因此，通常只按工作面上挤压应力进行强度校核计算。导向平键联接的主要失效形式是过度磨损，因此，一般按工作面上的压强进行条件性强度校核计算。

表 8-14　平键和键槽的剖面尺寸及公差（摘自 GB/T 1095—2003）　单位：mm

平键联接的剖面和键槽（GB/T 1095—2003）

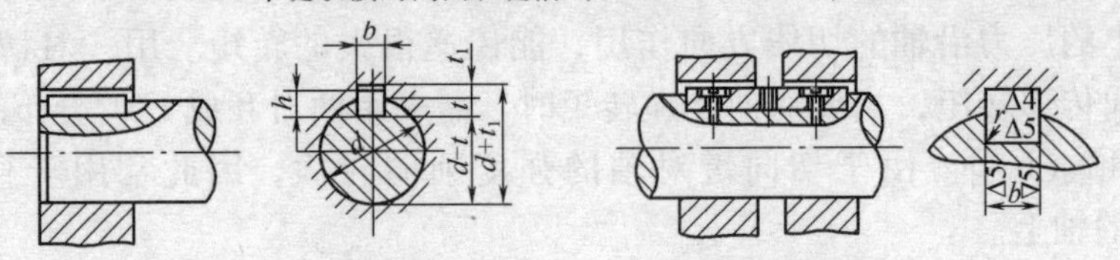

注：在工作图中，轮槽深用 t 或（$d-t$）标注，轮毂槽深用（$d+t_r$）标注。

普通平键的型式和尺寸（GB/T 1096—2003）

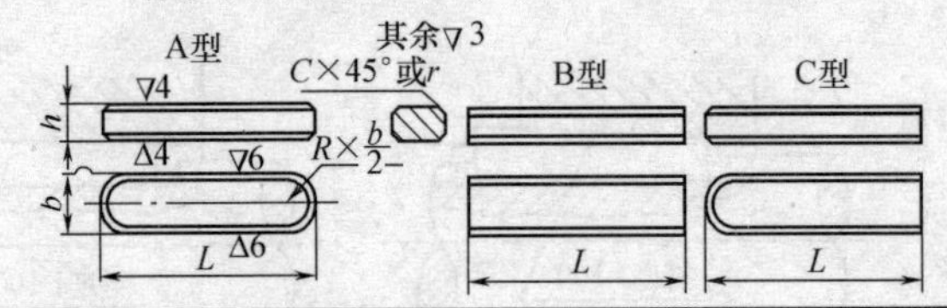

轴	键	键						槽					
		宽度 b						深度				半径 r	
			极限偏差					轴 t		毂 t_1			
公称直径 d	公称尺寸 $b\times h$	公称尺寸 b	较松键联接		一般键联接		较紧键联接						
			轴 H9	毂 D10	轴 N9	毂 Js9	轴和毂 P9	公称尺寸	极限偏差	公称尺寸	极限偏差	最小	最大
自 6~8	2×2	2	+0.025 0	+0.060 +0.020	-0.004 -0.029	±0.0125	-0.006 -0.031	1.2	+0.1 0	1	+0.1 0	0.08	0.16
8~10	3×3	3						1.8		1.4			
10~12	4×4	4	+0.030 0	+0.078 +0.030	0 -0.030	±0.015	-0.012 -0.042	2.5		1.8			
12~17	5×5	5						3.0		2.3		0.16	0.25
17~22	6×6	6						3.5		2.8			
22~30	8×7	8	+0.036 0	+0.098 +0.040	0 -0.036	±0.018	-0.015 -0.051	4.0	+0.2 0	3.3	+0.2 0		
30~38	10×8	10						5.0		3.3		0.25	0.40
38~44	12×8	12	+0.043 0	+0.120 +0.05	0 -0.043	±0.0215	-0.018 -0.061	5.0		3.3			
44~50	14×9	14						5.5		3.8			
50~58	16×10	16						6.0		4.3			
58~65	18×11	18						7.0		4.4			
65~75	20×12	20	+0.052 0	+0.149 +0.065	0 -0.052	±0.026	-0.022 -0.074	7.5		4.9		0.40	0.60
75~85	22×14	22						9.0		5.4			
85~95	25×14	25						9.0		5.4			
95~110	28×16	28						10.0		6.4			
110~130	32×18	32	+0.062 0	+0.180 +0.080	0 -0.052	±0.031	-0.026 -0.088	11.0		7.4			

注：(1)（$d-t$）和（$d+t_1$）两组组合尺寸的极限偏差按相应的 t 和 t_1 的极限偏差选取，但（$d-t$）极限偏差值应取负号（-）。

(2) 键的长度系列：6，8，10，12，14，16，18，20，22，25，28，32，36，40，45，50，56，63，70，80，90，100，110，125，140，160，180，200，220，250，280，320，360mm。

二、花键联接

如图8－44所示，花键联接是由周向均布多个键齿的花键轴与带有相应键齿槽的轮毂孔相配而成。花键齿的侧面为工作面，工作时有多个键齿同时传递转矩，所以花键联接的承载能力比平键联接高得多。花键联接的导向性好，齿根处的应力集中较小，适用于传递载荷大、定心精度要求高或者经常需要滑移的联接。

·花键联接的类型

花键按齿形可分为矩形花键［图8－44（a）］、渐开线花键［图8－44（b）］，花键可用于静联接和动联接。花键已经标准化，例如矩形花键的齿数 z、小径 d、大径 D、键宽 B 等可以根据轴径查标准选定。花键的加工需要专用设备。

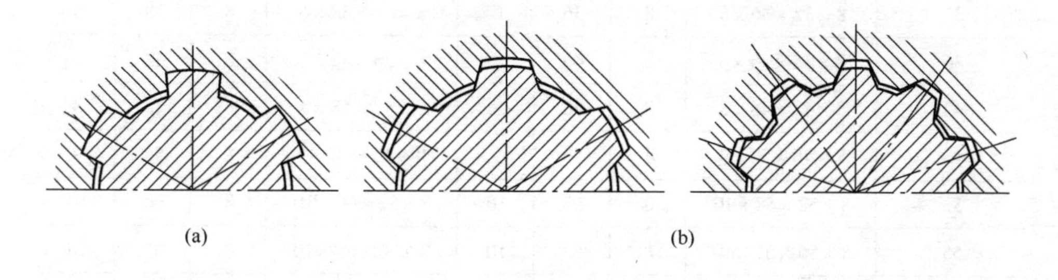

图8－44　花键联接
（a）矩形花键联接　（b）渐开线花键联接　（c）三角形花键联接

（1）矩形花键　矩形花键的齿形尺寸按齿数和齿高的不同分为轻系列、中系列两种（表8－15），轻系列多用于轻载联接或静联接，中系列多用于中载联接或空载移动的动联接。

矩形花键联接的定心方式有外径定心、内径定心和齿侧定心三种。国标规定矩形花键采用小径定心，即对小径 d 选用公差等级较高的间隙配合。由于扭矩靠侧面传递，所以键（槽）宽要有足够的精度。大径 D 为非定心尺寸，公差等级应较低，并且非定心直径表面之间应有较大间隙，以保证它们不接触。

小径定心的主要优点：小径较易保证较高的加工精度和表面硬度，能提高花键的耐磨性和使用寿命，定心稳定性好，由于定心表面要求有较高的硬度，因此加工过程中往往需要热处理。在热处理后，内外花键的小径表面可以使用内圆磨削或成型磨削方法进行精加工，可获得较高的加工及定心精度，而内外花键的大径和键槽侧面难于进行磨削加工。

矩形花键的加工比较方便，是目前应用最广的一种花键联接。

表8-15　矩形花键基本尺寸系列（摘自GB/T 1144—2001）

小径（d）	轻系列				中系列			
	规格（$Z\times d\times D\times B$）	键数（Z）	大径（D）	键宽（B）	规格（$Z\times d\times D\times B$）	键数（Z）	大径（D）	键宽（B）
11					6×11×14×3	6	14	3
13					6×13×16×3.5	6	16	3.5
16					6×16×20×5	6	20	4
18					6×18×22×5	6	22	5
21					6×21×25×5	6	25	5
23	6×23×26×6	6	26	6	6×23×28×6	6	28	6
26	6×26×30×6	6	30	6	6×26×32×6	6	32	6
28	6×28×32×7	6	32	7	8×28×34×7	6	34	7
32	8×32×36×6	8	36	6	8×32×38×6	8	38	6
36	8×36×40×6	8	40	7	8×36×42×7	8	42	7
42	8×42×46×8	8	46	8	8×42×48×8	8	48	8
46	8×46×50×9	8	50	9	8×46×54×9	8	54	9
52	8×52×58×10	8	58	10	8×52×60×10	8	60	10
56	8×56×62×10	8	62	10	8×56×65×10	8	65	10
62	8×62×68×12	8	68	12	8×62×72×12	8	72	12
72	10×72×78×12	10	78	12	10×72×82×12	10	82	12
82	10×92×88×12	10	88	12	10×282×92×12	10	92	12
92	10×92×98×14	10	98	14	10×92×102×14	10	102	14
102	10×102×108×16	10	108	16	10×102×112×16	10	112	16
112	10×112×120×18	10	120	18	10×1122×125×18	10	125	18

（2）渐开线花键　渐开线花键联接（图8-45）的内花键齿形和外花键齿形都是压力角$\alpha=30^{\circ}$的渐开线齿形。渐开线花键可用制造齿轮的方法来加工，工艺性较好，花键齿根部较厚，强度高，应力集中小，且易于对中，所以应用已日趋广泛。特别适用于载荷较大、定心精度要求较高以及尺寸较大的联接。渐开线花键的定心方式也有三种：

1）按渐开线齿形定心：如图8-46（a）所示；

2）按外径定心：如图8-46（b）所示；

3）按分度圆的同心圆定心：如图8-46（c）所示。

渐开线齿形定心具有自动定心的特点，有利于各齿均匀承载，故应优先选用这种定心方式，以发挥渐开线花键的优点。按外径定心时，加工花键所用的滚刀或插刀需专门制造，因此只有在特殊需要时才采用，如传动机构中径向载荷较大的动联接。按与分度圆同心的辅助圆柱面定心的方式，适用于径向载荷较小而又要求传动平稳的联接。

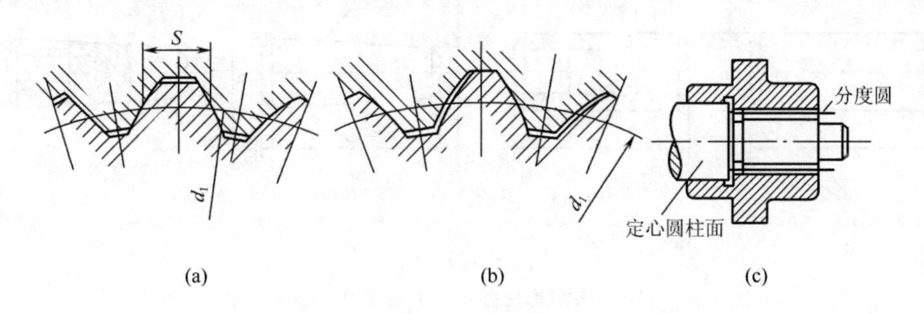

图 8－45　渐开线花键联接定心方式

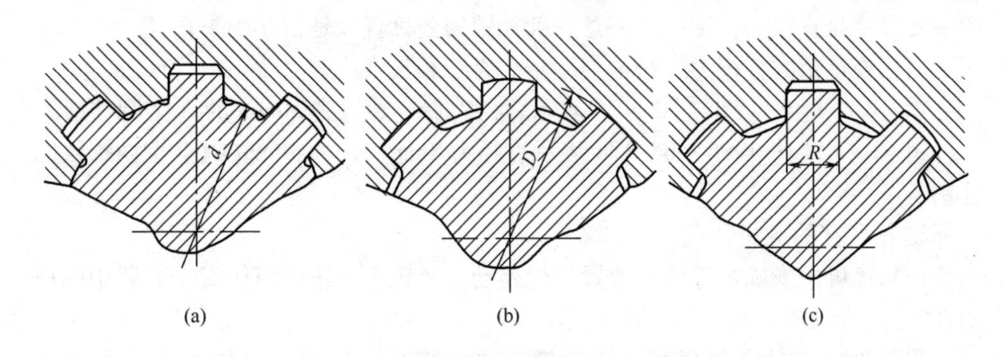

图 8－46　渐开线花键定心方式

（a）小径定心　（b）大径定心　（c）齿侧定心

三、销　联　接

1. 销的基本形式

销按形状的不同，可分为圆柱销、圆锥销和槽销等，销已标准化，其他形式都是由它们演化而来，使用时，可根据工作情况和结构要求，按标准选择其形式和规格尺寸。

图 8－47（a）所示为普通圆柱销，按公差带不同分为 A、B、C、D 四种类型，以满足不同的使用要求。

图 8－47（b）所示为内螺纹圆柱销，其公差带只有一种，按结构不同分 A、B 两种类型，B 型有通气平面，适用于不通孔的场合。

图 8－47（c）为普通圆锥销，有 1∶50 的锥度，便于安装，定位精度比圆柱销高，按加工精度不同分 A、B 两种类型，A 型精度较高。

图8－47（d）所示为内螺纹圆锥销，也有A、B两种类型，其特点基本与普通圆锥销相同，只是带有螺纹孔，便于拆卸，适用于不通孔的场合。

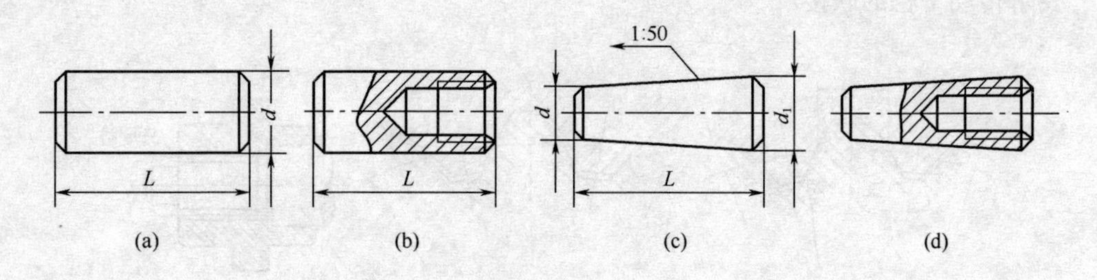

图8－47　销

（a）圆柱销　（b）内螺纹圆柱销　（c）圆锥销　（d）内螺纹圆锥销

销的材料常用35或45钢，并经热处理达到一定硬度，销孔一般需铰制。销的主要尺寸是直径和长度。应注意，圆锥销的公称直径是指其小头直径。

国标规定销的标记为：销的类型号、直径和长度。如：

销 GB/T 119—1986－A8×30 表示直径为8mm，长为30mm的A型圆柱销。

销 GB/T 119—1986－B8×30 表示直径为8mm，长为30mm的B型内螺纹圆柱销。

2. 销联接的应用特点

销联接可用来确定零件对位置、传递动力和转矩，还可用作安全装置中的被切断零件。

用作确定零件之间相互位置的销，通常称为定位销。定位销常采用圆锥销图8－48，因为圆锥销，具有1:50的锥度，使联接具有可靠的自锁性，且可以在同一销孔中，多次装拆而不影响联接零件的相互位置精度。定位销在联接中一般不承受或只承受很小的载荷。定位销的直径可按结构要求确定，使用数量不得少于2个。销在每一个连接零件内的长度约为销直径的1～2倍。

定位销也可采用圆柱销，靠一定的配合固定在被连接零件的孔中。圆柱销如多次装拆，会降低连接的可靠性和影响定位的精度，因此，只适用于不经常装拆的定位联接中。

为方便装拆，销连接，或对盲孔销连接，可采用内螺纹圆锥销［图8－49（a）］或内螺纹圆柱销。

用来传递动力或转矩的销称为连接销如图8－49（b），可采用圆柱销和圆锥销，销孔需经铰制。连接销工作时受剪切和挤压的作用，其尺寸根据结构特点和工作情况，按经验和标准选取，必要时应作强度校核。

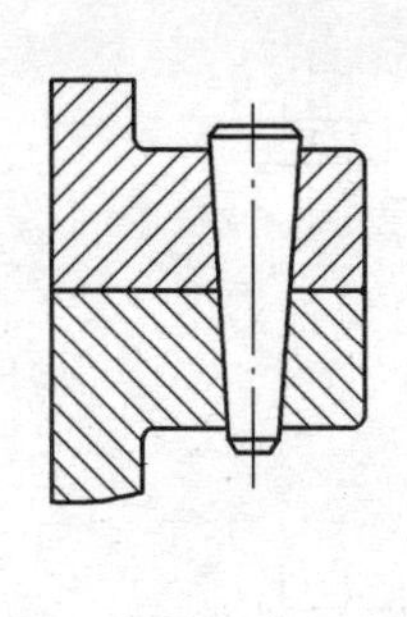

图 8－48　圆锥销

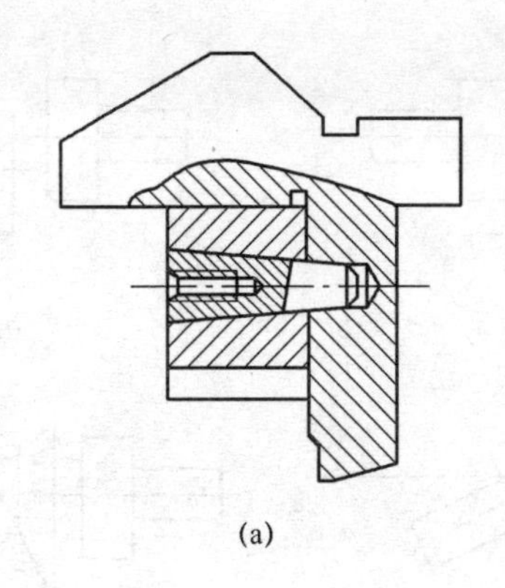

(a)

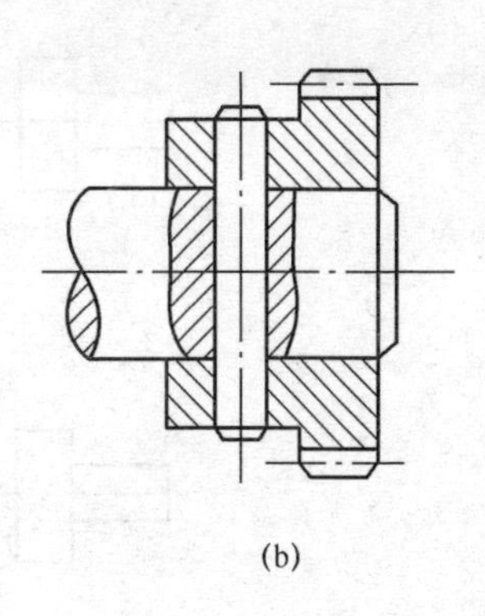

(b)

图 8－49　销联接

当传递的动力或转矩过载时，用于连接的销首先被切断，从而保护被连接零件免受损坏，这种销称为安全销。销的尺寸通常以过载 20% ~30% 时即切断为依据确定。使用时，应考虑切断后不易飞出和易于更换，为此，必要时可在销上切出槽口。

第四节　联轴器、离合器和制动器

汽车在行驶时，由于道路的不平会引起变速器输出轴与后驱动桥输入轴之间相对位置的变化，因而影响汽车的行驶。于是传动轴采用两个双万向联轴器结构，实现变速器输出轴、后驱动桥输入轴与传动轴之间的连接与传动。

汽车发动机与变速器之间，用离合器连接发动机曲轴与变速器的输入轴，使发动机与变速器能根据汽车运行需要而暂时分离和逐渐结合。

当驾驶员踩下制动踏板时，制动器工作，限制轮毂的旋转，汽车开始减速或在最短的距离内停车。

一、联　轴　器

1. 联轴器的功用与分类

联轴器主要是用在轴与轴之间的联接中，使两轴可以同时转动，以传递运动和转矩。在机器运转的过程中，用联轴器联接的两根轴不能分开，只有在机器停车后，经过拆卸才能把它们分离。有的联轴器还可以用作安全装置，保护被联接的机器零件不因过载而损坏。

由于制造、安装误差或工作时零件的变形等原因，一般无法保证被联接的两轴精确同心，通常会出现两轴间的轴向位移 x [图 8－50 (a)]、径向位移 y [图 8－50 (b)]、角位移 α [图 8－50 (c)] 或这些位移组合的综合位移 [图 8－50 (d)]。如果联轴器不具有补偿这些相对位移的能力，就会产生附加动载荷，甚至引起强烈振动。

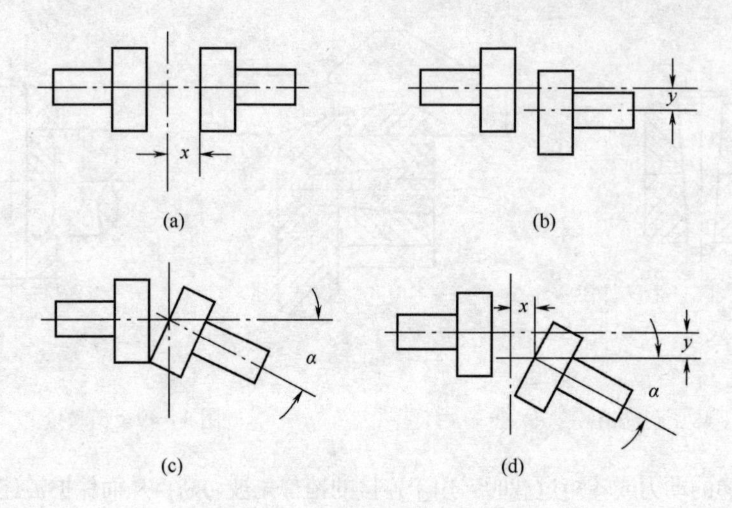

图 8－50　两轴间的各种相对位移

根据联轴器补偿位移的能力，联轴器可分为刚性联轴器和弹性联轴器两大类。刚性联轴器由刚性传力件组成，它又可分为固定式联轴器和可移式联轴器两种类型。固定式刚性联轴器不能补偿两轴的相对位移，可移式刚性联轴器能补偿两轴间的相对位移。弹性联轴器包含有弹性元件，除了能补偿两轴间的相对位移外，还具有吸收振动和缓和冲击的能力。

联轴器已标准化。一般可先依据机器的工作条件选定合适的类型，然后按照计算转矩、轴的转速和轴端直径从标准中选择所需的型号和尺寸。必要时还应对其中的某些零件进行验算。

2. 常用的联轴器及其特点

联轴器的种类很多，这里仅介绍有代表性的几种结构。

（1）固定式刚性联轴器

1）凸缘联轴器　凸缘联轴器是应用最广的固定式刚性联轴器。如图 8－51 所示，它把两个带有凸缘的半连轴器用键分别与两轴联接，然后用螺栓将两个半联轴器的凸缘联接起来，以实现两轴联接来传递转矩和运动。联轴器中的螺栓可以用普通螺栓，也可以用铰制孔螺栓。凸缘连轴器要求严格对中，其对中方法有两种：一是在两半联轴器上分别制出凸肩和凹槽，互相配合而对中，如［图 8－51（b）］所示；一是两半联轴器都制出凸肩，共同与一个剖分环配合而实现对中如图 8－51（a）所示。凸缘联轴器结构简单，维护方便，能传递较大的转矩，但对两轴间的相对位移不能补偿，因此对两轴的对中性要求很高。当两轴间有位移或偏斜存在时，就会在机件内引起附加载荷和严重磨损，严重影响轴和轴承的正常工作。此外，在传动载荷时不能缓和冲击和吸收振动。所以凸缘联轴器广泛地用于低速、大转矩、载荷平稳、短而刚性好的轴的联接。为安全起见，凸缘联轴器的外圈还应加上防护罩或将凸缘制成轮缘型式。制造凸缘联轴器时，应准确保持半联轴器的凸缘端面与孔的轴线垂直，安装时应使两轴精确同心。

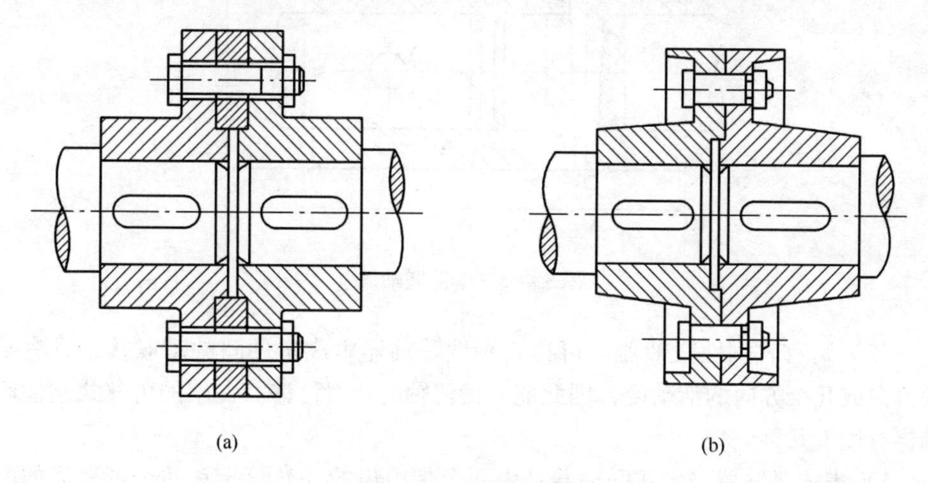

图 8－51　凸缘联轴器

半联轴器的材料通常为铸铁，当受重载或圆周速度 $v \geqslant 30\mathrm{m/s}$ 时，可采用铸钢或锻钢。它的基本参数和主要尺寸见有关参考文献或设计手册。

另外，凸缘联轴器还有一种安全销方式，如图 8－52 所示。销由较低强度的材料制造，过载时，销被剪断，以确保机器中其他零件的安全。

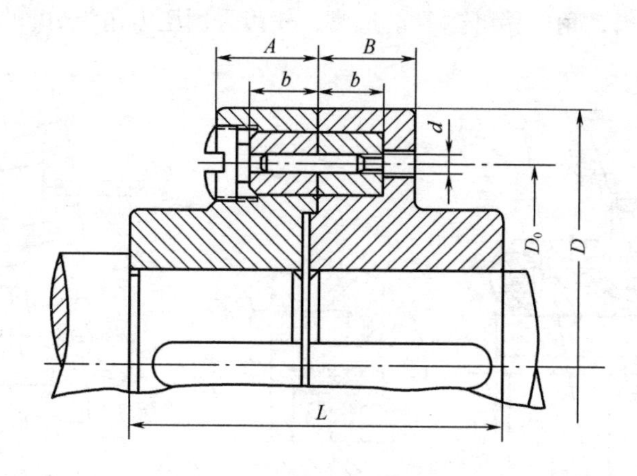

图 8－52　安全凸缘联轴器

2）套筒式联轴器　这是一种结构最简单的固定式联轴器（图 8－53），这种联轴器是一个圆柱形套筒，用两个圆锥销来传递转矩。当然也可以用两个平键代替圆锥销。其优点是径向尺寸小，结构简单，装拆时一根轴须作轴向移动。因此常用于两轴直径较小、两轴对中性精度高、工作平稳的场合。结构尺寸推荐：$D=(1.5\sim2)d$；$L=(2.8\sim4)d$。此种联轴器尚无标准，需要自行设计。

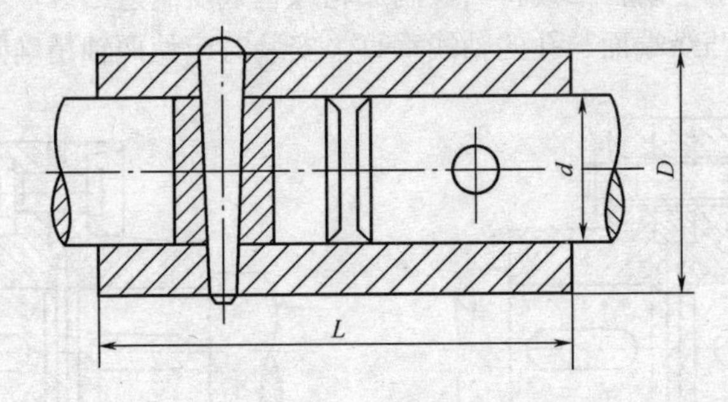

图 8－53　套筒联轴器

（2）可移式刚性联轴器　可移式刚性联轴器组成零件间的动联接，具有某一方向或几个方向的活动度，因此能补偿两轴的相对位移。常用的可移式刚性联轴器有以下几种。

1）齿式联轴器　齿式联轴器是由两个带内齿的外套筒 3 和两个带外齿的内套筒 1 组成［图 8－54（a）］。内套筒与轴相联，两个外套筒用螺栓 5 联成一体。工作时靠啮合的轮齿传递扭矩。为了减少轮齿的磨损和相对移动时的摩擦阻力，在壳内储有润滑油，为防止润滑油泄漏，内外套筒之间设有密封圈 6。齿式联轴器能补偿适量的综合位移，如图 8－54（b）所示。由于轮齿间留有较大的间隙和外齿轮的齿顶制成球形，能补偿两轴的不同心和偏斜。允许角位移在 30′以下，若将外齿做成鼓形齿，角位移可达 3°。通常，轮齿采用压力角为 20°的渐开线齿廓。

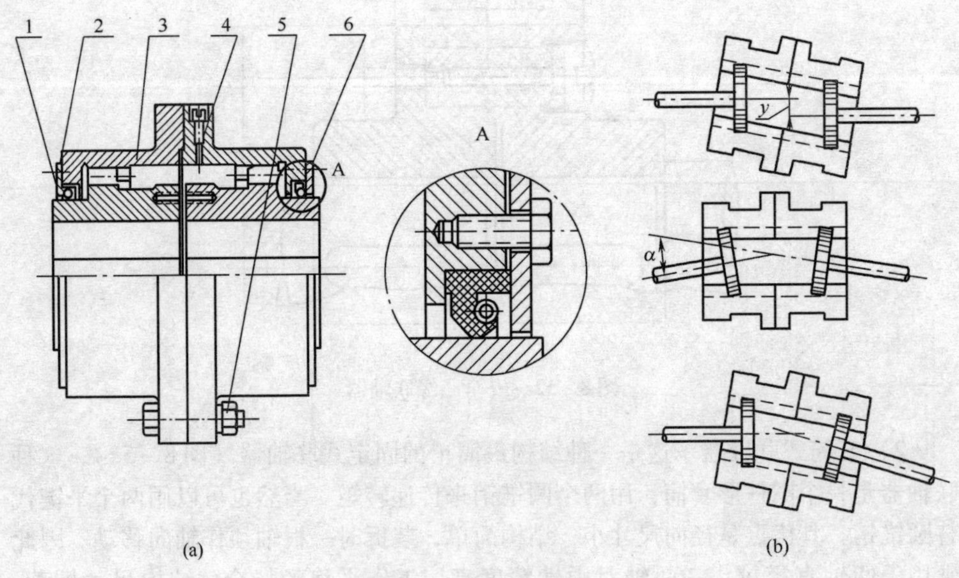

图 8－54　齿式联轴器

1—带外齿的套筒　2—端盖　3—带内齿的套筒　4—油孔　5—螺栓　6—密封圈

齿式联轴器的优点是能传递很大的转矩和补偿适量的综合位移，且外廓尺寸紧凑，工作可靠，安装要求不高，因此常用于重型机械中。但是，当传递较大转矩时，齿间的压力也随着增大，使联轴器的灵活性降低，而且其结构笨重、造价较高，不宜用在启动频繁、正反转多变和要求传递运动非常准确的场合。

2）滑块联轴器　滑块联轴器亦称为浮动盘联轴器，如图 8－55 所示。它是由端面开有凹槽的两套筒 1、3 和两侧各具有凸块（作为滑块）的中间圆盘 2 所组成［图 8－55（a）］。中间圆盘两侧的凸块相互垂直，分别嵌装在两个套筒的凹槽中。如果两轴线不同心或偏斜，滑块将在凹槽内滑动。凸槽和滑块的工作面间要加润滑剂。

滑块联轴器允许的径向位移 $y<0.04d$（d 为轴的直径）和角位移 $\alpha\leqslant30'$ 如图 8－55（b）滑快联轴器结构简单，结构尺寸小但耐冲击性差，当两轴不同心，且转速较高时，滑块的偏心会产生较大的离心力，给轴和轴承带来附加动载荷，并引起磨损，因此只适用于低速（$n<300$r/min）、冲击小、刚性大的场合。

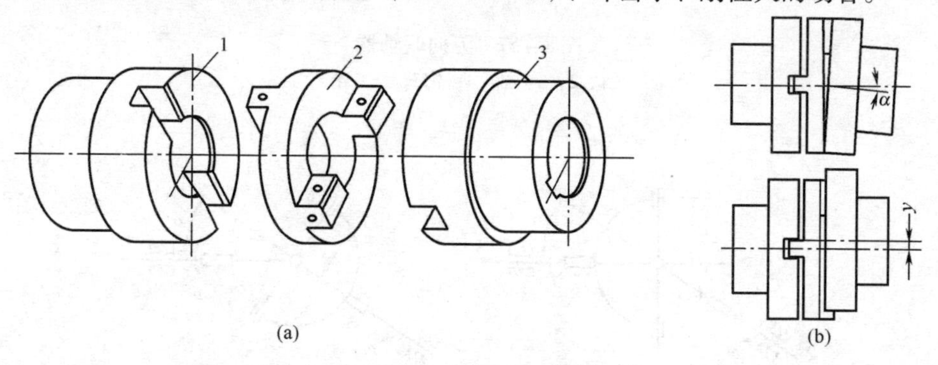

图 8－55　滑块联轴器

3）挠性爪型联轴器　如图 8－56 所示，挠性爪型联轴器的两半联轴器上的沟槽很宽，中间装有夹布胶木或尼龙制成的方形滑块。由于滑块重量轻且有弹性，可允许较高的极限转速。

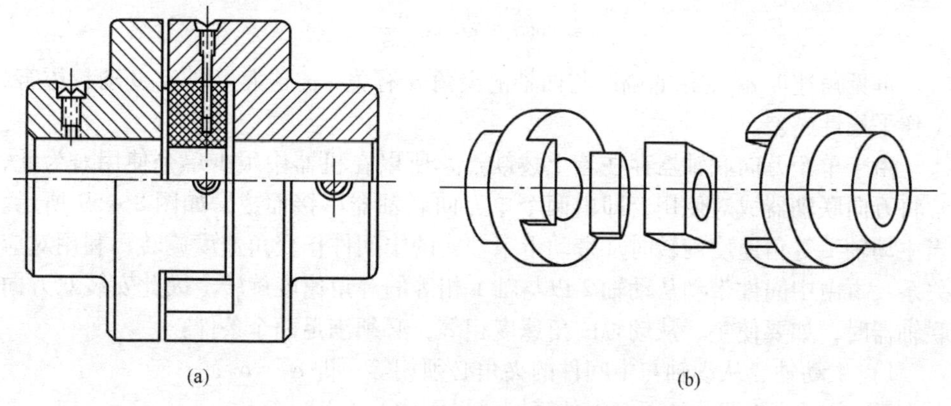

图 8－56　挠性爪型联轴器

4）万向联轴器　万向联轴器又称十字铰链联轴器。如图8－57所示，中间是一个相互垂直的十字头，十字头的四端用铰链分别与两轴上的叉形接头相联。因此，当一轴的位置固定后，另一轴可以在任意方向偏斜，角位移可达40°～45°。

但是，单个万向联轴器两轴的瞬时角速度并不是时时相等，如图8－58所示，即当轴1以等角速度回转时，轴2作变角速转动。

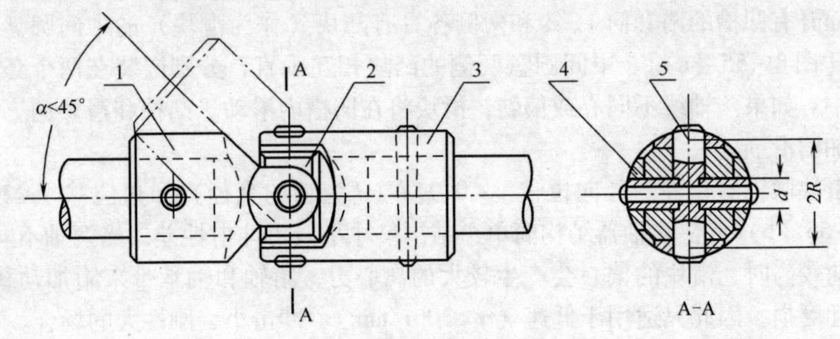

图8－57　万向联轴器

1，2，3—轴　4—销套　5—销

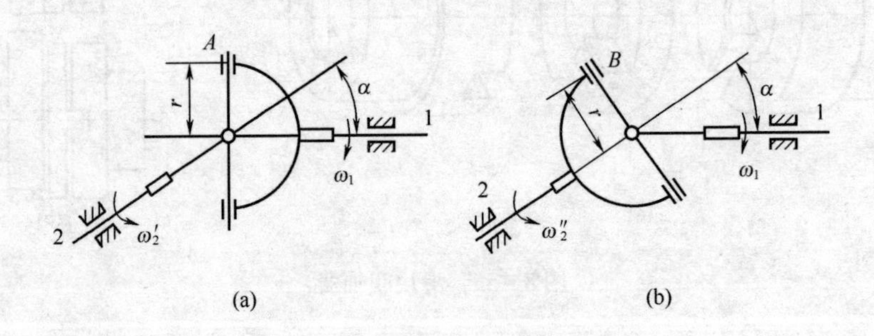

图8－58　万向联轴器速度分析

轴2的角速度ω_2将在下列范围内作周期性的变化，即

$$\omega_1\cos\alpha \leqslant \omega_2 \leqslant \frac{\omega_1}{\cos\alpha}$$

可见角速度ω_2变化的幅度与两轴的夹角α有关，α越大，则ω_2变动越厉害，工作平稳性越差。

由于单个万向联轴器存在着上述缺点，所以在机器中很少单个使用。为此，常将万向联轴器成对使用，即由两个单万向联轴器串接而成，如图8－59所示。当主动轴1等角速度旋转时。带动十字轴式的中间件作变角速度旋转，利用对应关系，再由中间件带动从动轴2以与轴1相等的等角速度旋转。因此安装双万向联轴器时，如要使主、从动轴的角速度相等，必须满足两个条件：

1）主动轴、从动轴与中间件的夹角必须相等，即$\alpha_1=\alpha_2$；

2）中间件两端的叉面必须位于同一平面内。

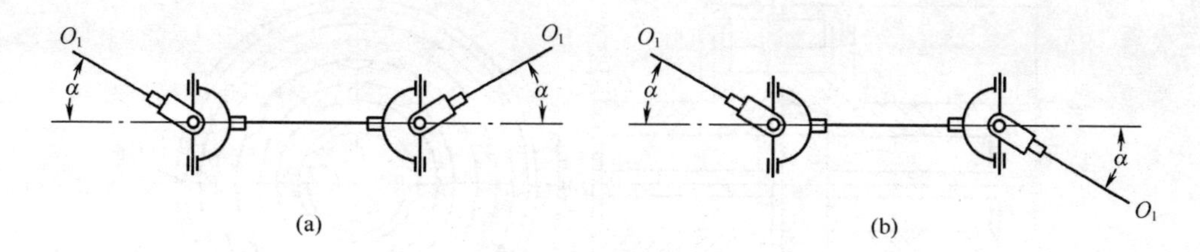

图 8-59　双万向联轴器示意图

显然，中间件本身的转速是不均匀的。但因它的惯性小，由它产生的动载荷、振动等一般不致引起显著危害。

（3）弹性联轴器

1）弹性套柱销联轴器　弹性套柱销联轴器结构上和凸缘联轴器很近似，但是两个半联轴器的联接不用螺栓而用带橡胶或皮革套的柱销，如图 8-60 所示。为了更换橡胶套时简便而不必拆移机器，设计中应注意留出距离 B；为了补偿轴向位移，安装时应注意留出相应大小的间隙 c。弹性套柱销联轴器在高速轴上应用十分广泛，它的基本参数和主要尺寸请参阅有关设计资料。

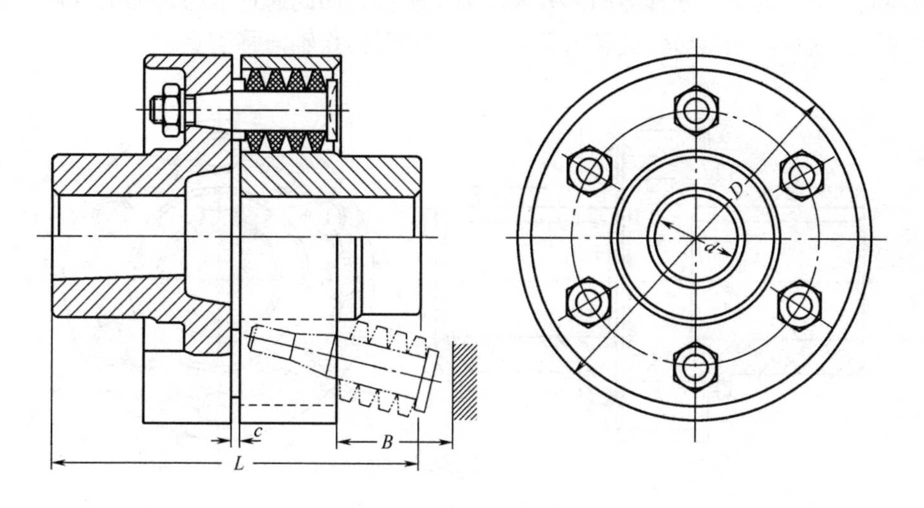

图 8-60　弹性套柱销联轴器

2）弹性柱销联轴器　如图 8-61 所示，弹性柱销联轴器是利用若干非金属材料制成的柱销置于两个半联轴器凸缘的孔中，以实现两轴的联接。柱销通常用尼龙制成，而尼龙具有一定的弹性。弹性柱销联轴器的结构简单，更换柱销方便。为了防止柱销脱出，在柱销两端配置挡圈。装配时应注意留出间隙 c。

上述两种联轴器中，动力从主动轴通过弹性件传递到从动轴。因此，它能缓和冲击、吸收振动，适用于正反向变化多，启动频繁的高速轴。最大转速可达 8000r/min，使用温度范围为 -20～60℃。

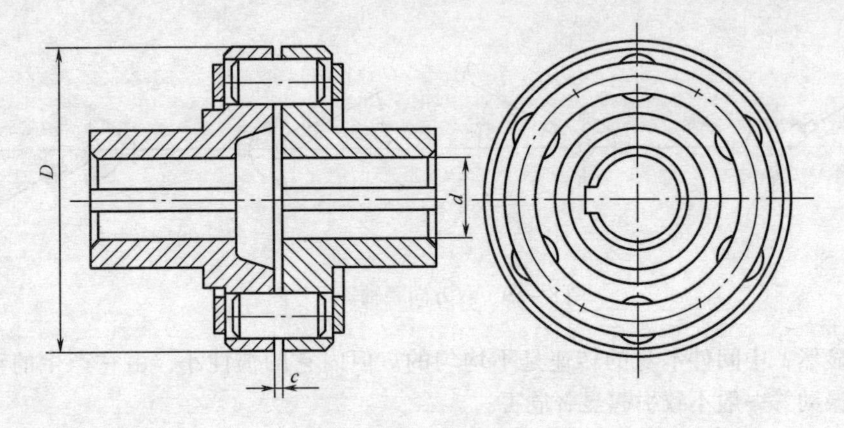

图 8－61　弹性柱销联轴器

这两种联轴器能补偿大的轴向位移。依靠弹性柱销的变形，允许有微量的径向位移和角位移。但若径向位移或角位移较大时，将会引起弹性柱销的迅速磨损，因此采用这两种联轴器时，仍需较仔细地进行安装。

3）弹性柱销齿式联轴器　如图 8－62 所示，通过安放多个橡胶或尼龙的柱销构成，由于两个半联轴器的内外圈配有圆弧槽，因此通过槽与销的啮合进行传递扭矩。这种联轴器可传递较大扭矩，但拆卸时需作轴向移动。

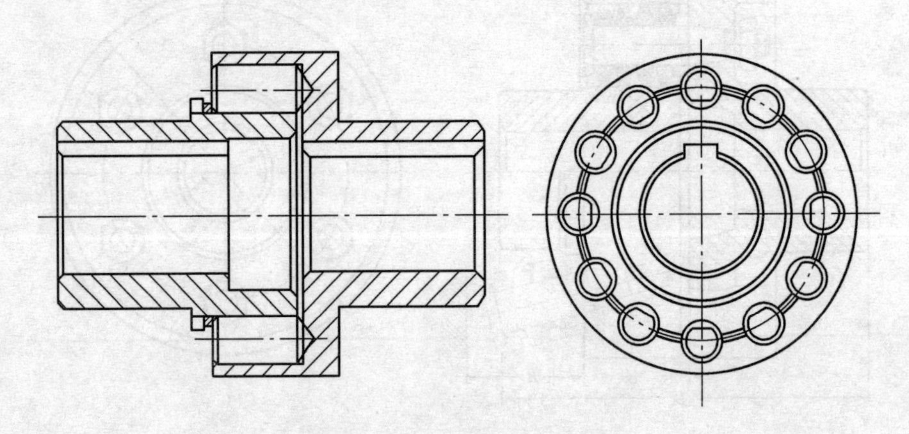

图 8－62　弹性柱销齿式联轴器

4）轮胎式联轴器　轮胎式联轴器的结构如图 8－63 所示，中间为橡胶制成的轮胎，用夹紧板与轴套联接。它的结构简单、工作可靠，由于轮胎易变形，因此它允许的相对位移较大，角位移可达 5°～12°，轴向位移可达 0.02D，径向位移可达 0.01D，D 为联轴器外径。

轮胎式联轴器适用于启动频繁、经常正反向运转、有冲击振动、两轴间有较大的相对位移量以及潮湿多尘之处。它的径向尺寸庞大，但轴向尺寸较窄，有利于缩短串接机组的总长度。它的最大转速可达 5000r/min。

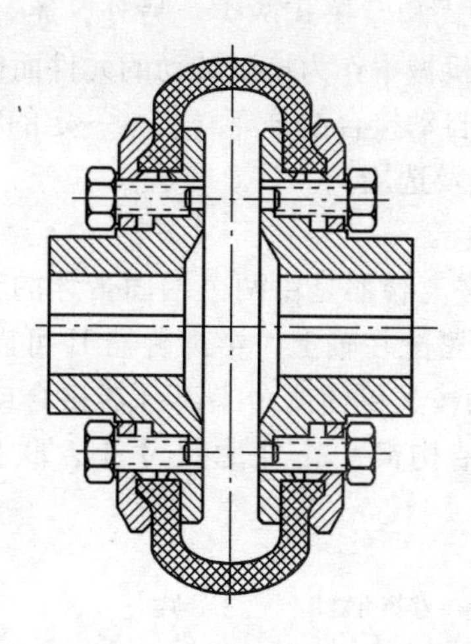

图 8 - 63　轮胎式联轴器

5）星形弹性联轴器　星形弹性联轴器如图 8 - 64 所示。两半联轴器 1、3 上均制有凸牙，用橡胶等材料制成的星形弹性件 2 放置在两半联轴器的凸牙之间。工作时，星形弹性件受压缩并传递扭矩。这种联轴器允许轴的径向位移为 0.2mm，角位移为 1°30′。因为弹性件只受压不受拉，故寿命较长。

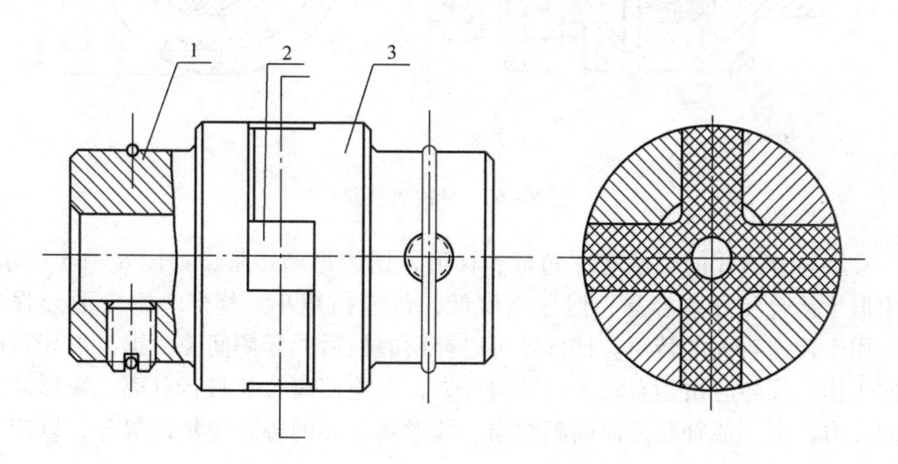

图 8 - 64　星形弹性联轴器

二、离　合　器

1. 离合器的功用与分类

离合器主要也是用作轴与轴之间的联接。与联轴器不同的是，用离合器联接的两根轴，在机器工作中就能方便地使它们分离或接合。离合器大都也已标准化了，可依据机器的工作条件选定合适的类型。

离合器主要分为啮合式和摩擦式两类。另外，还有电磁离合器和自动离合器。电磁离合器在自动化机械中作为控制转动的元件而被广泛应用。自动离合器能够在特定的工作条件下自动接合或分离（例如一定的转矩、转速或回转方向）。

2. 常用离合器的特点及选用

(1) 啮合式离合器

1）牙嵌离合器　牙嵌离合器是由两个端面带牙的套筒所组成，如图 8-65 所示。图中，半离合器 I 紧配在轴上，半离合器 II 可以沿导向平键在另一根轴上移动。利用操纵杆移动拨叉可使两个半离合器接合或分离。为便于对中，装有对中环。牙嵌离合器结构简单，外廓尺寸小，联接后两轴不会发生相对滑转。

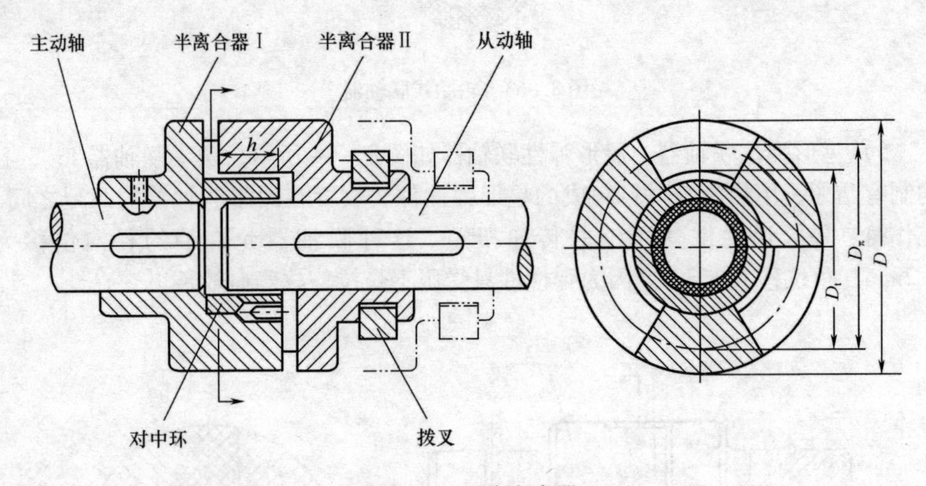

图 8-65　牙嵌离合器

常用离合器牙的形状有三角形、梯形、锯齿形和矩形，如图 8-66 所示。三角形牙接合和分离容易，但牙强度低，传递扭矩小。梯形、锯齿形牙强度高，用于传递较大的转矩。梯形牙可以补偿磨损后的牙侧间隙，锯齿形牙只能单向工作，反转时由于有较大的轴向分力，会迫使离合器自行分离。矩形牙无轴向分力，但不能补偿牙侧间隙磨损。牙形离合器的各牙应精确等分，以使载荷均布。

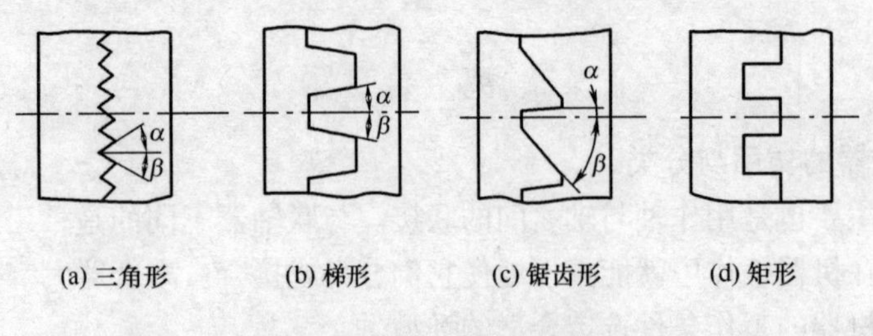

图 8-66　牙形离合器的牙形

牙嵌离合器结构简单，外廓尺寸小，能传递较大的转矩，故应用较多。但牙嵌离合器只宜在两轴不回转或转速差很小时进行接合，否则牙齿可能因受撞击而折断。

牙嵌离合器可以借助电磁线圈的吸力来操纵，称为电磁牙嵌离合器。电磁牙嵌离合器通常采用嵌入方便的三角形细牙。它依据信息而动作，所以便于遥控和程序控制。

2）弹簧式牙嵌安全离合器　弹簧式牙嵌安全离合器如图 8－67 所示。当由齿轮 1 输入的动力不能满足输出轴 2 输出的动力要求时，两个半牙嵌离合器 3、4 会由于较大的轴向分力压缩弹簧 5 而滑脱，使齿轮在轴上空转，从而保护了机器。当外载恢复正常后弹簧会使离合器复位正常运转。螺母 6 可以调整弹簧的压缩量以便达到要求的输出扭矩。

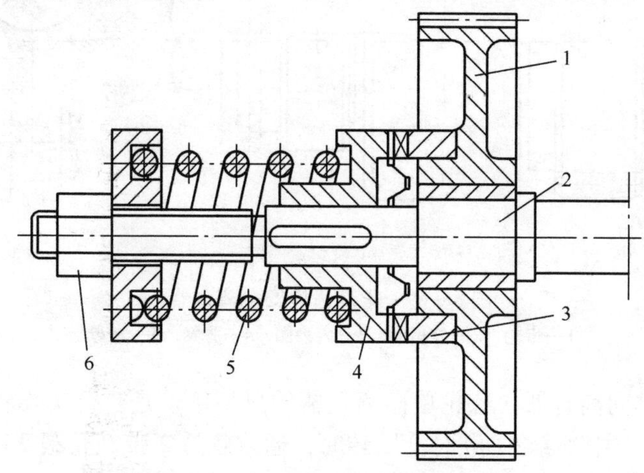

图 8－67　弹簧式牙嵌安全离合器

3）齿嵌离合器　齿嵌离合器由带内齿和外齿的两个半离合器组成，如图 8－68（a）所示。一般是由外齿半离合器 1 在轴上沿轴向移动来实现结合和分离动作，内齿半离合器 2 与轴完全固接。牙形一般如图 8－68（b）的三种类型，渐开线牙形与齿轮的加工方法相同，常用于兼作齿轮传动的场合，为了便于结合，齿端应进行倒圆。

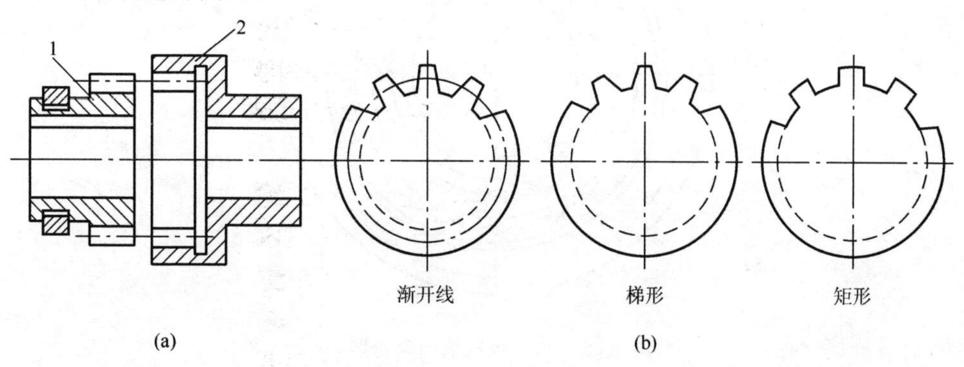

图 8－68　齿嵌离合器

4）滚珠齿嵌安全离合器　滚珠式齿嵌安全离合器是另一种自动离合器，如图 8 - 69（a）所示。动力由齿轮 1 输入经由弹簧 4 压紧的滚珠把扭矩通过外齿圈 2 带动内齿圈 3 再通过平键传给输出轴。当外载荷超过许可值时，滚珠间会滑脱，如图 8 - 69（b）所示，齿轮在轴上空转，排除故障或外载荷恢复正常后，弹簧使滚珠复位。螺母 5 用来调整弹簧预紧力。

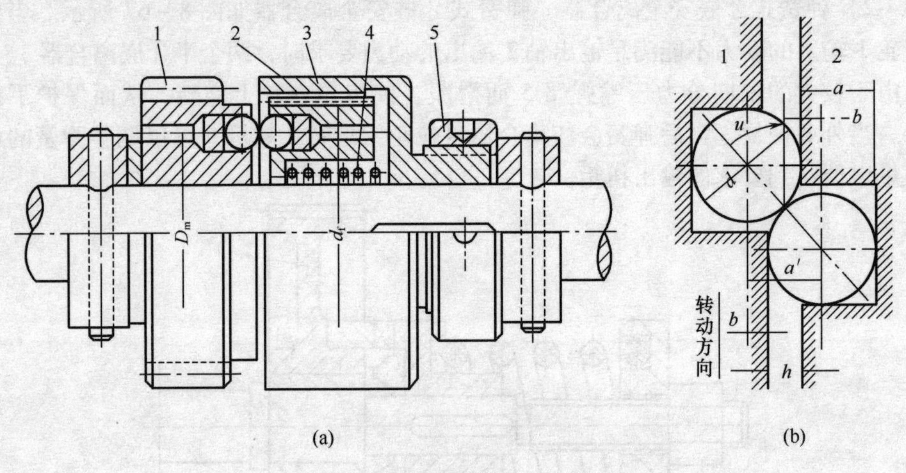

图 8 - 69　滚珠齿嵌安全离合器

1—齿轮　2—外齿圈　3—内齿圈　4—弹簧　5—螺母

5）棘轮单向离合器　棘轮单向离合器的典型例子是自行车飞轮的结构，如图 8 - 70 所示。主动链轮 1 顺时针回转时，通过棘爪 2 带动轮毂 3，使自行车后轮顺时针回转。当链轮 1 反时针回转时，棘爪 2 被压而频频滑过轮齿不起作用，轮毂 3 不转。弹簧 4 能使棘爪自动复位。

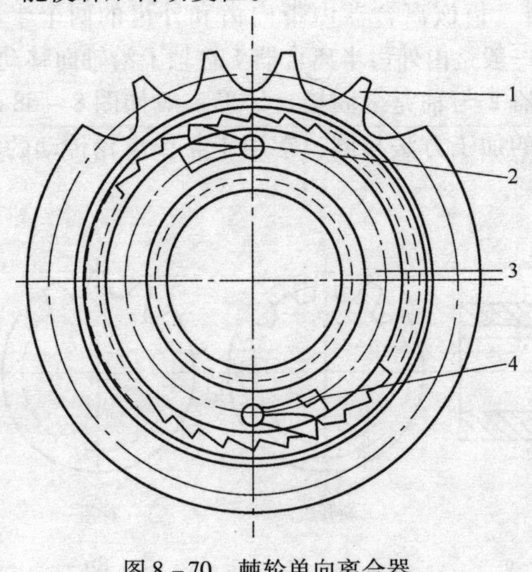

图 8 - 70　棘轮单向离合器

1—链轮　2—棘爪　3—轮毂　4—弹簧

(2) 摩擦式离合器

1) 圆盘摩擦离合器 圆盘摩擦离合器如图 8－71 所示。半离合器 3 固接在轴 1 上，另一半离合器 4 可沿轴 2 上的导向平键滑动，拨叉 5 用以使半离合器 4 实现结合、分离动作。工作时正压力 Q 在两个半离合器表面产生摩擦力。设摩擦力的合力作用在摩擦半径 R_f 的圆周上，则可传递的最大转矩为

$$T_{\max} = QfR_f$$

式中 f 为摩擦因数。

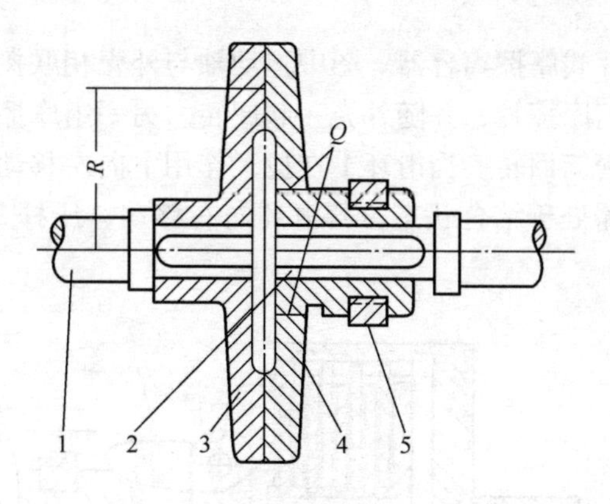

图 8－71 圆盘摩擦离合器

2) 锥面摩擦离合器 锥面摩擦离合器是由具有内、外锥面的两个半离合器组成，如图 8－72 所示。其锥角 α 越小，同样的轴向载荷下摩擦力就越大，所能传递扭矩也就越大。

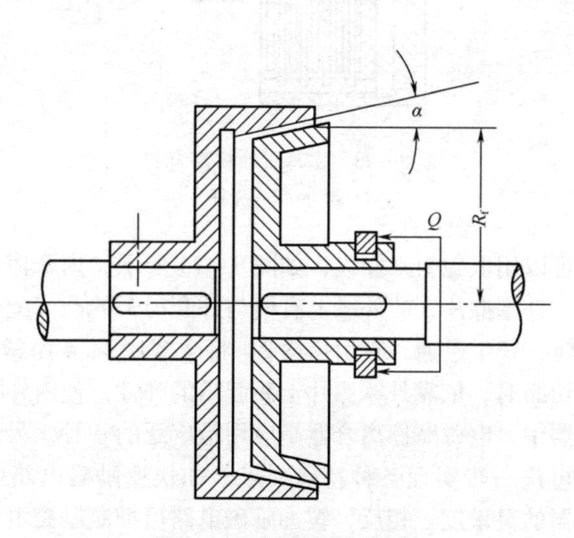

图 8－72 锥面摩擦离合器

与牙嵌离合器比较，摩擦离合器具有下列优点：

①在任何不同转速条件下两轴都可以进行接合；

②过载时摩擦面间将发生打滑，可以防止损坏其他零件；

③接合较平稳，冲击和振动较小。

摩擦离合器在正常的接合过程中，从动轴转速从零逐渐加速到主动轴的转速，因而两摩擦面间不可避免的会发生相对滑动。这种相对滑动要消耗一部分能量，并引起摩擦片的磨损和发热。

单片式摩擦离合器多用于转矩在2000N·m以下的轻型机械（如包装机械、纺织机械）。

图8－73为多片式摩擦离合器。图中主动轴与外壳相联接，从动轴与套筒联接。外壳内装有一组摩擦片，并随外壳一起回转。另一组摩擦片与套筒的纵向凹槽相联接，可带动套筒回转。当滑环1在拨叉作用下向左移动时，通过压杆2将摩擦片压紧，离合器处于结合状态，若滑环向右移动，压杆2不再压紧摩擦片，离合器即分离。

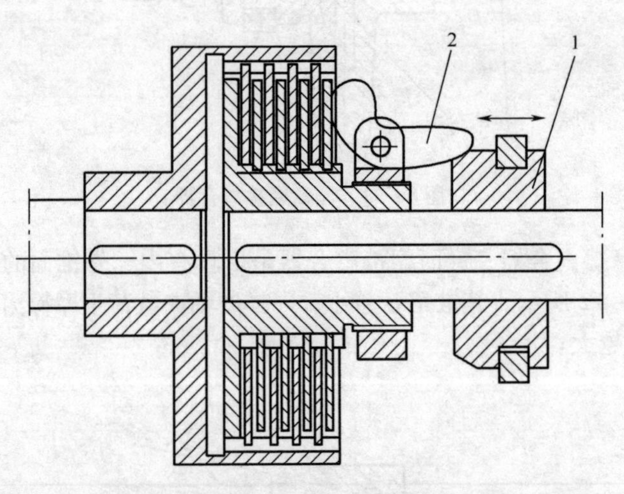

图8－73　多片式摩擦离合器

1—滑环　2—压杆

摩擦离合器可以用电磁力来操纵，如图8－74所示。内摩擦片4上有齿与带槽套筒7相配合，外摩擦片3的外缘上有槽与外套筒1的凸齿配合；当电流由接头5进入线圈6时，产生磁通，吸引衔铁2，将摩擦片3、4压紧，离合器处于接合状态。当电流切断时，依靠外摩擦片上翘起爪的弹性，使内外摩擦片分离。

在电磁离合器中，电磁摩擦离合器是应用最广泛的一种。另外，电磁摩擦离合器在电路上尚可进一步实现各种特殊要求，如快速励磁电路可以实现快速接合，提高了离合器的灵敏度。相反，缓冲励磁电路可抑制励磁电流的增长，使启动缓慢，从而避免启动冲击。

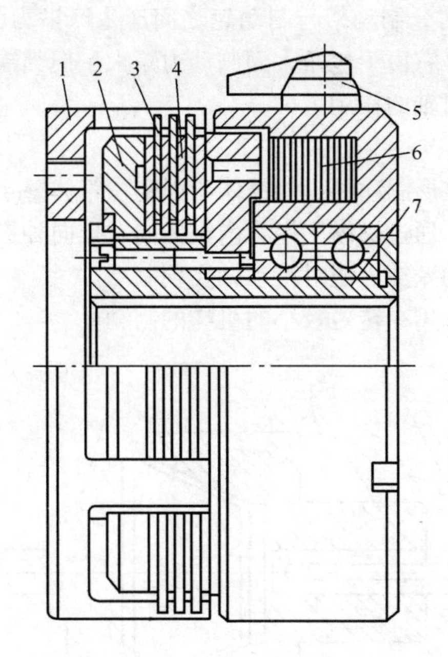

图8－74　电磁操纵摩擦离合器

1—外套筒　2—吸引衔铁　3，4—摩擦片　5—接头　6—线圈　7—带槽套筒

三、制　动　器

制动器是用来降低机械的运转速度或迫使机械停止运转。大多数的制动器采用的是摩擦制动方式。它广泛应用在机械设备的减速、停止和位置控制的过程中。制动器主要分为带式、锥形和盘式。以下介绍这三种常见的基本结构型式。

1. 带式制动器

带式制动器主要用挠性钢带包围制动轮。如图8－75所示，制动带包在制动

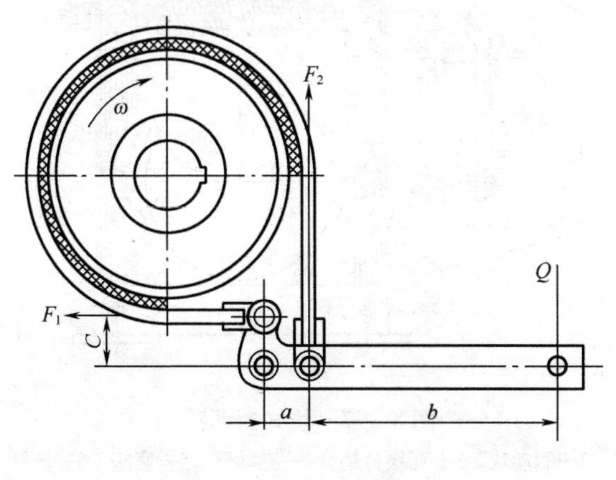

图8－75　带式制动器

轮上，当 Q 向下作用时，制动带与制动轮之间产生摩擦力，从而实现合闸制动。带式制动器结构简单，它由于包角大而制动力矩大，但其缺点是制动带磨损不均匀，容易断裂，而且对轴的作用力大。

2. 锥形制动器

图 8－76 所示为锥形制动器，外锥体 3 固定在箱体壁 4 上，内锥体 2 用导向平键与传动轴 1 联接。通过操纵手柄将内锥体向右推向外锥体，使内、外两锥体贴紧，依靠两锥面间的摩擦力矩对传动轴实现制动。

锥形制动器一般应用在转矩较小的机构的制动。

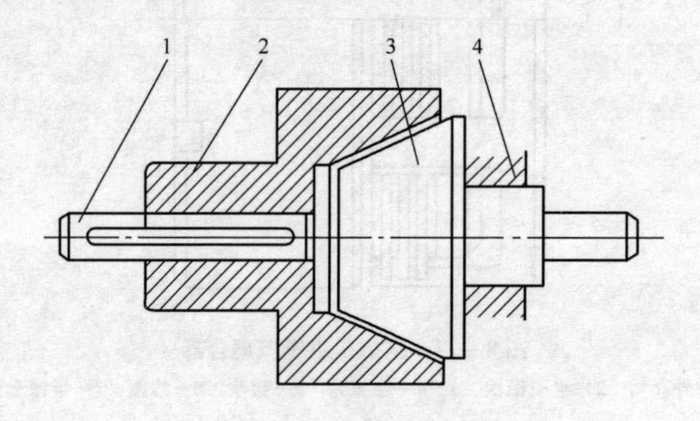

图 8－76　锥形制动器

1—传动轴　2—内锥体　3—外锥体　4—箱体壁

3. 块式制动器

图 8－77 所示为块式制动器，靠瓦块与制动轮间的摩擦力来制动。该制动器为短行程交流电磁铁外块式制动器。弹簧产生的闭锁力通过制动臂作用于制动块

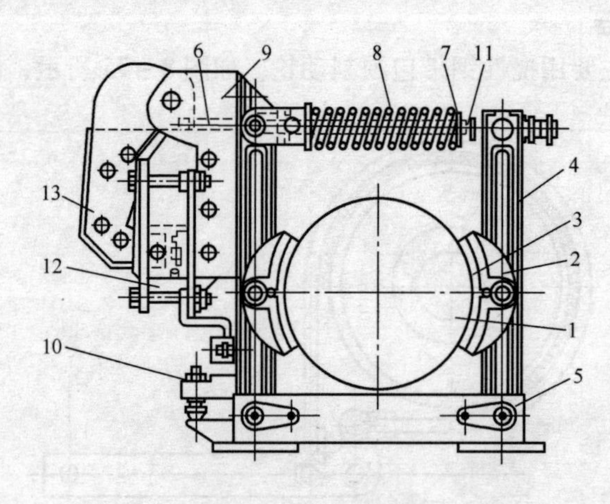

图 8－77　块式制动器

1—制动轮　2—制动块　3—瓦块衬垫　4—制动臂　5—底座　6—推杆　7—夹板
8—制动弹簧　9—松闸器　10，11—调整螺钉　12—线圈　13—衔铁

上，使制动块压向制动轮达到常闭状态。工作时，由于电磁铁线圈通电，电磁铁产生与闭锁力方向相反的吸力，由电磁线圈的吸力吸住衔铁，再通过一套杠杆使瓦块松开，机器便能自由运转。制动器也可以安排为在通电时起制动作用，但为安全起见，应安排在断电时起制动作用为好。

瓦块的材料可以用铸铁，也可以在铸铁上覆以皮革或石棉带。瓦块制动器已规范化，其型号应根据所需的制动力矩在产品目录中选取。

第五节 螺纹及其联接

在生产实践中，螺纹零件是大量应用的一种零件。

螺纹联接是一种可拆联接，其结构简单，装拆方便，联接可靠，且多数螺纹零件已标准化，生产率高，成本低廉，因而应用广泛。

一、螺纹的形成和分类

如图 8－78 所示，将一直角三角形 abc 绕在直径为 d_2 圆柱体表面上，使三角形底边 ab 与圆柱体的底边重合，则三角形的斜边 amc 在圆柱体表面形成一条螺旋线。三角形 abc 的斜边与底边的夹角 λ，称为螺纹升角。如果取一平面图形，使其平面始终通过圆柱体的轴线并沿着螺旋线运动，则这个平面在空间形成一个螺旋形体，称为螺纹。根据平面图形的形状，螺纹牙型有矩形如图 8－79（a）、三角形如图 8－79（b）、梯形如图 8－79（c）和锯齿形如图 8－79（d）等。

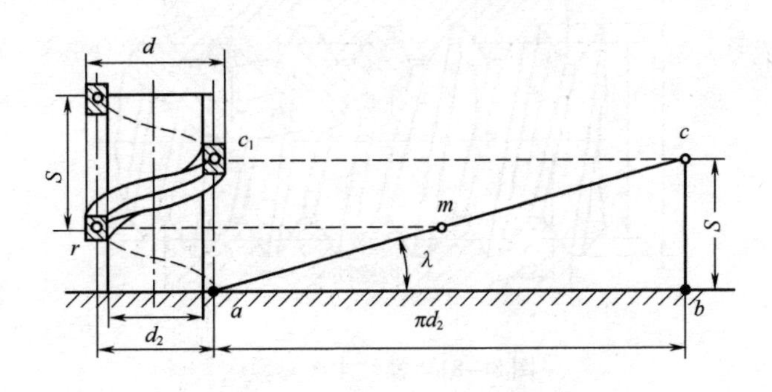

图 8－78 螺旋线的形成

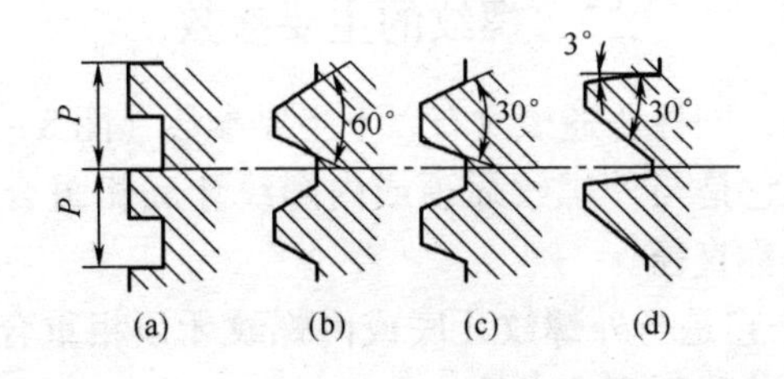

图 8－79 螺纹的牙型

根据螺旋线的绕行方向，螺纹分为右旋螺纹［图 8－80（a）］和左旋螺纹［图 8－80（b）］；根据螺纹线的数目，螺纹又可以分为单线螺纹［图 8－80（a）］、双线螺纹［图 8－80（b）］和多线螺纹［图 8－80（c）］；在圆柱体外表面上形成的螺纹称为外螺纹，在圆柱体孔壁上形成的螺纹称为内螺纹如图 8－81 所示。

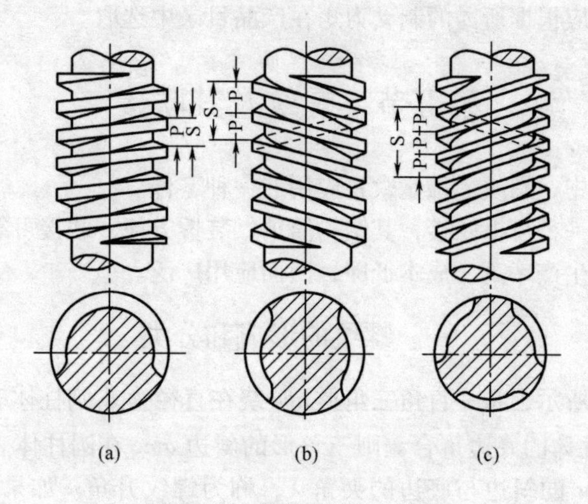

图 8－80　螺纹的旋向和线数

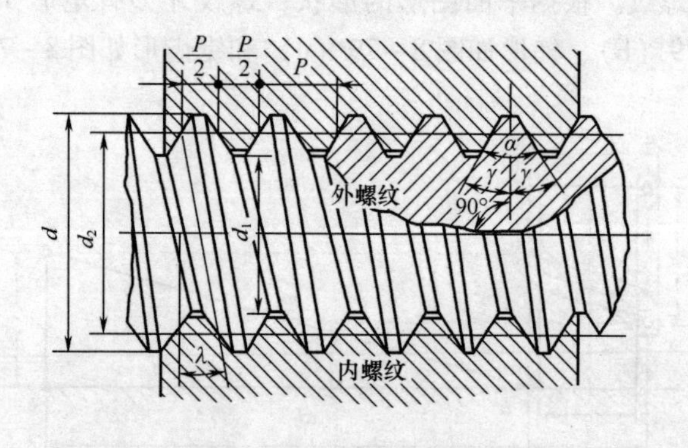

图 8－81　螺纹主要参数

二、螺纹的主要参数

以三角螺纹为例，圆柱普通螺纹有以下主要参数（图 8－81）。

（1）大径 d——它是与外螺纹牙顶或内螺纹牙底相重合的假想圆柱面的直径，一般为螺纹的公称直径。

（2）小径 d_1——它是与外螺纹牙底或内螺纹牙顶相重合的假想圆柱面的直径。一般为外螺纹的危险剖面的直径。

（3）中径 d_2——它是一个假想的圆柱面直径，该圆柱母线上的螺纹牙厚等于牙间宽。

（4）螺距 P——表示相邻两螺纹牙在中径线上对应两点间的轴向距离。

（5）线数 n——表示螺纹的螺旋线数目。

（6）导程 S——表示在同一条螺旋线上相邻两螺纹牙型在中径线上对应两点之间的轴向距离，$S = nP$。

（7）螺纹升角 λ——中径 d_2 圆柱上螺旋线的切线与螺纹轴线的垂直平面间的夹角，如图 8－81 所示，$S = \pi d_2 \tan\lambda$。

（8）牙形角 α——在螺纹轴向剖面内螺纹牙形两侧边的夹角。

（9）工作高度 H——内外螺纹牙的径向接触高度。

三、常用螺纹的类型和特点

表 8－16 列出了常用螺纹的类型和特点。

表 8－16　　常用螺纹的类型和特点

螺纹类型	牙形	特　点
普通螺纹	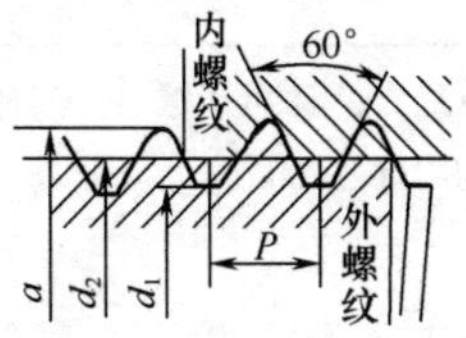	牙形为等边三角形，牙形角为 60°，外螺纹牙根允许有较大的圆角，以减少应力集中。同一公称直径的螺纹，可按螺距大小分为粗牙螺纹和细牙螺纹。一般的静联接常采用粗牙螺纹。细牙螺纹自锁性能好，但不耐磨，常用于薄壁件或者受冲击、振动和变载荷的联接中，也可用于微调机构的调整螺纹
非螺纹密封的管螺纹	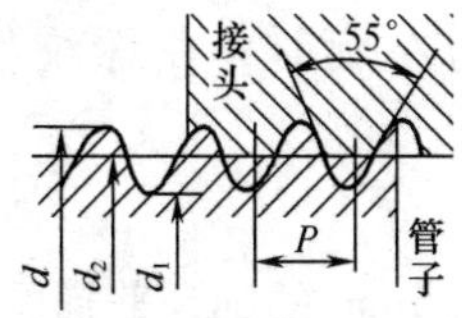	牙形为等腰三角形，牙形角为 55°，牙顶有较大的圆角。管螺纹为英制细牙螺纹，尺寸代号为管子内螺纹大径。适用于管接头、旋塞、阀门用附件
用螺纹密封的管螺纹	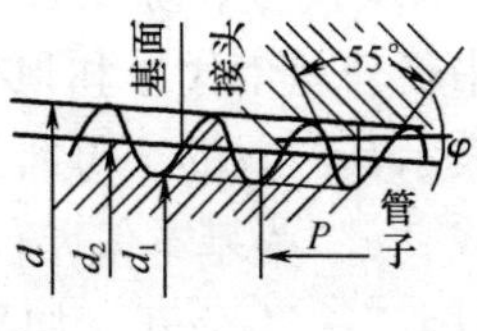	牙形角为等腰三角形，牙形角为 55°，牙顶有较大的圆角。螺纹分布在锥度为 1∶16 的圆锥管壁上。包括圆锥内螺纹与圆锥外螺纹和圆锥外螺纹与圆柱内螺纹两种联接形式。螺纹旋合后，利用本身的变形来保证联接的紧密性。适用于管接头、旋塞、阀门及附件

续表

螺纹类型	牙形	特 点
矩形螺纹	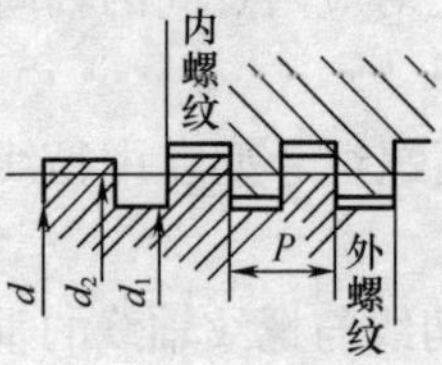	牙形为正方形。传动效率高，但牙根强度低，螺旋副磨损后，间隙难以修复和补偿。矩形螺纹无国家标准。 应用较少，目前逐渐被梯形螺纹所代替
梯形螺纹	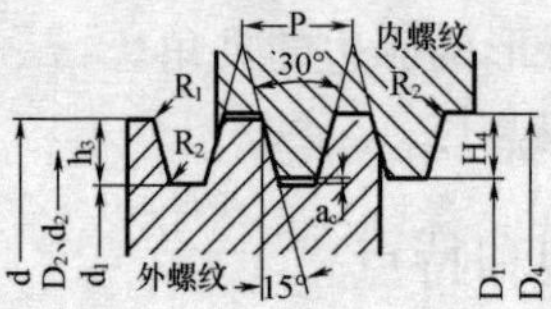	牙形为等腰梯形，牙形角为30°，传动效率低于矩形螺纹，但工艺性好，牙根强度高，对中性好。采用剖分螺母时，可以补偿磨损间隙。梯形螺纹是最常用的传动螺纹
锯齿形螺纹	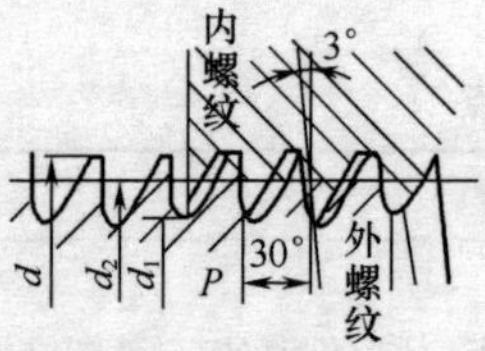	牙形为不等腰梯形，工作面的牙形角为3°，非工作面的牙形角为30°。外螺纹的牙根有较大的圆角，以减少应力集中。内、外螺纹旋合后大径处无间隙，便于对中，传动效率高，而且牙根强度高。 适用于承受单向载荷的螺旋传动

注：公称直径相同的普通螺纹有不同大小的螺距，其中螺距最大的称粗牙螺纹，其他的则称细牙螺纹。普通粗牙螺纹常用尺寸（包括 d、P、d_1、d_2，查有关手册 GB 196—2003）。

四、螺纹代号与标记

1. 普通螺纹的代号与标记

（1）普通螺纹代号　粗牙普通螺纹用字母 M 及公称直径表示；细牙普通螺纹用字母 M 及公称直径 × 螺距表示。当螺纹为左旋时，在螺纹代号之后加“LH”字。例如：

M24　表示公称直径为24mm的粗牙普通螺纹；

M24×1.5　表示公称直径为24mm、螺距为1.5mm的细牙普通螺纹；

M24×1.5LH　表示公称直径为24mm、螺距为1.5mm、方向为左旋的细牙普通螺纹。

（2）普通螺纹标记　普通螺纹的完整标记由螺纹代号、螺纹公差带代号和螺纹旋合长度代号所组成，螺纹公差带代号包括中径公差带代号和顶径公差带代号。公差带代号由表示其大小的公差等级数字和表示其位置的字母所组成，例如6H，6g等。其中：“6”为公差等级数字。“H”或“g”为基本偏差代号。

螺纹公差带代号标注在螺纹代号之后，中间用“—”分开。如果螺纹的中径公差带与顶径公差带代号不同，则分别注出。前者表示中径公差带，后者表示

顶径公差带。如果中径公差带与顶径公差带相同，则只标注一个代号。例如 M10—5g6g

M10——表示公称直径 10mm 的粗牙普通螺纹

5g　中径公差带代号

6g　顶径公差带代号

M10 ×1——6H

M10 ×1　公称直径 10mm、螺距为 1mm 的细牙普通螺纹

6H　中径和顶径公差带代号（相同）

内、外螺纹装配在一起，其公差带代号用斜线分开，左边表示内螺纹公差带代号，右边表示外螺纹公差带代号。例如：M20 ×2——6H/6g

M20 ×2　公称直径 20mm、螺距 2mm 的细牙普通螺纹

6H　内螺纹中径和顶径公差带代号

6g　外螺纹中径和顶径公差带代号

M20 ×2LH——6H/5g6g

20 ×2　公称直径 20mm、螺距 2mm、方向左旋的细牙普通螺纹

6H　内螺纹中径和顶径公差带代号

5g　外螺纹中径公差带代号

6g　外螺纹顶径公差带代号

螺纹旋合长度是指两个相互配合的螺纹沿螺纹轴线方向相互旋合部分的长度。螺纹的旋合长度分为三组，分别称为短旋合长度、中旋合长度和长旋合长度，相应的代号为 S，N，L。

在一般情况下，不标注螺纹旋合长度，使用时按中等旋合长度确定。必要时，在螺纹公差带之后加注旋合长度代号 S 或 L，中间用“—”分开。特殊需要时，可注明旋合长度的数值，中间用“—”分开。例如：M10—5g6g—S

M10—7H—L

M20 ×2—7g6g—40

2. 管螺纹的标记

（1）用螺纹密封的管螺纹的标记　用螺纹密封的管螺纹的标记由螺纹特征代号和尺寸代号组成。螺纹特征代号有 3 个；字母 Rc 表示圆锥内螺纹；字母 Rp 表示圆柱内螺纹；字母 R 表示圆锥外螺纹。当螺纹为左旋时，在尺寸代号后加注“LH”，用“—”分开。内、外螺纹装配在一起时，内、外螺纹的标记用斜线分开，左边表示内螺纹，右边表示外螺纹其标记示例如下：

圆锥内螺纹　Rc$1\frac{1}{2}$

左旋圆锥外螺纹　R$1\frac{1}{2}$—LH

圆柱内螺纹与圆锥外螺纹的配合　$R_p2\frac{1}{2}/R2\frac{1}{2}$

左旋圆锥内螺纹与圆锥外螺纹的配合　$Rc1\frac{1}{4}/R1\frac{1}{4}$—LH

（2）非螺纹密封的管螺纹的标记　非螺纹密封的管螺纹的标记由螺纹特征代号、尺寸代号和公差等级代号组成。螺纹代号特征用字母表示。螺纹公差等级代号，对外螺纹分两极；对内螺纹则不标记。当螺纹为左旋时，在公差等级代号后加注“LH”，用“—”分开。内、外螺纹在一起时，内、外螺纹的标记用斜线分开，左边表示内螺纹，右边表示外螺纹。其标记如下：

内螺纹　$G1\frac{1}{2}$

A级外螺纹　$G1\frac{1}{2}A$

左旋B级外螺纹　$G1\frac{1}{2}B$—LH

右旋螺纹副　$G1\frac{1}{2}/G1\frac{1}{2}A$

左旋螺纹副　$G1\frac{1}{2}/G1\frac{1}{2}A$—LH

3. 梯形螺纹的代号与标记

（1）梯形螺纹代号　符合GB 5796.1—1986标准的梯形螺纹用“Tr”表示。单线螺纹的尺寸规格用“公称尺寸×螺距”表示；多线螺纹用“公称直径×导程（P螺距）”表示。当螺纹为左旋时，在尺寸规格之后加注“LH”。示例如下

单线螺纹　Tr40×7

Tr　螺纹种类代号

40　公称直径40mm

7　螺距7mm

多线左旋螺纹Tr40×14（P7）LH

Tr　螺纹种类代号

40　公称直径40mm

14　导程14mm

（P7）　螺距7mm

LH　左旋螺纹

（2）梯形螺纹标记　梯形螺纹的标记由梯形螺纹代号、公差带代号及旋合长度代号组成

梯形螺纹的公差带代号只标注中径公差带（由表示公差等级的数字及公差带位置的字母组成）。

旋合长度分 N，L 两组。当旋合长度为 N 组时，不标注组别代号 N；当旋合长度为 L 组时，应将组别代号 L 写在公差带代号的后面，并用“—”隔开。特殊需要时可用具体旋合长度数值代替组别代号 L。

梯形螺旋副的公差带要分别标注出内、外螺纹的公差带代号。前面的是内螺纹公差带代号，后面的是外螺纹公差带代号，中间用“/”分开。标记示例如下：

内螺纹　Tr40 ×7—7H

外螺纹　Tr40 ×7—7e

左旋外螺纹　Tr40 ×7LH—7e

螺旋副　Tr40 ×7—7H/7e

旋合长度为 L 组的多线外螺纹　Tr40 ×14（P7）—8e—L

旋合长度为特殊需要的外螺纹　Tr40 ×7—7e—140

五、螺纹联接的基本类型

螺纹联接的基本类型有螺栓联接、双头螺栓联接、螺钉联接和紧定螺钉联接，如表 8 – 17 所示。

表 8 – 17　　螺纹联接的基本类型及其应用

类型	结构图	尺寸关系	特点与应用
普通螺栓联接	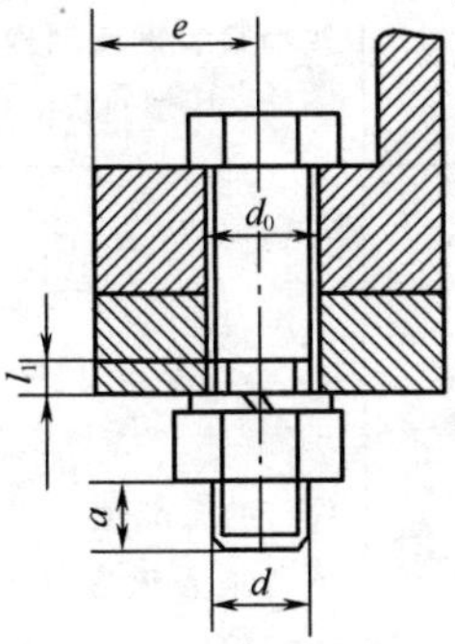	普通螺栓的螺纹余量长度 l_1 为 静载荷 L_1 （0.3 ~0.5） d 变载荷 L_1　$0.75d$ 铰制孔用螺栓的静载荷 L_1 应尽可能小于螺纹伸出长度 a $a=$ （0.2 ~0.3） d 螺纹轴线到边沿的距离 e $e=d+$ （3 ~6） mm 螺栓孔直径 d_0 普通螺栓：$d_0=1.1d$； 铰制孔用螺栓：d_0 按 d 查有关标准	结构简单，装拆方便，对通孔加工精度要求低，应用最广泛
铰制孔用螺栓联接	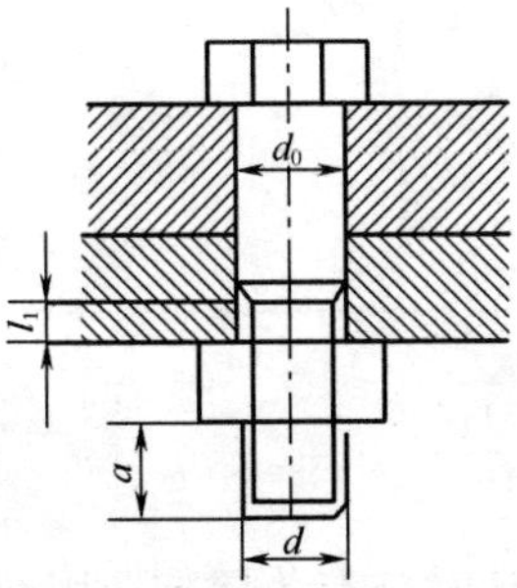		孔与螺栓杆之间没有间隙采用基孔制过渡配合。用螺栓杆承受横向载荷或者固定被联接件的相对位置

续表

类型	结构图	尺寸关系	特点与应用
螺钉联接	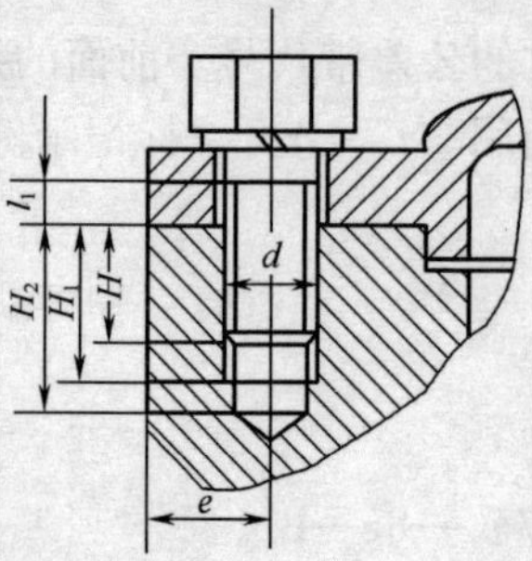	螺纹拧入深度 H 为 钢或青铜：$H=d$ 铸铁：$H=(1.25\sim1.5)\ d$ 铝合金：$H=(1.5\sim2.5)\ d$ 螺纹孔深度： $H_1=H+(2\sim2.5)\ P$ 钻孔深度： $H_2=H_1+(0.5\sim1)\ d$ l_1、a、e 值与普通螺栓联接相同	螺钉联接不用螺母，而是直接把螺钉的螺纹部分拧进被联接件之一的螺纹孔中实现联接。其主要用于被联接件之一太厚或结构上受限制而不能采用螺栓联接且不需经常装拆的场合
双头螺栓联接	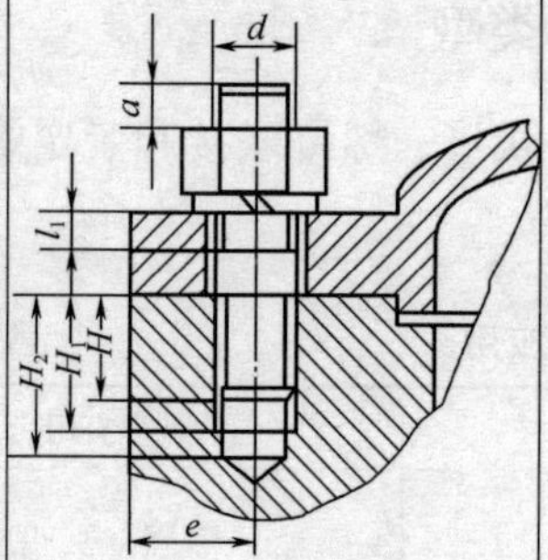		双头螺栓的两端均有螺纹。其一端的螺纹紧固在被联接件之一的螺纹孔中，另一端则穿过另一被联接件的孔并用螺母拧紧，从而将被联接件连在一起。拆卸时只需旋下螺母，螺栓仍留在螺纹孔内，故螺纹孔不易损坏。主要用于被联接件之一太厚而需经常装拆或结构上受限制不能采用螺栓联接的场合
紧定螺钉联接	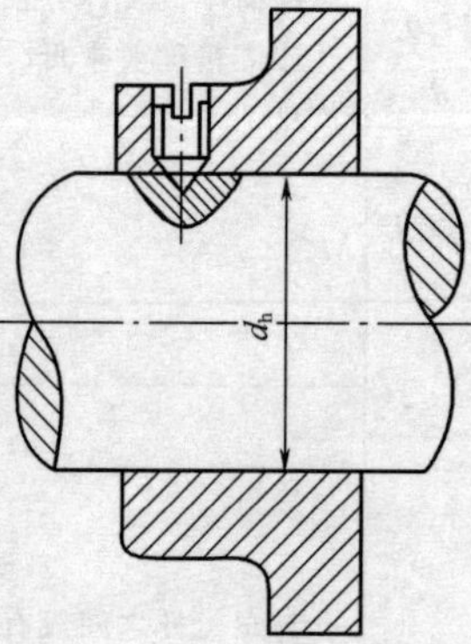	$d=(0.2\sim0.3)\ d_h$，当力和转矩较大时取较大值	螺钉的末端顶住零件的表面或者顶入该零件的凹坑中，将零件固定；它可以传递不大的载荷

六、标准螺纹联接件

螺纹联接件的结构形式和尺寸已经标准化，设计时查有关标准选用即可。常用螺纹联接件的类型、结构特点和应用如表 8－18 所示。

表 8－18　　常用螺纹联接件的类型、结构特点及应用

类型	图例	结构特点及应用
六角头螺栓	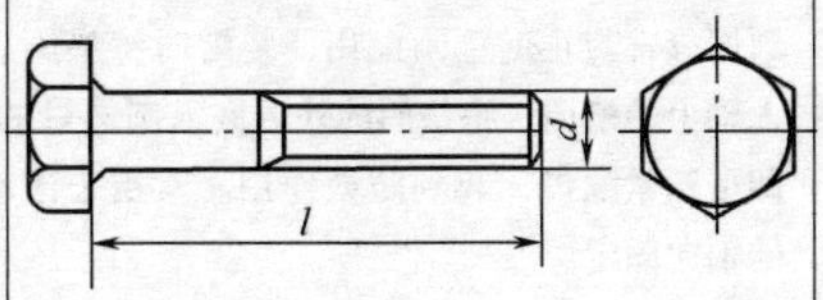	应用最广。螺杆可制成全螺纹或者部分螺纹，螺距有粗牙和细牙。螺栓头部有六角头和小六角头两种。其中小六角头螺栓材料利用率高、机械性能好，但由于头部尺寸较小，不宜用于装拆频繁、被联接件强度低的场合
双头螺栓	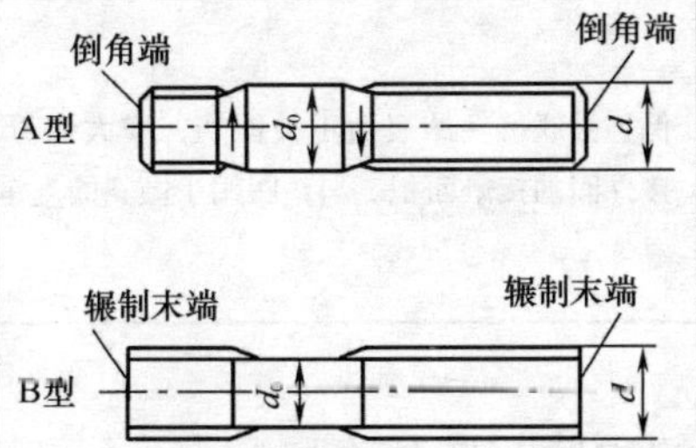	螺栓两头都有螺纹，两头的螺纹可以相同也可以不相同，螺栓可带退刀槽或者制成腰杆，也可以制成全螺纹的螺柱，螺柱的一端常用于旋入铸铁或者有色金属的螺纹孔中，旋入后不拆卸，另一端则用于安装螺母以固定其他零件
螺钉	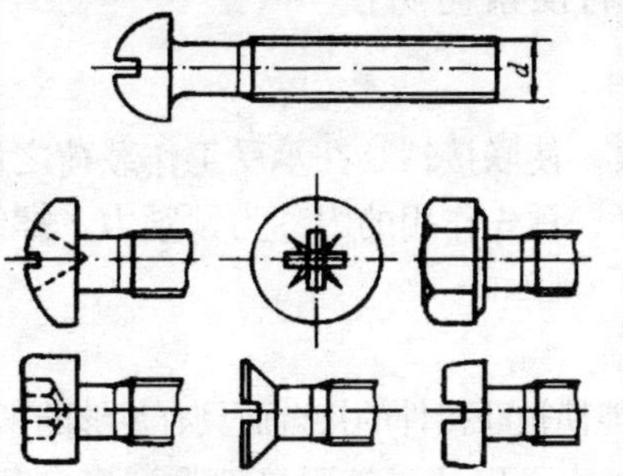	螺钉头部形状有圆头、扁圆头、六角头、圆柱头和沉头等。头部的起子槽有一字槽、十字槽和内六角孔等形式。十字槽螺钉头部强度高、对中性好，便于自动装配。内六角孔螺钉可承受较大的扳手扭矩，联接强度高，可替代六角头螺栓，用于要求结构紧凑的场合
紧定螺钉	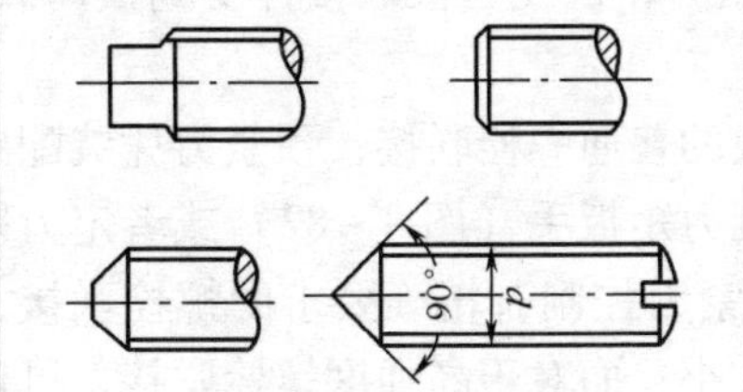	紧定螺钉常用的末端形式有锥端、平端和圆柱端。锥端适用于被紧定零件的表面硬度较低或者不经常拆卸的场合；平端接触面积大，不会损伤零件表面，常用于顶紧硬度较大的平面或者经常装拆的场合；圆柱端压入轴上的凹槽中，适用于紧定空心轴上的零件位置
自攻螺钉	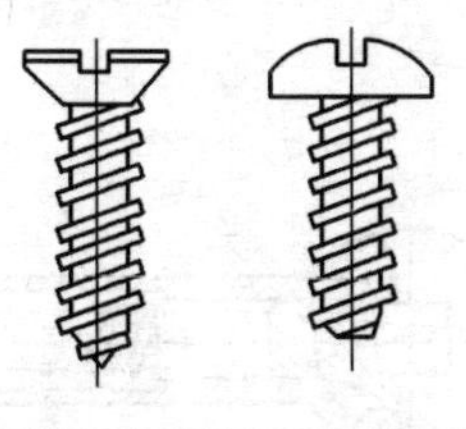	螺钉头部形状有圆头、六角头、圆柱头、沉头等。头部的起子槽有一字槽、十字槽等形式。末端形状有锥端和平端两种。多用于联接金属薄板、轻合金或者塑料零件，螺钉在联接时可以直接攻出螺纹
六角螺母	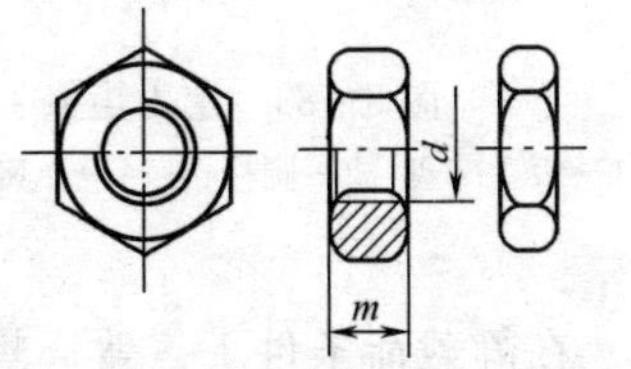	根据螺母厚度不同，可分为标准型和薄型两种。薄螺母常用于受剪力的螺栓上或者空间尺寸受限制的场合

续表

类型	图例	结构特点及应用
圆螺母		圆螺母常与止退垫圈配用，装配时将垫圈内舌插入轴上的槽内，将垫圈的外舌嵌入圆螺母的槽内，即可锁紧螺母，起到防松作用。常用于滚动轴承的轴向固定
垫圈	平垫圈 斜垫圈	保护被联接件的表面不被擦伤，增大螺母与被联接件间的接触面积。斜垫圈用于倾斜的支承面

七、螺纹联接的预紧与防松

1. 螺纹联接预紧

螺纹联接装配时，一般都要拧紧螺纹，使联接螺纹在承受工作载荷之前，受到预先作用的力，这就是螺纹联接的预紧，预先作用的力称为预紧力。螺纹联接预紧的目的在于：

（1）防止联接在工作中松动；

（2）确保联接在受到工作载荷后，仍能使被联接件的接合面具有足够的紧密性；

（3）在被联接件的接合面间产生正压力，以便当被联接件受到横向载荷时，被联接件间不产生相对滑动。

预紧力的控制方法有多种。对于一般的普通螺栓联接，预紧力凭装配经验控制；对于较重要的普通螺栓联接，可用测力矩扳手（图 8－82）或者定力矩扳手（图 8－83）来控制预紧力大小；对于预紧力控制有精确要求的螺栓联接，可采用测量螺栓伸长的变形量来控制预紧力大小；而对于高强度螺栓联接，可以采用测量螺母转角的方法来控制预紧力大小。

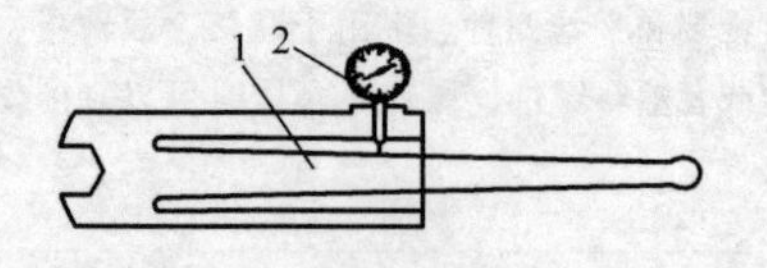

图 8－82　测力矩扳手

1—弹性组件　2—力矩读数

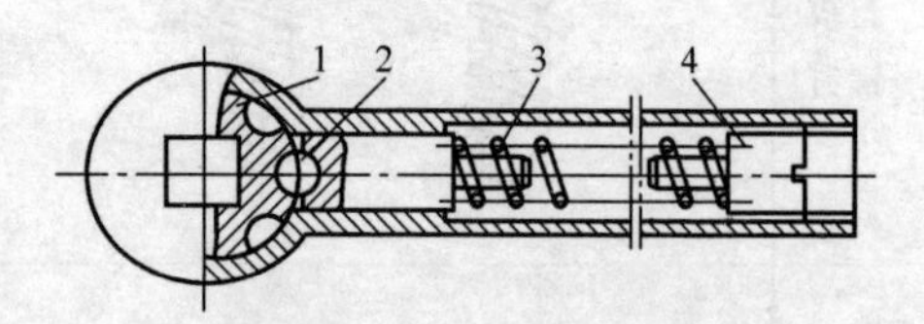

图 8－83　定力矩扳手

1—扳手卡盘　2—圆柱销　4—弹簧　4—螺钉

2. 螺纹联接的防松

松动是螺纹联接最常见的失效形式之一。在静载荷条件下，普通螺栓由于螺纹的自锁性一般可以保证螺栓联接的正常工作，但是，在冲击、振动或者变载荷作用下，或者当温度变化很大时，螺纹副间的摩擦力可能减少或者瞬时消失，致使螺纹联接产生自动松脱现象，特别是在交通、化工和高压密闭容器等设备、装置中，螺纹联接的松动可能会造成重大事故的发生。为了保证螺纹联接的安全可靠，许多情况下螺栓联接都采取一些必要的防松措施。

螺纹联接防松的本质就是防止螺纹副的相对运动。按照工作原理来分，螺纹防松有摩擦防松、机械防松、破坏性防松以及粘合法防松等多种方法。常用螺纹防松方法见表 8－19。

表 8－19　　　　　　　　螺纹联接的常用防松方法

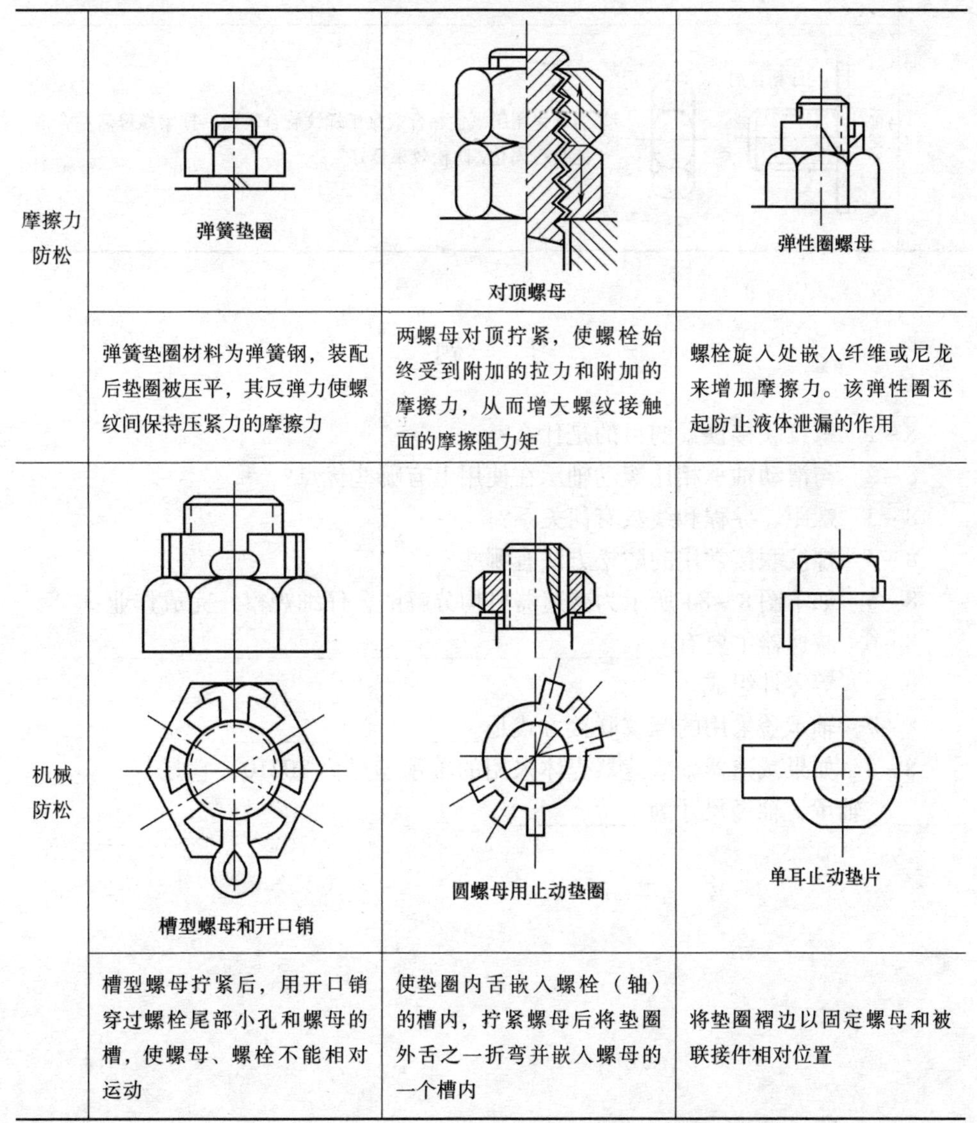

摩擦力防松	弹簧垫圈	对顶螺母	弹性圈螺母
	弹簧垫圈材料为弹簧钢，装配后垫圈被压平，其反弹力使螺纹间保持压紧力的摩擦力	两螺母对顶拧紧，使螺栓始终受到附加的拉力和附加的摩擦力，从而增大螺纹接触面的摩擦阻力矩	螺栓旋入处嵌入纤维或尼龙来增加摩擦力。该弹性圈还起防止液体泄漏的作用
机械防松	槽型螺母和开口销	圆螺母用止动垫圈	单耳止动垫片
	槽型螺母拧紧后，用开口销穿过螺栓尾部小孔和螺母的槽，使螺母、螺栓不能相对运动	使垫圈内舌嵌入螺栓（轴）的槽内，拧紧螺母后将垫圈外舌之一折弯并嵌入螺母的一个槽内	将垫圈褶边以固定螺母和被联接件相对位置

续表

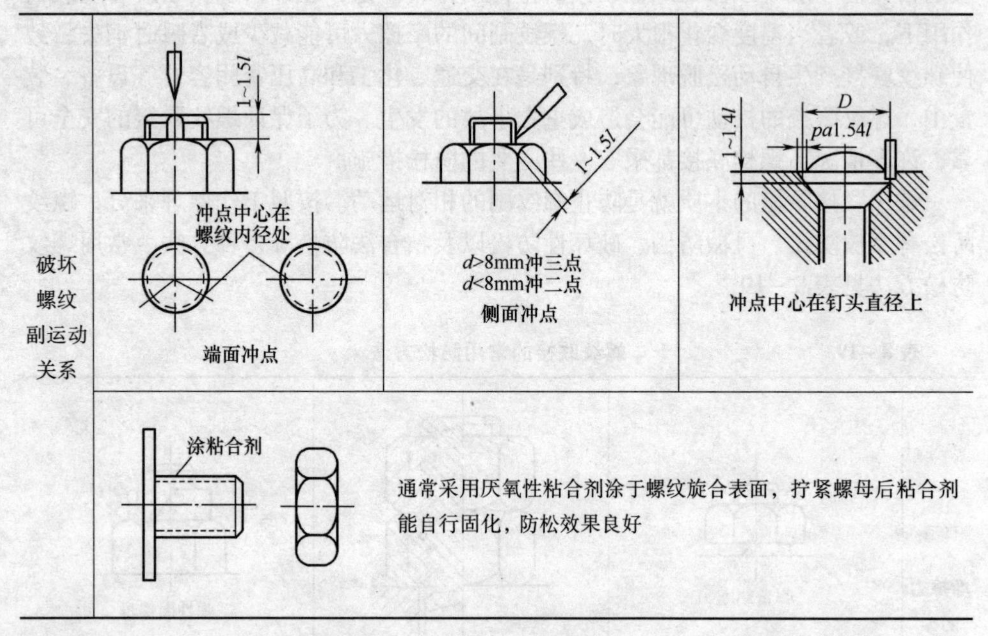

习 题

8－1　螺纹联接预紧的目的是什么？

8－2　与滑动轴承相比滚动轴承在使用上有哪些优点？

8－3　螺距、导程和线数有何关系？

8－4　螺纹联接常用的防松方法有哪些？

8－5　如下图 8－84 所示为减速器机构分解图，仔细观察，完成作业：

8－6　减速器主要有________、________、________、________、________等零件组成。

8－7　轴承盖采用的螺纹联接方式是____________。

8－8　如果减速器轴减速器壳体采用的轴承型号为 30210，它是____________轴承，轴径尺寸为________。

图 8－84　减速器机构分解图

第九章　液压传动和液力传动

第一节　概　　述

一部完整的机器是由原动机部分、传动机构及控制部分、工作机部分（含辅助装置）组成。原动机包括电动机、内燃机等。工作机即完成该机器工作任务的直接工作部分，如汽车的车轮等。由于原动机的功率和转速变化范围有限，为了使工作机的工作力和工作速度变化范围更宽，以及使操纵性能更好等方面的要求，在原动机和工作机之间设置了传动机构，其作用是把原动机输出的功率经过变换后，传递给工作机。

常见的传动机构分为机械传动机构、电气传动机构和流体传动机构。流体传动的特点是使用流体作为工作介质进行能量转换、传递和控制。流体传动包括液压传动、液力传动和气压传动。

图 9 - 1　大型矿用自卸车

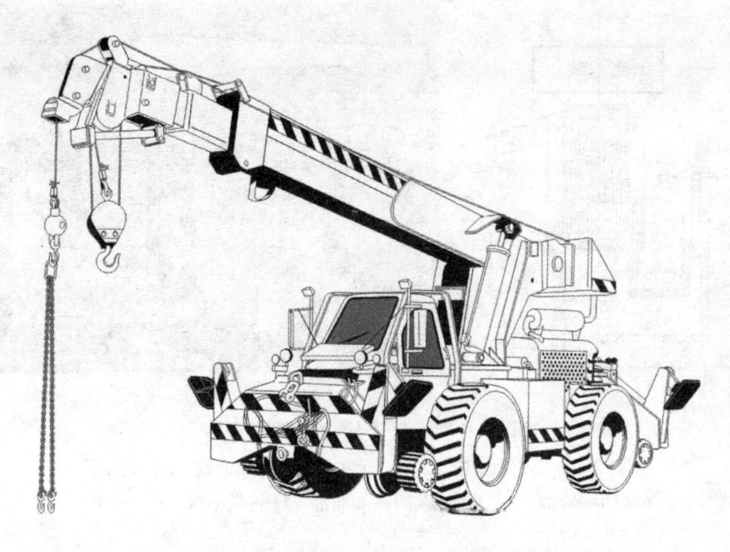

图 9－2　轮式起重机

一、液压传动的功用

液压传动是利用液体的压力传递能量。目前液压传动被广泛应用于汽车、机械制造、工程建筑、农业机械、交通运输、航空航天、军事装备等各个工程技术领域。如图 9－1、图 9－2 的应用。

图 9－3 是液压千斤顶的工作原理图。大油缸 9 和大活塞 8 组成举升液压缸。杠杆手柄 1、小油缸 2、小活塞 3、单向阀 4 和 7 组成手动液压泵。如提起手柄使小活塞向上移动，小活塞下端油腔容积增大，形成局部真空，这时单向阀 4 打开，通过吸油管 5 从油箱 12 中吸油；用力压下手柄，小活塞下移，小活塞下腔压力升高，单向阀 4 关闭，单向阀 7 打开，下腔的油液经管道 6 输入举升油缸 9 的下腔，迫使大活塞 8 向上移动，顶起重物。再次提起手柄吸油时，单向阀 7 自动关闭，使油液不能倒流，从而保证了重物不会自行下落。不断地往复扳动手柄，就能不断地把油液压入举升缸下腔，使重物逐渐地升起。如果打开截止阀 11，举升缸下腔的油液通过管道 10、截止阀 11 流回油箱，重物就向下移动。这就是液压千斤顶的工作原理。

通过对上面液压千斤顶工作过程的分析，可以初步了解到液压传动的基本工作原理。液压传动是利用有压力的油液作为传递动力的工作介质。压下杠杆时，小油缸 2 输出压力油，是将机械能转换成油液的压力能，压力油经过管道 6 及单向阀 7，推动大活塞 8 举起重物，是将油液的压力能又转换成机械能。大活塞 8 举升的速度取决于单位时间内流入大油缸 9 中油容积的多少。由此可见，液压传动是一个不同能量的转换过程。

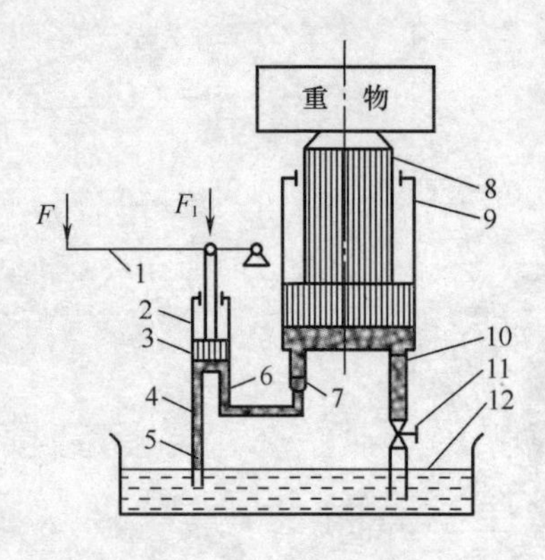

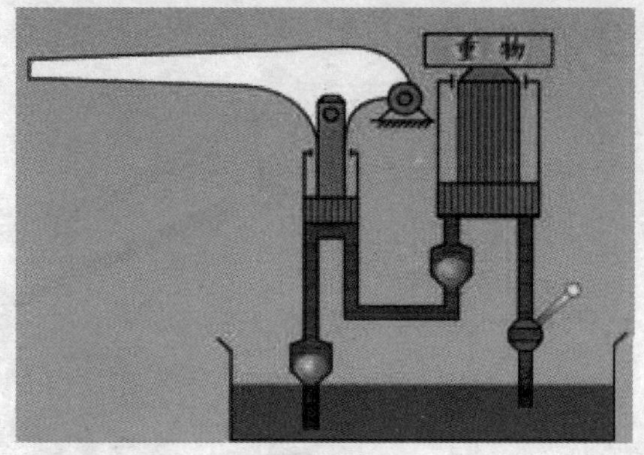

图 9－3　液压千斤顶工作原理图

1—杠杆手柄　2—小油缸　3—小活塞　4，7—单向阀　5—吸油管　6，10—管道　8—大活塞　9—大油缸　11—截止阀　12—油箱

二、液压传动系统的组成

液压系统主要由四部分组成：

（1）动力元件：将原动机输出的机械能转换成液体压力能的元件，常见的动力元件为液压泵，有些液压系统的动力元件为人力，如千斤顶；

（2）执行元件：把液体压力能转换成机械能以驱动工作机构的元件，常见的执行元件包括液压缸和液压马达；

（3）控制元件：对液压系统中的油液压力、流量、方向进行控制和调节的元件。包括压力、方向、流量控制阀等各种阀门；

（4）辅助元件：上述元件的之外的其他元件，如油管、接头、油箱、滤油器等。

三、液压系统图形符号

在实际工作中，除了少数特殊情况之外，一般都采用 GB/T 786.4—1993 所规定的液压与气动图形符号来绘制。元件图形符号表示元件的功能，不表示元件的具体结构和工作参数；反映各元件在油路连接上的关系，不反映元件在空间上的具体安装位置；反映系统各元件静止位置或者初始位置的工作状态，不反映其过渡过程。

第二节　液压传动系统的特点

一、液压传动系统的优点

与机械传动和电气传动相比，液压传动有如下优点：

（1）液压执行元件体积小、重量轻、结构紧凑，功率密度（即单位体积所具有的功率）大；

（2）液压传动元件布置方便、灵活；

（3）液压装置工作平稳，反应迅速，易于实现快速启动、制动和频繁的换向；

（4）操作方便，可实现大范围的无级调速；

（5）工作介质为矿物油，相对运动面可自行润滑，使用寿命长；

（6）容易实现直线运动；

（7）当使用电气系统或者计算机控制时，可实现大负载、高精度、远程自动控制；

（8）液压元件已实现标准化、系列化和通用化，便于生产和设计。

二、液压传动系统的缺点

（1）由于液压油具有可压缩性和系统泄漏等原因，液压传动不能保证精密的传动比；

（2）液压系统的工作性能容易受到温度变化的影响，不宜在环境温度很高或很低的条件下工作；

（3）液压油的流动存在阻力和泄漏，因此传动效率不高；

（4）液压油若处理不当能引起火灾和爆炸事故，而且容易产生污染；

（5）液压元件为了减少泄漏，设计制造的精度较高，因此成本较高。

第三节　液压传动的基本参数

液压传动系统是靠液体流动来实现能量转换和传递，因此工作介质的压力和流量是液压系统设计，检测，调试的重要参数。

一、压　　力

如图 9－4 所示，封闭液压缸内油液被活塞施加的外力 F 挤压时，对活塞有个反作用力 F_p，F 和 F_p 大小相等，方向相反，活塞受力平衡。如果活塞有效作用面积为 A，则油液作用于活塞单位面积上的力为 F_p/A，活塞作用在油液单位面积上的力为 F/A。

作用在油液单位面积上的力物理上称为压强，工程上则习惯称为压力。

$$p = F/A$$

式中　p——油液的压力，Pa

F——作用在油液表面的外力，N

A——活塞的有效作用面积，m^2

二、流　　量

单位时间内流过管道或液压缸某一截面的油液体积称为流量。

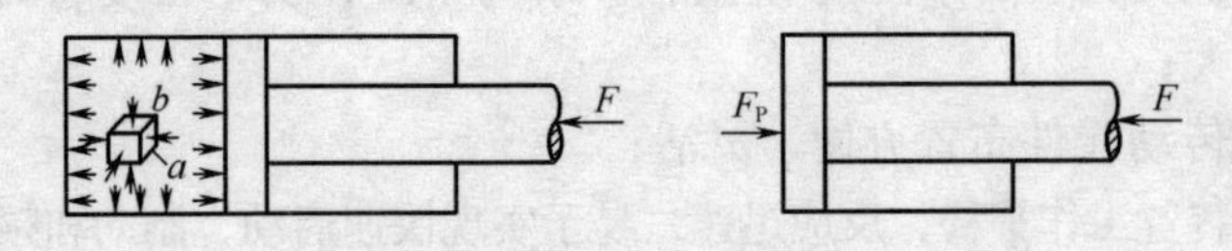

图9-4　油液压形成

$$Q = V/t$$

式中　Q——流量，m^3/s

V——t时间内流过某一截面的油液体积，m^3

t——时间，s

三、活塞运动速度与流量的关系

活塞运动的位移是由于油液进入液压缸迫使液压缸容积增大而产生的，因此活塞运动速度与进入液压缸油液的流量有关。液压缸内油液的流速即平均流速，活塞随油液流动而移动，活塞的运动速度等于油液的平均流速。

$$v = Q/A$$

式中　v——油液的平均流速，m/s

Q——流量，m^3/s

A——液压缸有效作用面积或管道截面积，m^2

因此，活塞的运动速度仅与活塞有效面积、流量有关，与压力大小无关。当活塞的有效面积一定时，活塞的运动速度取决于流入液压缸中的流量。改变流量，就能改变活塞的运动速度。

第四节　液压元件

一、液压泵的基本原理

液压泵和液压马达都是液压传动系统的能量转换元件。液压泵有原动机驱动，将机械能转换为油液的压力能，再以压力、流量的形式输出到系统中去。液压泵是液压系统的动力源，是整个系统的心脏。液压马达将系统中的压力能转换成机械能，以扭矩或转速的形式输出到执行机构做功，液压马达是液压系统的执行元件。

液压泵是靠封闭工作腔的容积变化进行工作的。如图9-5所示偏心轮1旋转时，柱塞2在偏心轮和弹簧3的作用下，在柱塞腔内左右往复运动。柱塞2向右运动时，柱塞孔和柱塞组成的工作腔4容积变大，产生真空，通过吸油阀5吸入油液；柱塞2向左移动时，工作腔4容积变小，已吸入的油液就通过排油阀6输出到系统中去。吸油阀5和排油阀6均是单向开启，且不会同时开启。

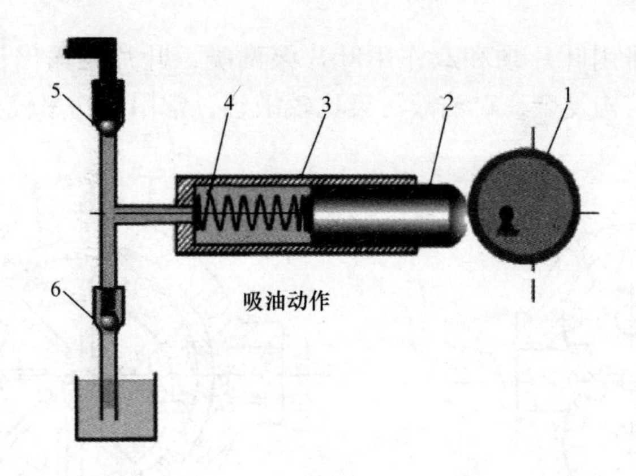

图 9－5　液压泵工作原理图

1—凸轮　2—柱塞　3—柱塞缸体　4—弹簧　5，6—单向阀

依靠工作腔的容积变化进行吸油和排油是液压泵的共同特点，这种泵又被称为容积泵，构成容积泵必须具备以下几种基本条件：

（1）具备密封且可变的工作容积；

（2）工作腔在容积增大时与吸油口相连，容积减小时与排油口相连；

（3）吸油口与排油口不能连通，即不能同时开启。

由液压泵的工作过程可以看出，液压泵在每一个工作周期中吸入和排出的油液体积只取决于柱塞泵的柱塞直径、工作行程等工作构件的几何尺寸。

不考虑油液泄漏的情况下，液压泵单位时间内排出的油液体积与液压泵密封容积变化频率成正比，与密封容积的变化量成正比，与工作压力无关。

二、液压泵的种类

1. 齿轮泵（如图 9－6）

齿轮泵是一种常用的液压泵，其结构简单，制造方便，价格低廉，体积小，重量轻，自吸性能好，对油液污染不敏感，工作可靠；但流量和压力脉动大，噪声大，排量不可调，容易出现困油现象。齿轮泵主要应用在矿用自卸车、汽车式液压起重机、液压转向机构、汽车修理设备中的各种液压压力机等。

齿轮泵按啮合形式不同有外啮合齿轮泵和内啮合齿轮泵两种，外啮合齿轮泵应用较广，内啮合齿轮泵常用作辅助泵。

泵主要由主动齿轮、从动齿轮、驱动轴、泵体、侧板组成。泵体内相互啮合的主、从动齿轮，齿轮两端的端盖和泵体一起构成了密封容积，齿轮的啮合点将密封容积分成了吸油腔和压油腔。齿轮旋转，吸油腔形成真空度，油液进入吸油腔，并被旋转的轮齿带入压油腔，压油腔内油液越来越多，且轮齿不断进入啮合，油液受到挤压排往系统，此即齿轮式液压泵的工作原理。

2. 叶片泵

叶片泵有单作用叶片泵和双作用叶片泵两类，叶片泵输出流量均匀、脉动小、噪声小，但结构复杂，对油液污染比较敏感，常用于功率较大的液压系统。

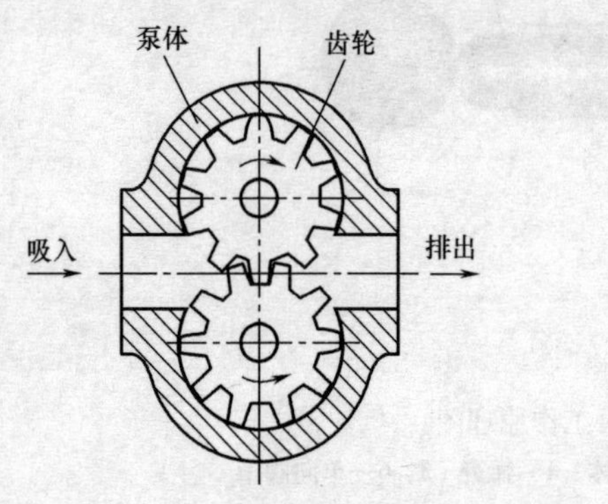

图9-6　外啮合齿轮泵

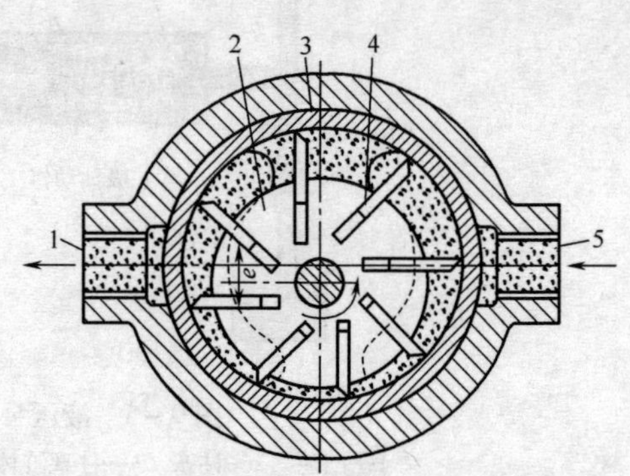

图9-7　单作用叶片泵

1—压油口　2—转子　3—定子　4—叶片　5—吸油口

如图9-7所示为单作用叶片泵。泵由转子、定子、叶片和配流盘等零件组成。定子内表面为光滑圆柱面，转子定子之间存在偏心，叶片在转子上槽内可以自由滑动，泵工作时，叶片顶部紧贴定子内表面上。相邻两叶片、配流盘、定子和转子便形成了一个密封工作腔。转子旋转时，右侧叶片向外伸出，工作腔容积逐渐增大，产生真空度，将油液吸入工作腔；叶片继续旋转，左侧叶片向内收缩，工作腔容积逐渐缩小，将油液通过压油口将油液挤压到系统中去。转子每旋转一周，实现一次吸油和压油。若改变定子转子之间的偏心距大小，便可以改变泵的排量，形成变量叶片泵。

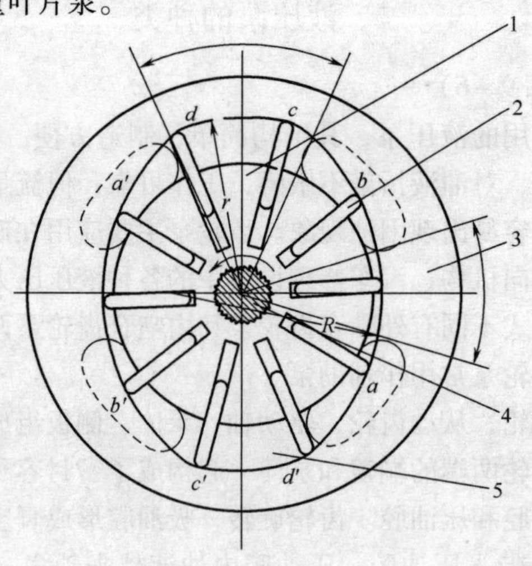

图9-8　双作用叶片泵

1—转子　2—叶片　3—定子　4—轴　5—配流盘

双作用叶片泵的工作原理与单作用叶片泵相似，但双作用叶片泵的定子内表面是由两段长半径圆弧，两段短半径圆弧和四段过渡曲线组成，而且定子与转子同心。如图9－8所示，当转子顺时针旋转时，密封工作腔的容积在左上角和右下角逐渐增大，是吸油区，密封工作腔的容积在左下角和右上角逐渐减小，是压油区。吸油区和压油区被一段封油区隔开。转子每旋转一周，泵完成吸油压油各两次，所以被称为双作用叶片泵。

3. 柱塞泵

柱塞泵通过柱塞在柱塞孔内往复运动时密封工作容积的变化来实现吸油和排油。柱塞与柱塞孔内表面均为圆柱表面，配合精度高，所以柱塞泵泄漏小，容积效率高，可以在高压下工作。柱塞泵主要有斜盘式和斜轴式两大类。

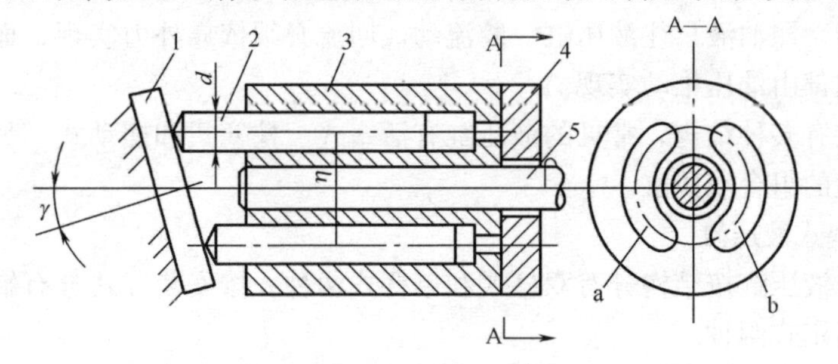

图9－9　斜盘式柱塞泵

1—斜盘　2—柱塞　3—缸体　4—配流盘　5—传动轴　a—吸油窗口　b—压油窗口

如图9－9所示，是斜盘式柱塞泵的工作原理。泵由斜盘、柱塞、缸体、配流盘等组成。斜盘和配流盘不动，传动轴带动缸体和柱塞一起转动，柱塞压紧在斜盘上。当泵工作时，传动轴带动缸体、柱塞旋转，柱塞在沿斜盘自下而上旋转的半周内逐渐向缸体外伸出，缸体内密封工作腔容积变大，产生真空，油液经配流盘上的配流盘窗口被吸入；柱塞在其自上而下旋转的半周被逐渐向里推入，密封工作腔容积逐渐变小，将油液经配流盘窗口压出。缸体每旋转一周，每个柱塞往复运动一次，完成吸油压油各一次。调节斜盘倾角，即可调节泵的密封腔工作容积。

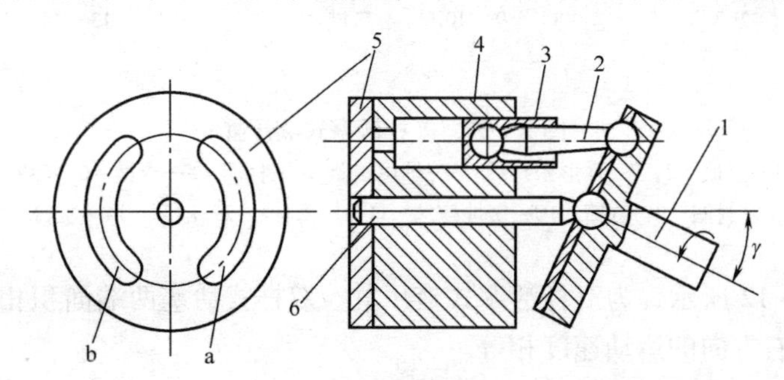

图9－10　斜轴式柱塞泵

1—传动轴　2—连杆　3—柱塞　4—缸体　5—配流盘　6—中心轴　a—吸油窗口　b—压油窗口

如图 9－10 所示，是斜轴式柱塞泵的工作原理。传动轴的轴线相对于缸体有角度，柱塞与传动轴圆盘之间由连杆相连，连杆与柱塞和传动轴之间均有铰链。当传动轴旋转时，连杆带动柱塞同缸体一起绕缸体轴线转动，柱塞在缸体上的柱塞孔内做往复运动，油液通过配流盘上的窗口流入和流出封闭工作腔，实现吸油和排油。斜轴式柱塞泵依靠调节斜盘摆动量实现变流量。

三、液 压 缸

液压缸是液压传动系统中应用最多的执行元件，液压缸将油液的压力能转换为机械能，实现往复直线运动或者摆动。液压缸应用在汽车、工程机械和汽车修理设备等领域。液压缸按作用方式可分为单作用式和双作用式。单作用式只能实现单向运动，即油液只往液压缸一腔流动，回流必须依靠外力实现；而双作用式在两个方向都由油压推动实现。

液压缸有多种结构，常见的液压缸有活塞式、柱塞式和摆动式。另外还有各种特殊用途的组合液压缸。

1. 活塞式液压缸

活塞式液压缸按结构分有双杆式和单杆式两种，按安装方式分有缸筒固定式和活塞杆固定式两种。

如图 9－11 所示，为单杆活塞式液压缸。单杆式活塞液压缸活塞两端面积不相等，有杆腔一侧面积小，进油速度快，推力小；无杆腔一侧面积大，速度小、推力大。

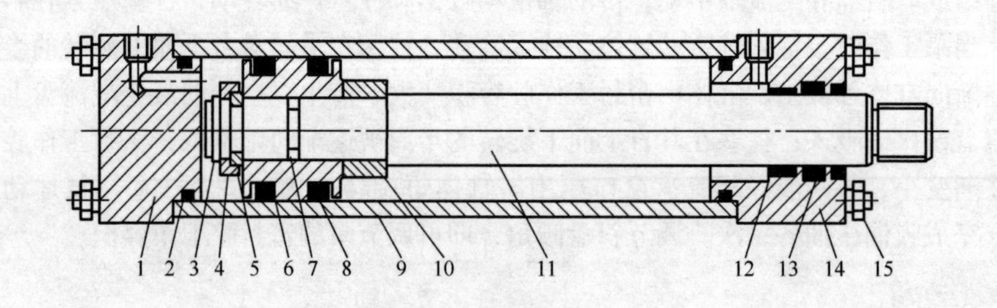

图 9－11　单杆活塞式液压缸

1—缸底　2，7—O 形密封圈　3—轴用挡圈　4—挡圈　5—卡键　6—活塞
8，13—Yx 型密封圈　9—缸筒　10—缓冲柱塞　11—活塞杆　12—缸套　14—缸盖　15—防尘圈

如图 9－12 所示，为双杆活塞式液压缸。双杆式活塞两端面积相等，当流量一定时，左右方向的运动速度相等。

2. 柱塞式液压缸

由于活塞式液压缸的成本较高，在某些不要求双向控制的应用场合，使用价格相对低廉的柱塞式液压缸。单个柱塞式液压缸只能单向运动，反向运动依靠装置自重或者其他外力，如叉车举升臂的柱塞缸。

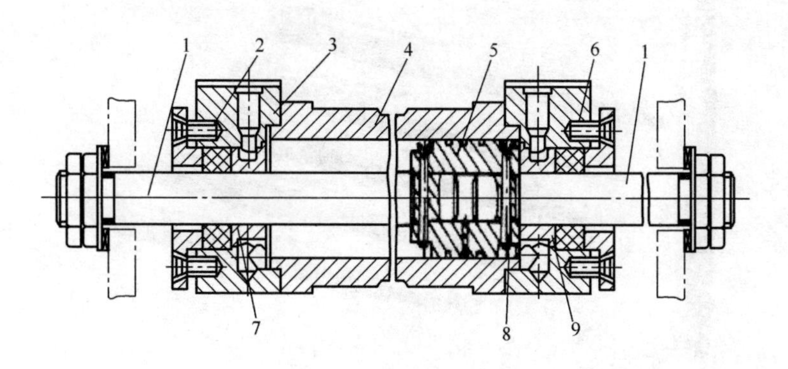

图 9－12　双杆活塞式液压缸

1—活塞杆　2—螺钉　3—端盖　4—缸体　5—活塞　6—V 形密封圈　7，9—导向套　8—开口销

3. 摆动式液压缸

如图 9－13 所示，摆动式液压缸输出转矩，并往复摆动。摆动式液压缸结构紧凑，输出转矩大，但密封困难，一般用于中、低压系统。

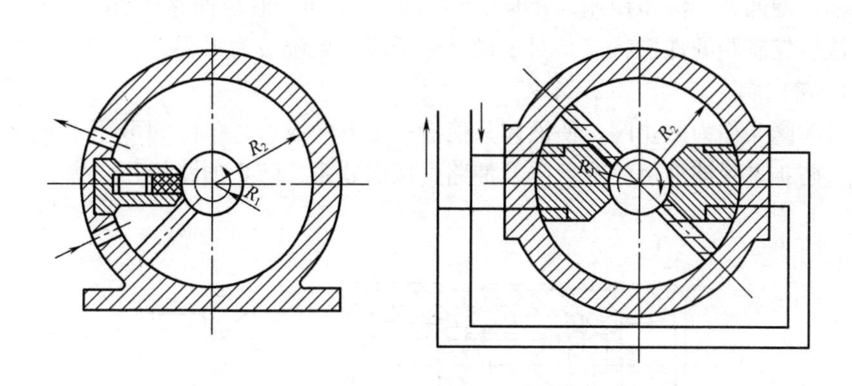

图 9－13　摆动式液压缸

4. 组合液压缸

如图 9－14 所示，专用汽车（如自卸车）或者工程机械（如起重机）上常用的一类组合液压缸是多级缸，又称为伸缩缸，由两级或者多级活塞缸套装而成。前一级缸的活塞是后一级缸的缸套，活塞伸出的顺序从大到小，推力从大到小，速度从慢到快。空载缩回顺序从小活塞到大活塞，缩回后液压缸总长度较短，结构紧凑。

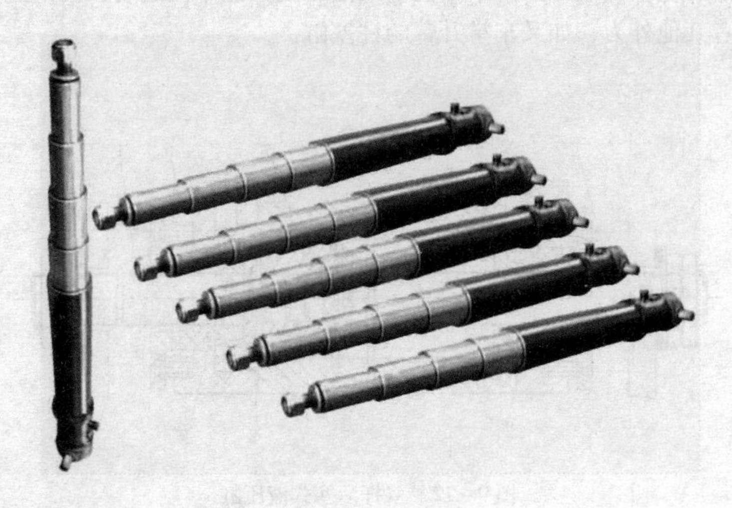

图 9－14　多级缸

四、液压控制元件

液压控制元件主要是液压控制阀，用来控制液压系统中油液的压力、流量及流动方向。这些阀门组成了液压系统的基本回路：压力控制回路、流量控制回路和方向控制回路。液压控制阀不同，组合方式不同，液压回路的性能也就不同。熟悉液压控制阀的性能特点，对于设计分析液压系统极为重要。

1. 单向阀

单向阀又称为回止阀，使液体只能沿一个方向通过，单向阀可用于液压泵的出口，防止系统油液倒流或者隔开油路直接的联系，防止油路相互干扰。

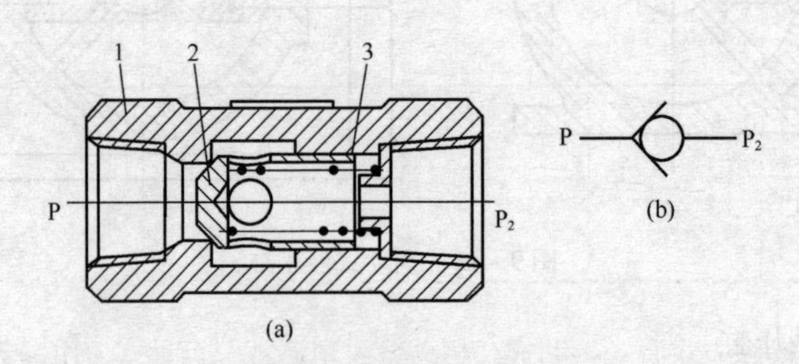

图 9－15　单向阀

（a）装配图　（b）符号

1—阀体　2—阀芯　3—弹簧　P—进油口　P_2—出油口

如图 9－15 所示，当油液由进油口流入时，油液压力克服弹簧力顶开阀芯，流向出油口；油液反向流动时，油液压力压紧阀芯，使油液无法回流。

2. 换向阀

换向阀利用阀芯或者阀体之间相对位置不同来变换不同管路之间的通断关系，实现接通、切断液流或者改变液流方向，从而改变液压系统的工作状态。

换向阀按照工作位置数和控制通道数分为：二位二通阀、二位三通阀、二位四通阀、三位四通阀、三位五通阀等，见表9－1。

表9－1　　换向阀的类型及符号

名称	符号	说明	名称	符号	说明
二位二通电磁阀	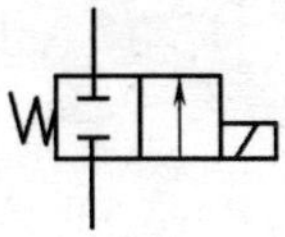	常断	三位四通电液阀	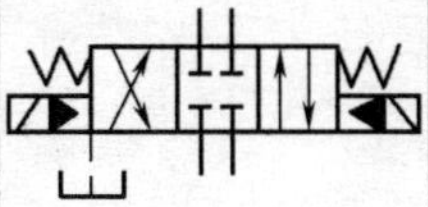	简化符号（内控外泄）
	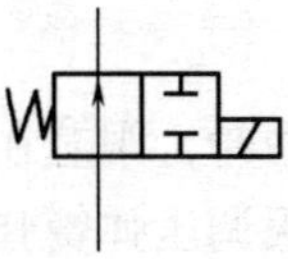	常通	三位四通电液阀	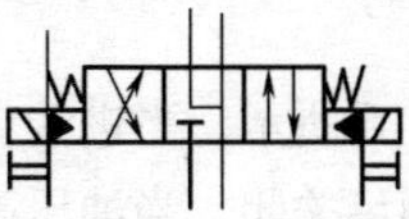	外控内泄（带手动应急控制装置）
二位三通电磁阀	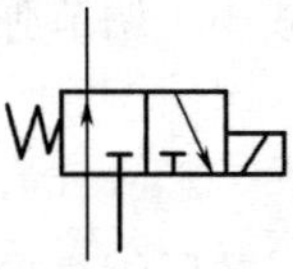		三位四通比例阀	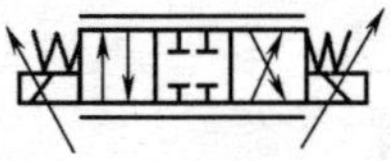	节流型，中位正遮盖
二位三通电磁球阀	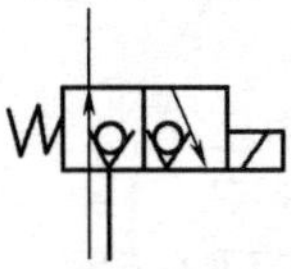		三位四通比例阀	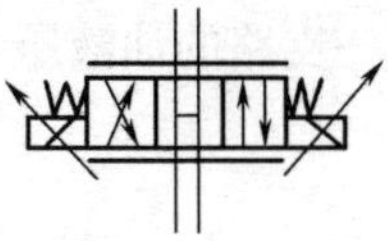	中位负遮盖
二位四通电磁阀	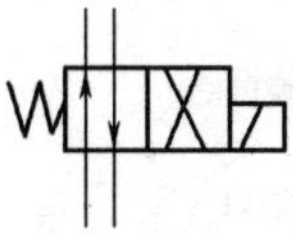		三位五通电磁阀		
二位四通比例阀	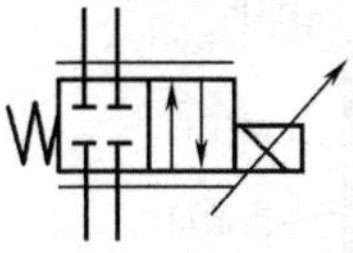		三位六通手动阀	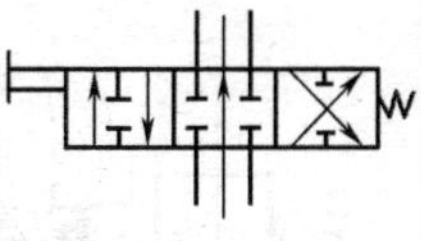	

换向阀的操纵方式有：手动式、机动式、电磁式、液动式、电液式和气动式。

3. 溢流阀

溢流阀在液压系统中主要有两种用途：①调压和稳压，如调节泵出口压力，保持出口压力恒定；②限压，如用作安全阀，当系统正常工作时，溢流阀关闭，当系统压力过大时开启溢流，对系统起保护作用。

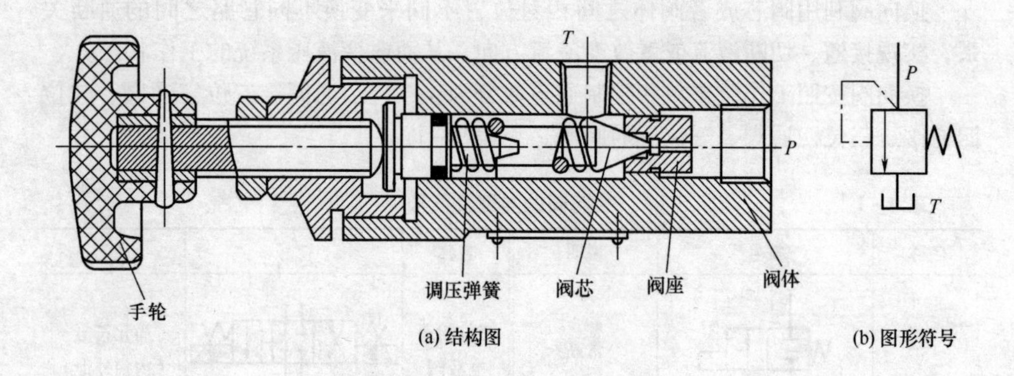

图 9－16　锥阀式直动型溢流阀

如图 9－16 所示，当进油口油液低于溢流阀设定压力时，阀芯在弹簧作用下压紧阀座，阀口关闭；当油压高于设定压力时，压力克服调压弹簧弹力，顶开阀芯，油液流入溢流阀，从溢流口流回油箱，使油液压力减小。调节弹簧预压力即可调节溢流压力。

4. 减压阀

减压阀是利用串联减压式压力负反馈原理设计而成。减压阀主要用于降低并稳定系统内某一支路的油液压力。

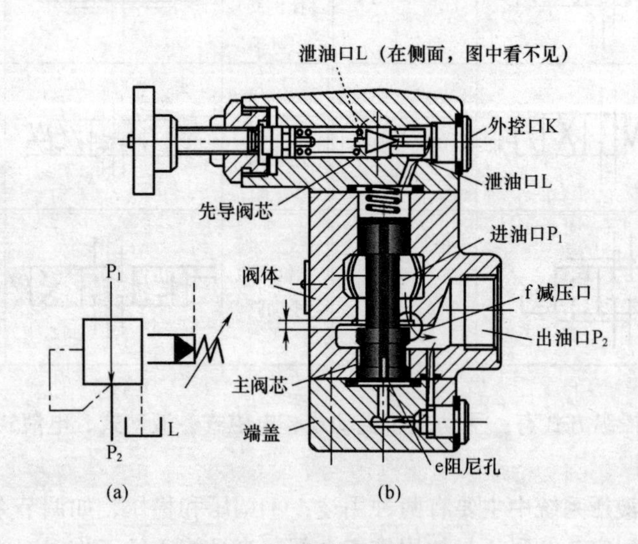

图 9－17　先导式减压阀
（a）图形符号　（b）结构图

如图 9－17 所示，减压阀工作时，若出油口压力低于先导阀设定压力，先导阀关闭，主阀芯上下两腔压力相等，主阀芯在弹簧作用下处于最下端，减压口开度最大，阀不起减压作用；若出油口压力大于先导阀设定压力，先导阀打开，部分油液经先导阀流回油箱，油液在主阀芯内部阻尼孔流动时受到阻力，主阀芯两端产生压力差，压力差克服弹簧力，减压阀口减小，使出油口压力下降到设定的压力值。

5. 节流阀

节流阀是通过改变节流截面或者节流长度以控制油液流量的控制阀。节流阀一般仅用于负载变化不大或者对速度稳定性要求不高的场合。

如图 9－18 所示，当转动节流阀手轮时，阀芯上下移动，改变节流口的开度，从而实现对流体流量的控制。

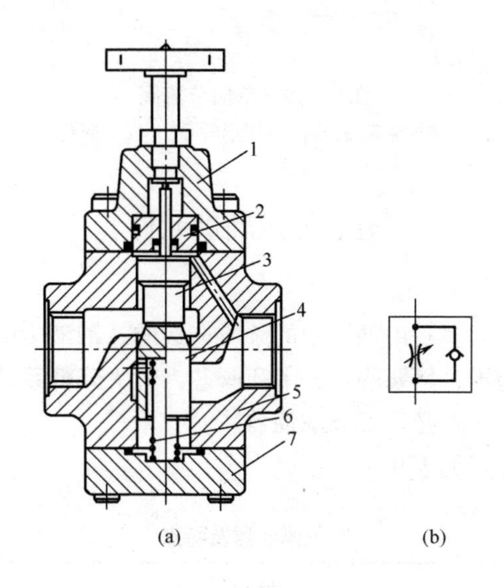

图 9－18　单向节流阀

（a）结构图　（b）图形符号

1—顶盖　2—导套　3—上阀芯　4—下阀芯　5—阀体　6—复位弹簧　7—底座

6. 调速阀

调速阀由减压阀和节流阀串联而成。主要用于执行元件负载变化大而运动速度要求稳定的系统中。

如图 9－19 所示，当负载压力增大时，负载流量和节流阀压差减小，减压阀阀芯移动使减压口增大，压降减小，这样使节流阀压差不受负载压力增大的影响，反之亦然。这样就使调速阀的流量不受负载变化影响，保持恒定不变。

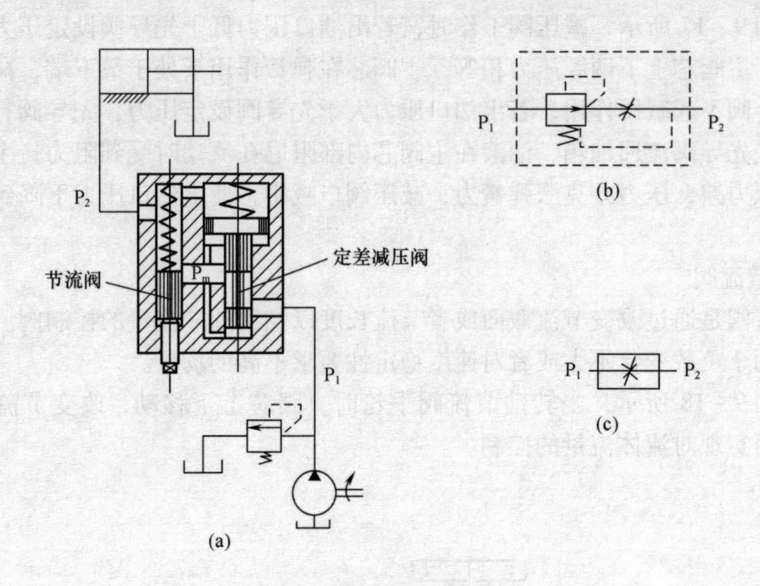

图 9－19　单向节流阀

（a）结构原理图　（b）图形符号　（c）简化符号

五、液压辅助元件

1. 滤油器

液压系统的故障大多是由油液中的杂质造成的。油液中的杂质会使液压元件运动副结合面加速磨损，堵塞阀口，卡死阀芯，大大降低系统工作的可靠性。为了保证系统的正常工作，必须安装滤油器。

常见滤油器及特点见表 9－2。

表 9－2　　常见滤油器及特点

名称	结构图	特点
网式滤油器	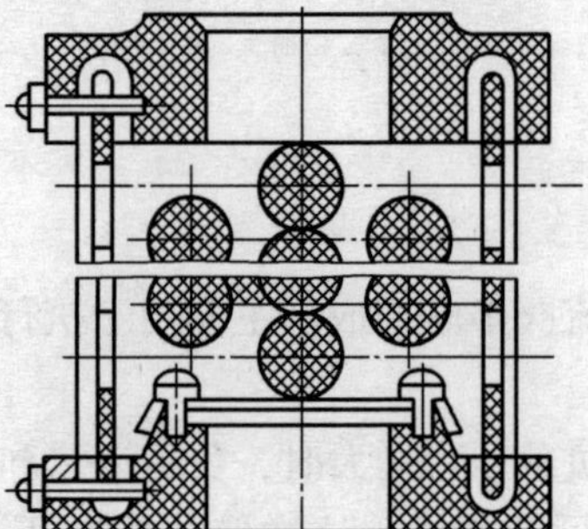	结构简单，通油能力大，清洗方便，但过滤精度低

续表

名称	结构图	特点
线隙式滤油器	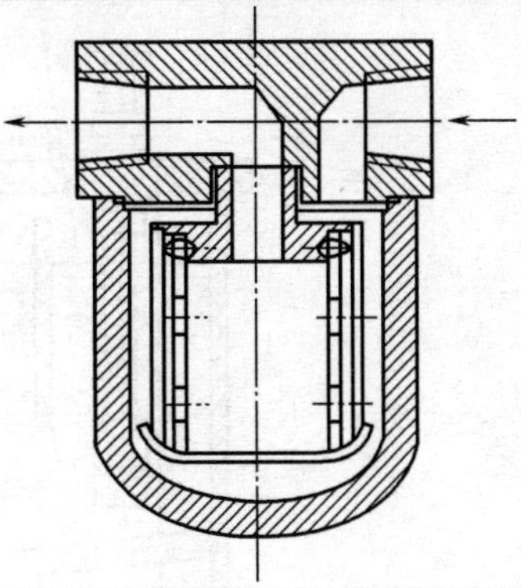	结构简单，通油能力强，过滤精度高，但滤芯材料强度低，不易清洗，一般用于低压管路中
纸质滤油器	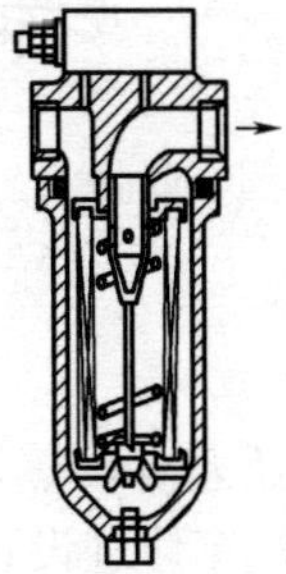	过滤精度高，但堵塞后无法清洗只能更换滤芯，通常用于精过滤
烧结式滤油器	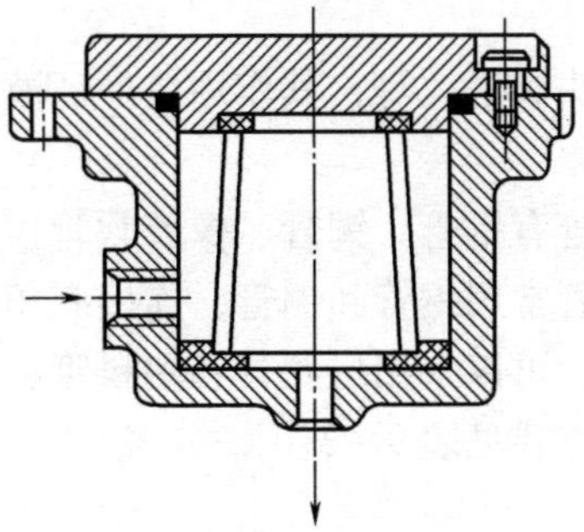	过滤精度高，滤芯能承受高压，但金属颗粒容易脱落，堵塞后不易清洗。用于精过滤

2. 蓄能器

蓄能器主要用于储存油液的压力能，其作用有：①作为辅助动力源，在短时间内供应大量油液，保证执行机构的快速运动；②补偿泄漏，保持系统压力；③消除系统压力脉动，缓和液压冲击。目前常用的是充气皮囊式蓄能器。

如图 9－20 所示，皮囊式蓄能器的皮囊用耐油橡胶制成，固定在壳体上部，其中充有惰性气体，需要蓄能时油液从壳体下端提升阀流入；需要释放时，打开提升阀即可排出油液。

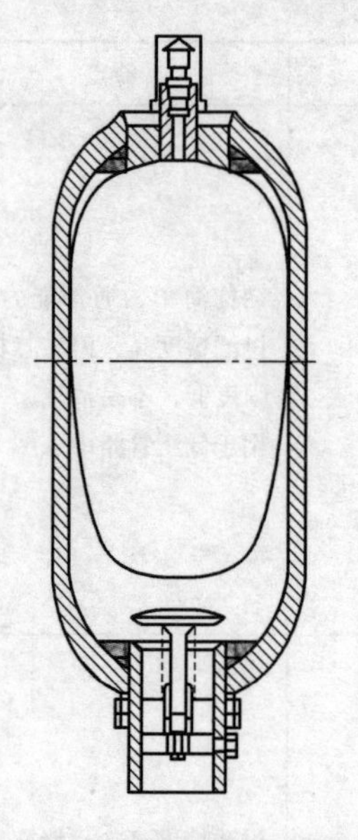

图9－20　皮囊式蓄能器

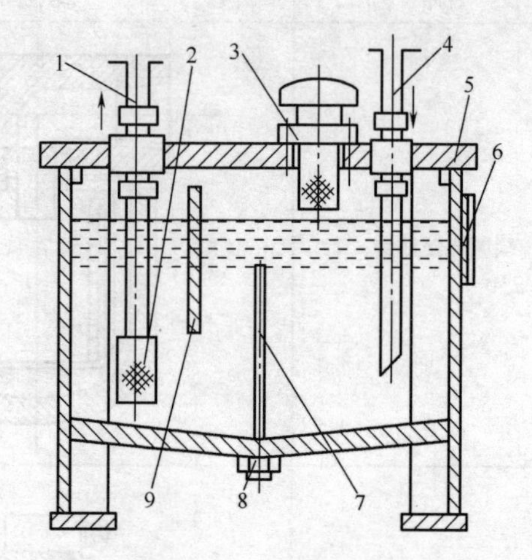

图 9－21　油箱结构图

1—吸油管　2—滤油网　3—油箱盖　4—回油管　5—盖板　6—油标　7，9—隔板　8—放油螺塞

3. 油箱

油箱的基本作用是储油，此外还兼有散热，分离油液中气体和杂质的作用。液压系统一般采用独立油箱，一些汽车修理设备常用设备的底座作为油箱，使结构紧凑。

4. 管件

管件包括油管、管接头和法兰等，其作用是保证液压管路的连通，并便于拆卸、安装。

液压系统中常见的油管有钢管、铜管、橡胶软管、尼龙管和塑料管。

连接固定组件间的油管常用钢管和铜管，连接有相对运动的组件之间一般采用软管连接，在回油路中，可以采用尼龙管和塑料管。

油管与管接头的连接方式见表 9－3。

表 9－3　　　　油管与管接头的连接方式

名称	图示	特点
焊接式管接头		用于连接管壁较厚的钢管，用于压力较高的系统中

续表

名称	图示	特点
卡套式管接头	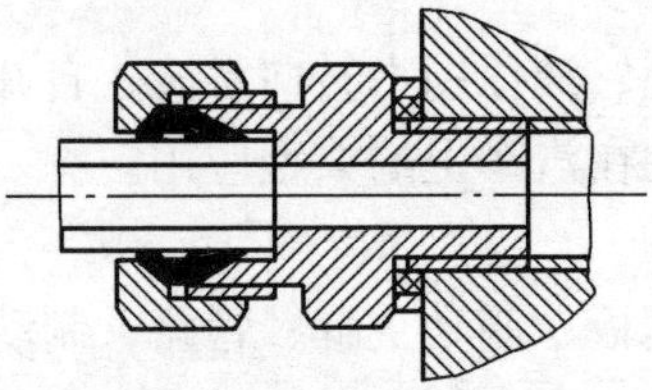	拆装方便，适用于高压系统，但工艺性差，对油管要求严格
扩口式管接头	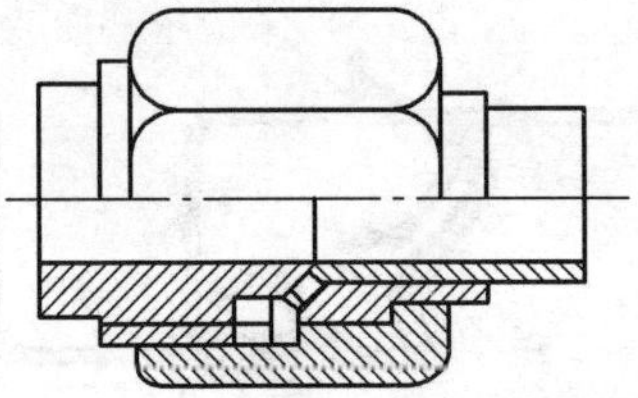 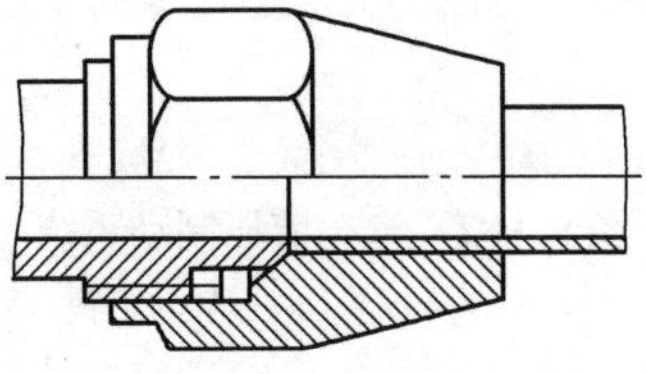 A型	用于铜管或管壁较薄的钢管连接，也可用于连接尼龙管和塑料管，应用较广
	B型	
扣压式管接头	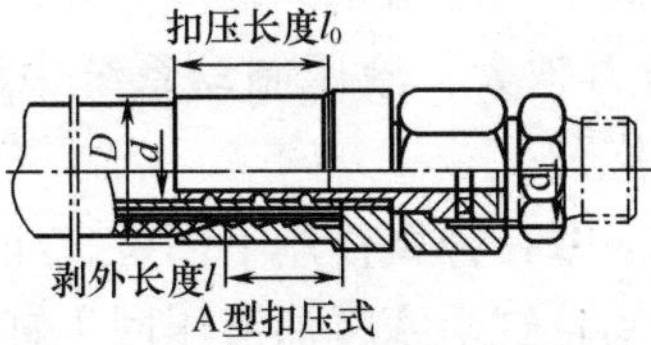 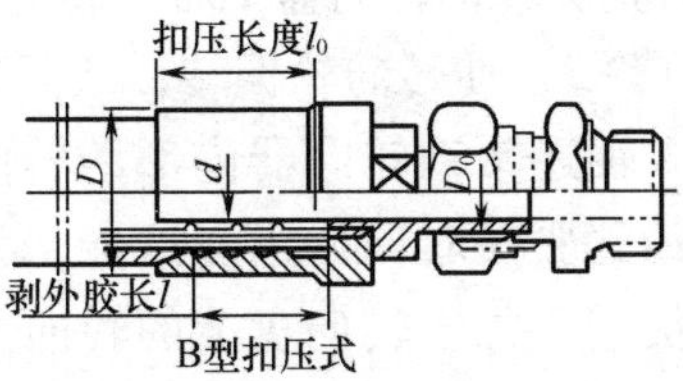 扣压长度l_0 D d D_0 剥外长度l A型扣压式 A型	用于中、低压系统的橡胶软管连接
	扣压长度l_0 D d D_0 剥外胶长l B型扣压式 B型	
快速接头	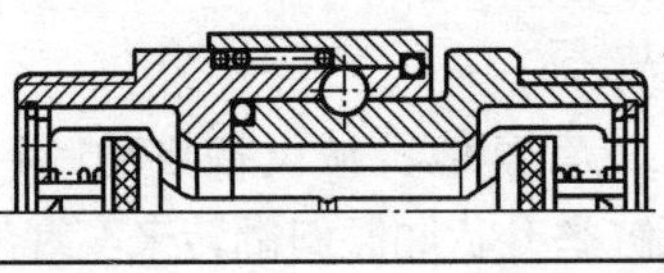	不需要使用工具就能够实现管路迅速连通或断开

第五节 液压传动在汽车上的应用实例

汽车上的液压制动系统、液压助力转向系统、自卸车的举升系统、汽车起重机的液压系统都是液压传动在汽车上的典型应用。

1. 汽车液压制动系统

液压制动系统由制动踏板、制动主缸、管路，制动轮缸等组成。

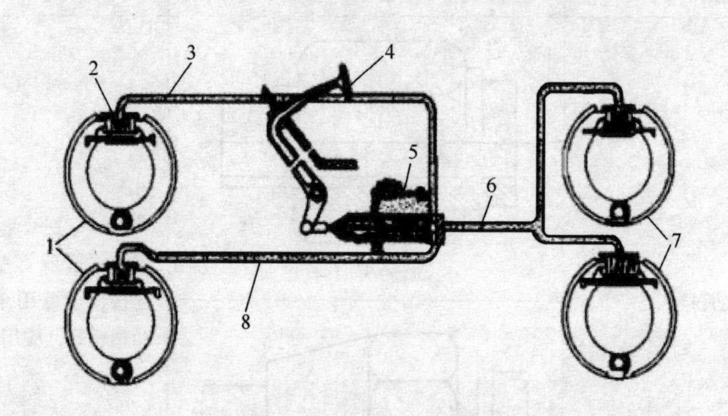

图 9－22 汽车液压制动系统

1—前轮制动器 2—制动轮缸 3，6，8—油管 4—制动踏板 5—制动主缸 7—后轮制动器

如图 9－22 所示，踩下制动踏板时，主缸内油液被活塞压出主缸，沿管路进入各个制动轮缸，油液推动制动轮缸活塞向两侧撑开，将制动蹄压向制动鼓，产生制动力。踩踏制动踏板的力越大，液压制动系统中油压越高，制动力也就越大，直到完全制动，制动鼓抱死。

松开制动踏板时，主缸活塞在弹簧作用下回位，油压降低，车轮制动器的制动蹄在弹簧作用下回位，制动轮缸活塞将油液压回主缸，制动解除。

2. 液压助力转向系统

如图 9－23 所示，当驾驶员转动转向盘 1 时，转向摇臂 9 摆动，通过转向直拉杆 11、横拉杆 8、转向节臂 7，使转向轮偏转，从而改变汽车的行驶方向。

与此同时，转向器输入轴还带动转向器内部的转向控制阀转动，使转向动力缸产生液压作用力，帮助驾驶员转向操纵。这样，为了克服地面作用于转向轮上的转向阻力矩，驾驶员需要加于转向盘上的转向力矩，比用机械转向系统时所需的转向力矩小得多。转向盘停止转动，转向控制阀即关闭，助力作用消失。

3. 自卸车液压举升系统

自卸车可以不依赖人工或者其他机械设备自动卸料，是一种高效率的运输工具。自卸车的卸料是靠液压缸举升货厢倾斜翻转来实现的。如图 9－24（a）所示。

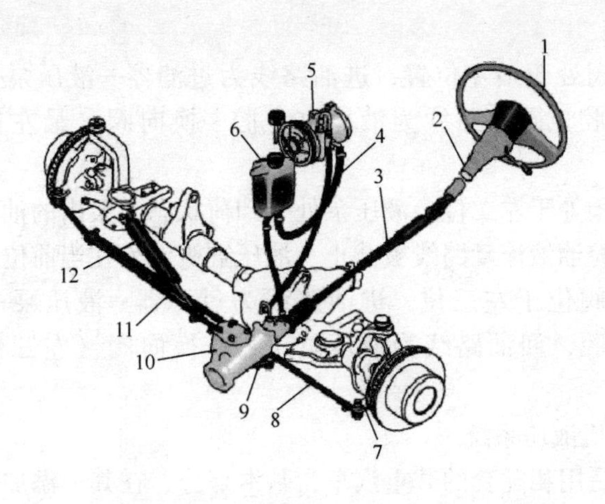

图 9 - 23　液压助力转向系统

1—方向盘　2—转向轴　3—转向中间轴　4—转向油管　5—转向油泵　6—转向油罐　7—转向节臂　8—转向横拉杆　9—转向摇臂　10—整体式转向器　11—转向直拉杆　12—转向减振器

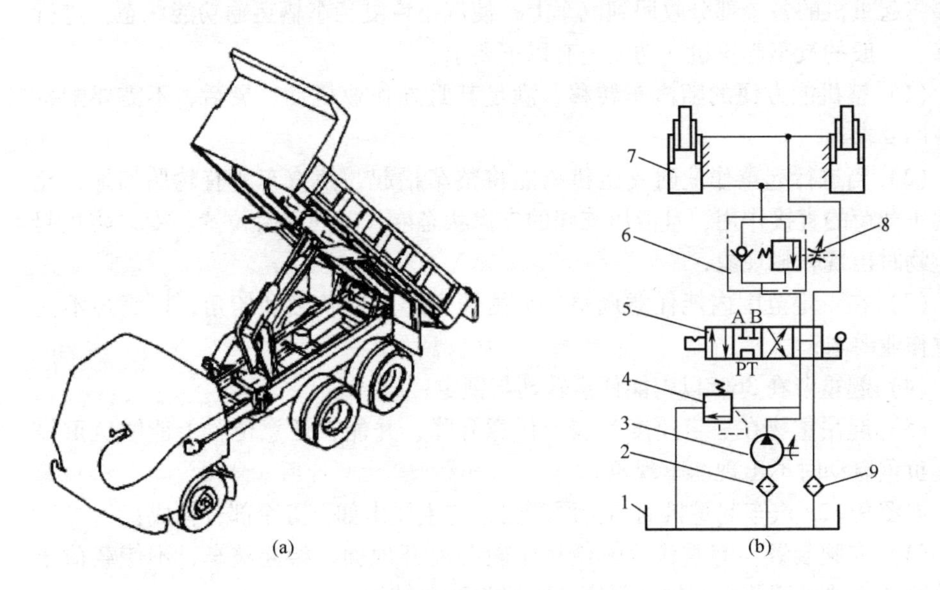

图 9 - 24　自卸车

（a）矿用自卸车　（b）矿用自卸车液压举升系统原理图

1—油箱　2—粗滤器　3—液压泵　4—限压阀　5—手动换向阀　6—平衡阀　7—伸缩式液压缸　8—节流阀　9—过滤器

图 9 - 24（b）为其液压系统原理图。该系统的动力元件为齿轮泵，主要控制元件为四位四通换向阀，执行元件为多级液压缸。该系统可以实现空位、举升、中停、下降四个动作。

空位：换向阀处于最右位置，此时液压缸处于浮动状态，货厢处于未举升的水平状态。

举升：换向阀处于最左位置，进油路线为过滤器—液压泵—换向阀（最左位）—液压缸下腔，回油路线为液压缸上腔—换向阀（最左位）—过滤器—油箱。

中停：换向阀处于左二位，液压泵处于卸荷状态，泵出的油液经过滤器回流油箱，液压缸两腔油液流动路线被截止，液压缸被锁死在当前位置。

下降：换向阀位于左三位，进油路线为过滤器—液压泵—换向阀（左三位）—液压缸上腔，回油路线为液压缸下腔—换向阀（左三位）—过滤器—油箱。

4. 汽车起重机液压系统

汽车起重机是用相配套的载重汽车为基本部分，在其上添加相应的起重功能部件，组成完整汽车起重机，并且利用汽车自备的动力作为起重机的液压系统动力；起重机工作时，汽车的轮胎不受力，依靠四条液压支撑腿将整个汽车抬起来，并将起重机的各个部分展开，进行起重作业。当需要转移起重作业现场时，需要将起重机的各个部分收回到汽车上，使汽车恢复到车辆运输功能状态，进行转移。一般的汽车起重机在功能上有以下要求：

（1）整机能方便的随汽车转移，满足其野外作业机动、灵活、不需要配备电源的要求；

（2）当进行起重作业时支腿机构能将整车抬起，使汽车所有轮胎离地，免受起重载荷的直接作用，且液压支腿的支撑状态能长时间保持位置不变，防止起吊重物时出现软腿现象；

（3）在一定范围内能任意调整、平衡锁定起重臂长度和俯角，以满足不同起重作业要求；

（4）起重臂在360°以内能任意转动与锁定；

（5）起吊重物在一定速度范围内任意升降，并能在任意位置上能够负重停止，负重启动时不出现溜车现象。

如图9－25汽车起重机的结构原理图，它主要由如下五个部分构成：

（1）支腿装置　起重作业时使汽车轮胎离开地面，架起整车，不使载荷压在轮胎上，并可调节整车的水平度，一般为四腿结构。

（2）吊臂回转机构　使吊臂实现360°任意回转，在任何位置能够锁定停止。

（3）吊臂伸缩机构　使吊臂在一定尺寸范围内可调，并能够定位，用以改变吊臂的工作长度。一般为3节或4节套筒伸缩结构。

（4）吊臂变幅机构　使吊臂在15°~80°角度任意可调，用以改变吊臂的倾角。

（5）吊钩起降机构　使重物在起吊范围内任意升降，并在任意位置负重停止，起吊和下降速度在一定范围内无级可调。

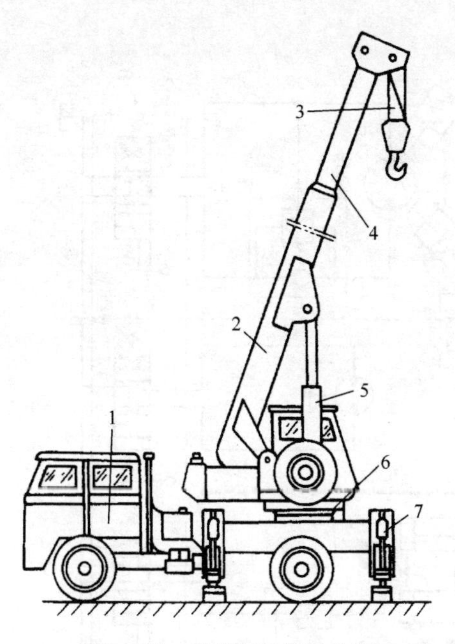

图9－25　汽车起重机结构图

1—载重汽车　2—基本臂　3—起升机构　4—吊臂伸缩缸　5—吊臂变幅缸　6—回转机构　7－支腿

汽车起重机液压系统相应地由五个回路组成（如图9－26），各个回路都具有相对的独立性。汽车起重机液压系统中液压泵的动力，都是由汽车发动机通过装在底盘变速箱上的取力箱提供。液压泵为高压定量齿轮泵，由于发动机的转速可以通过油门人为调节控制，因此尽管是定排量泵，但其输出的流量可以在一定的范围内通过控制汽车油门开度的大小来人为控制，从而实现无级调速；液压泵通过各个控制元件的操作，将压力油串联地输送到各执行元件，当起重机不工作时，液压系统处于卸荷状态。液压系统各部分工作的具体情况如下：

支腿缸收放回路：该汽车起重机的底盘前后各有两条支腿，通过机械机构可以使每一条支腿收起和放下。在每一条支腿上都装着一个液压缸，支腿的动作由液压缸驱动。两条前支腿和两条后支腿分别由一个三位四通手动换向阀控制其伸出或缩回。为确保每条支腿伸出去的可靠性，每个液压缸均设有双向锁紧回路，以保证支腿被可靠地锁住，防止在起重作业时发生“软腿”现象或行车过程中支腿自行滑落。

吊臂回转回路：系统中用一个三位四通手动换向阀来控制转盘正、反转和锁定不动三种工况。

伸缩回路：起重机的吊臂由基本臂和伸缩臂组成，伸缩臂套在基本臂之中，用一个由三位四通手动换向阀控制的伸缩液压缸来驱动吊臂的伸出和缩回。为防止因自重而使吊臂下落，油路中设有平衡回路。

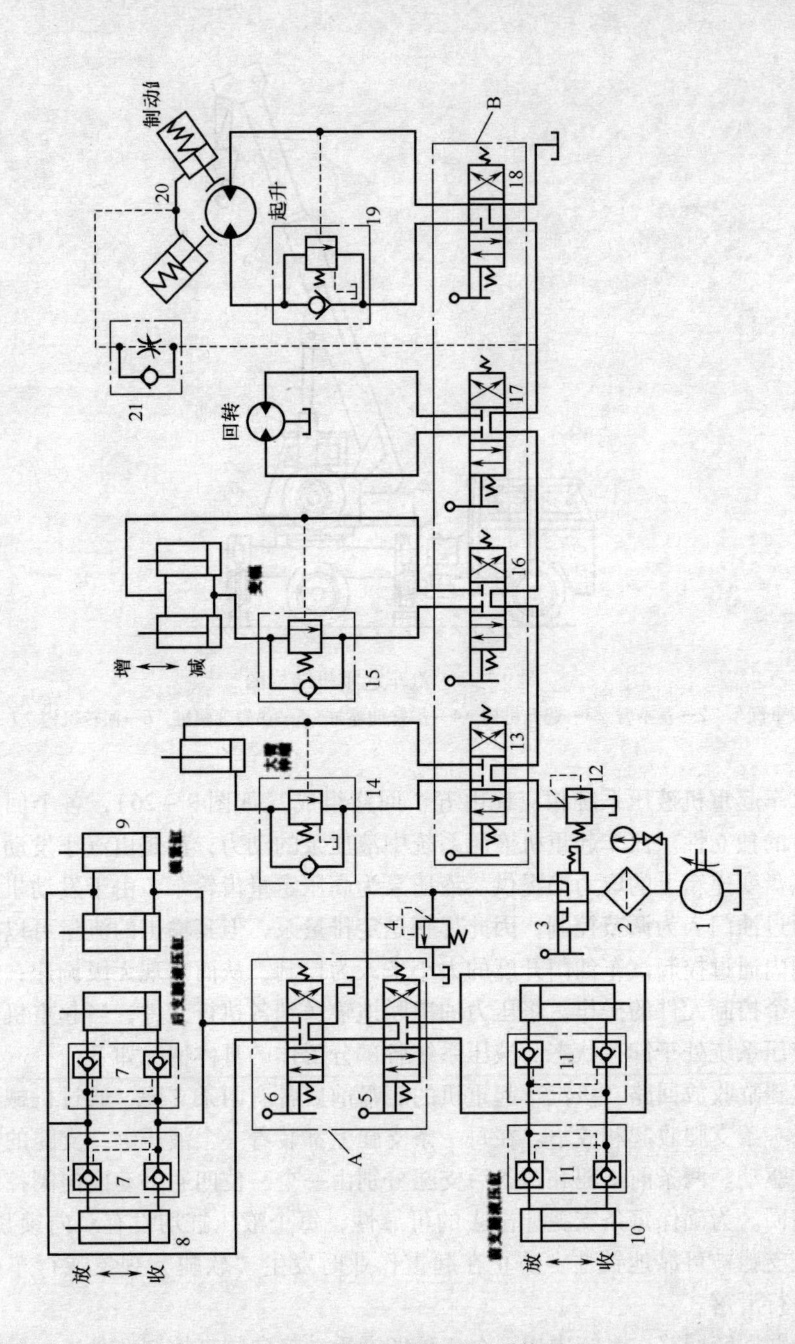

图 9－26　汽车起重机液压系统图

变幅回路：吊臂变幅是用一个液压缸来改变起重臂的俯角角度。变幅液压缸由一个三位四通手动换向阀控制。为防止在变幅作业时因自重而使吊臂下落，在油路中设有平衡回路。

起降回路：起降机构要求所吊重物可升降或在空中停留、速度平稳、变速方便、冲击小、启动转矩和制动力大。本回路使用液压马达带动重物升降，变速和换向依靠一个三位四通换向阀控制，用平衡阀限制重物下降速度过快，用制动缸控制液压马达制动。

第六节　液力传动概述

液力传动系统与液压传动系统一样，都是以油液作为工作介质的能量转换装置。不同的是，液压传动是利用液体的压力传递能量；液力传动利用的是液力流动的动能来传递能量。目前液力传动的主要应用是液力自动变速器（图9－27）。

美国及其盟国在第二次世界大战期间装备的 M24“霞飞”轻型坦克（图9－28）即使用了两台液力自动变速器，每台变速器有四个前进挡，两个倒挡。

图9－27　液力自动变速器

液力传动的主要特点有：

（1）能减少机械磨损，提高使用寿命。

（2）有良好的适应性。由于液力自动变速器有自动变矩变速的特性，能避免在载荷突然增大时引起发动机熄火（如手动挡汽车在挂挡位后松开离合器过快极易导致发动机熄火）。

（3）液力传动的自动变矩变速特性能减少汽车起步时驱动轮打滑和换挡时的顿挫感，提高车辆的舒适性能和行驶性能。

（4）操作方便，简单易学。

图9－28　M24“霞飞”轻型坦克

第七节　液力传动在汽车上的应用

一、液力耦合器

液力耦合器的工作原理是将发动机输出的能量经泵轮转换为液压油的动能，液压油在液力耦合器内做螺旋流动，带动涡轮旋转，由涡轮将动能输出，如图9－29所示。

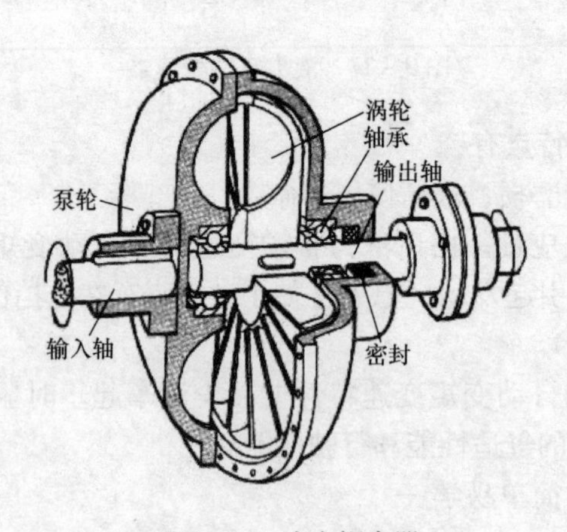

图9－29　液力耦合器

发动机带动液力耦合器的壳体和泵轮旋转，泵轮的作用类似于油泵。泵轮旋转时泵轮叶片带动液压油旋转，使液压油在离心力的作用下被甩向外缘，并从外缘流向涡轮。冲向涡轮的液压油沿涡轮叶片向内缘流动，又从涡轮内缘流回泵轮内缘，然后在被泵轮带动甩向外缘。这样周而复始，液压油在液力耦合器内做连续的环形螺旋运动。

二、液力变矩器

液力变矩器的结构与液力耦合器类似，但更为复杂，如图 9－30 所示。液力变矩器有三个工作轮：泵轮、涡轮和导轮。

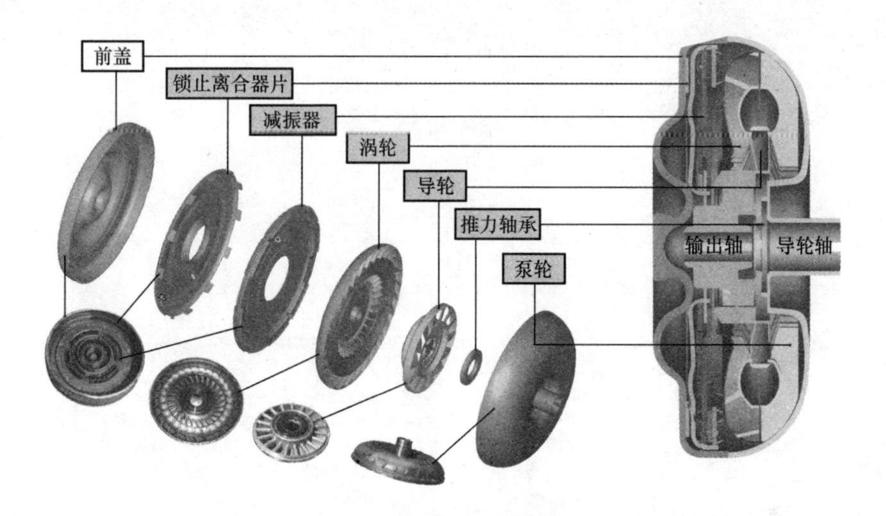

图 9－30　液力变矩器

液力变矩器的几个工作轮和壳体共同形成了密闭工作腔，液压油在腔内循环流动，其中泵轮、涡轮和导轮分别与输入轴、输出轴和壳体相联。发动机带动输入轴旋转时，液压油从离心式泵轮流出，顺次经过涡轮、导轮再返回泵轮，周而复始地循环流动。泵轮将输入轴的机械能传递给液压油。高速流动的液压油推动涡轮旋转，将能量传给输出轴。液力变矩器靠液体与叶片相互作用产生动量矩的变化来传递扭矩。液力变矩器不同于液力耦合器的主要特征是它具有固定的导轮。导轮对液体的导流作用使液力变矩器的输出扭矩可高于或低于输入扭矩，因而称为变矩器。

习　　题

9－1　简述液压传动的特点。

9－2　液压传动是怎样进行能量转换的？

9－3　读懂图 9－24 矿用自卸车液压系统原理图并回答下列问题：

(1) 液压动力元件是哪部分？其作用是什么？
(2) 液压执行元件是哪部分？其作用是什么？
(3) 液压控制元件是哪部分？其作用是什么？
(4) 液压辅助元件是哪部分？其作用是什么？
(5) 试分析液压系统工作过程。

9-4 液力传动的主要特点是什么？

9-5 液力耦合器与液力变矩器有何区别？

9-6 液力变矩器为什么能起到变矩作用？

第十章 气压传动

第一节 概 述

气压传动是以压缩空气作为工作介质，利用空气的压力传递能量的传动形式，在生产生活中有非常广泛的应用（如图 10－1）。

图 10－1 客车气门泵总成

一、气压传动系统的组成

气压传动系统与液压传动系统的组成类似，有四部分：

（1）气源装置，是获得压缩空气的装置。其主体部分是空气压缩机，它将原动机提供的机械能转换为气体的压力能；

（2）控制元件，用来控制压缩空气的压力、流量和流动方向，使得执行机构能完成设计的工作循环；

（3）执行元件，是将气体的压力能转换为机械能的能量转换装置。包括实现直线往复运动的气缸和实现连续回转运动或摆动的气动马达或摆动马达；

（4）辅助元件，是保证压缩空气的净化，元件的润滑、元件之间的连接和消声所必备的装置，主要有过滤器、管接头和消声器等。

二、气压传动系统的特点

1. 气压传动的优点

气压传动相对于机械传动、电气传动、液压传动有如下优点：

（1）工作介质为空气，与液压油相比，质量轻，节约能源，而且非常易于获得，成本极其低廉。气体不易堵塞流动通道，用后可直接排入大气，无污染；

（2）工作特性受温度影响小。能在高温下可靠工作，不会发生燃烧。黏度特性几乎不受温度影响，所以不会影响传动性能；

（3）空气流动阻力小，在管道中流动的压力损失小，便于集中供应和远距离传输；

（4）相对于液压传动，动作迅速，反应灵敏；

（5）气压系统在空气压缩机停机，气阀关闭时，气压系统中仍能够保持稳定的压力，而液压系统则需要时刻保持能源泵继续工作或者在系统中另加蓄能器；

（6）气动元件可靠性高、寿命长，且结构简单、成本低廉、维护方便；

（7）工作环境适应性好，能在易燃、易爆、粉尘、强磁场、辐射、振动等恶劣环境下稳定工作。

2. 气压传动的缺点

（1）由于空气的可压缩性较大，气动装置的工作速度受外载变化的影响较大；

（2）在结构尺寸相同的情况下，气压传动输出力或力矩小于液压传动；

（3）气压传动不宜用于对信号传递速度要求十分高的复杂线路中；

（4）噪声较大。

第二节　气压传动组件

一、气 源 装 置

1. 空气压缩机

空气压缩机按工作原理分类有通过缩小单位质量空气体积的容积型和通过提高单位质量空气速度的速度型。

气压传动系统中常见的容积式空气压缩机是活塞式空气压缩机，其工作原理如图 10－2 所示，当活塞向右运动时，气缸内活塞左腔的压力低于大气压，吸气阀打开，空气在大气压作用下流入气缸；当活塞向左移动时，吸气阀在气压作用下关闭，气体被压缩；当气缸内空气压力增大到略高于输气管道内压力时，排气阀打开，压缩空气流入输气管道。

2. 气源净化装置

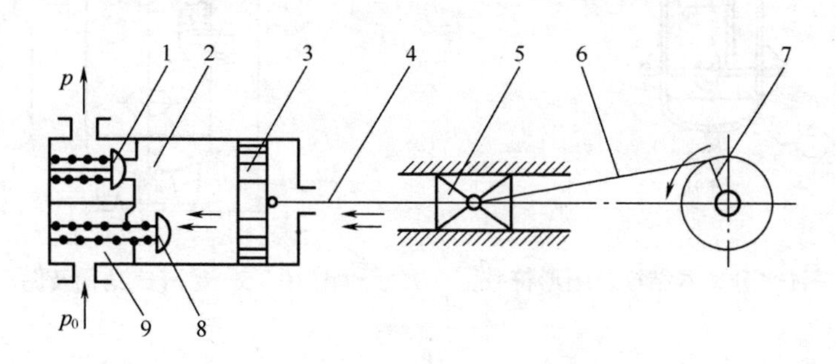

图 10－2 活塞式空气压缩机

1—排气阀 2—气缸 3—活塞 4—活塞杆 5—十字头 6—连杆 7—曲柄 8—吸气阀 9—弹簧

普通空气中含有各种杂质，这些杂质会影响气压传动系统的性能和寿命，因此必须对空气净化。气源净化装置主要有：冷却器（如图 10－3 所示）、油水分离器（如图 10－4 所示）、贮气罐（如图 10－5 所示）和干燥器（如图 10－6 所示）。

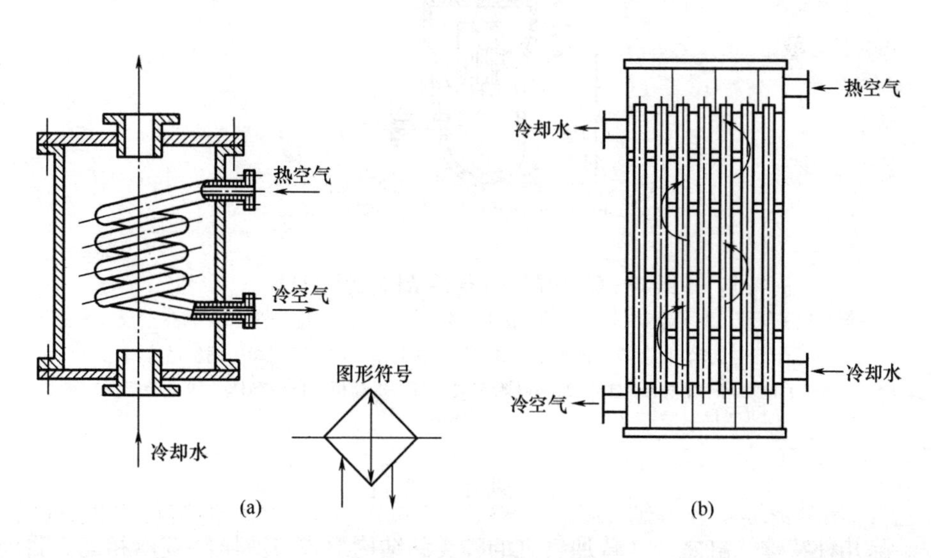

图 10－3 冷却器

（a）蛇管式 （b）列管式

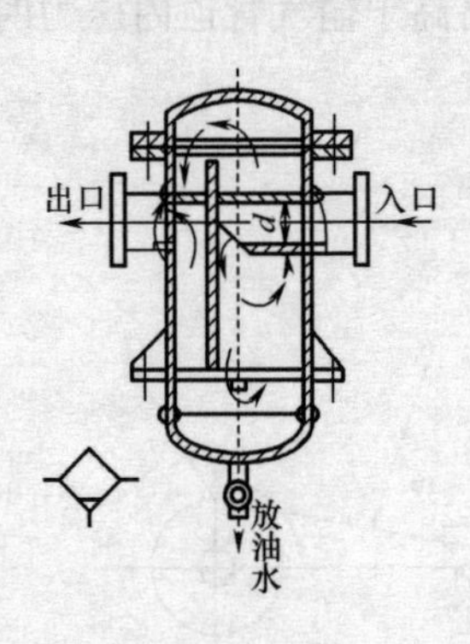

图 10－4　油水分离器结构及图形符号

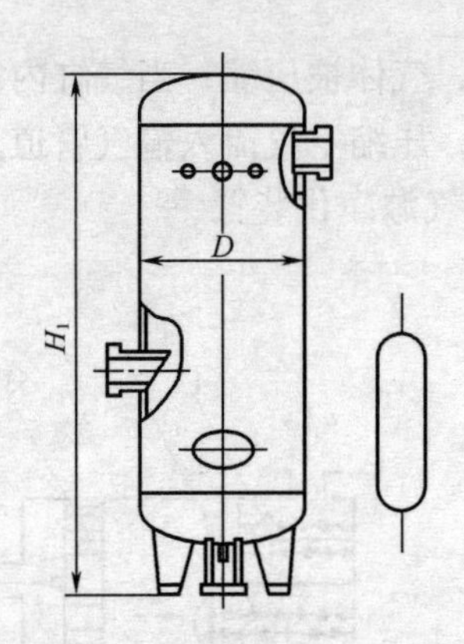

图 10－5　贮气罐结构及图形符号

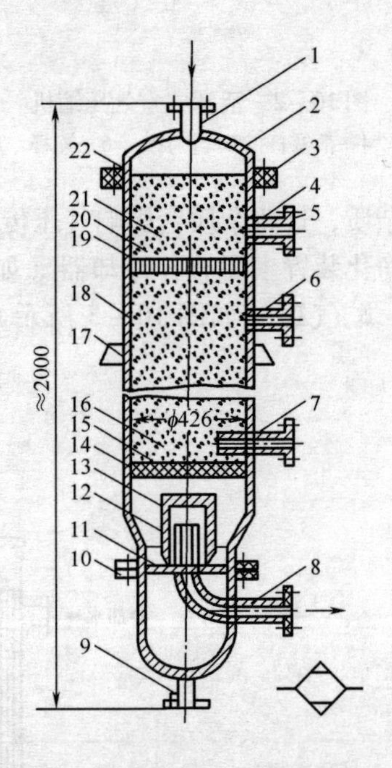

图 10－6　吸附式干燥器结构及图形符号

1—湿空气进气管　2—顶盖　3，5，10—法兰　4，6—再生空气排气管　7—再生空气进气管
8—干燥空气输出管　9—排水管　11，22—密封垫　12，15，20—钢丝过滤网
13—毛毡　14—下栅板　16，21—吸附剂层　17—支撑板　18—筒体　19—上栅板

二、执 行 元 件

除几种特殊气缸之外，普通气缸的种类和结构形式与液压缸基本相同，目前最常用的是标准气缸，其结构和参数都已经系列化、标准化、通用化。

汽车上常用的气缸为活塞式气缸和薄膜式气缸。它们是利用压缩空气进入工作腔推动活塞以及膜片的变形来推动活塞杆运动的（如图 10－7 所示）。

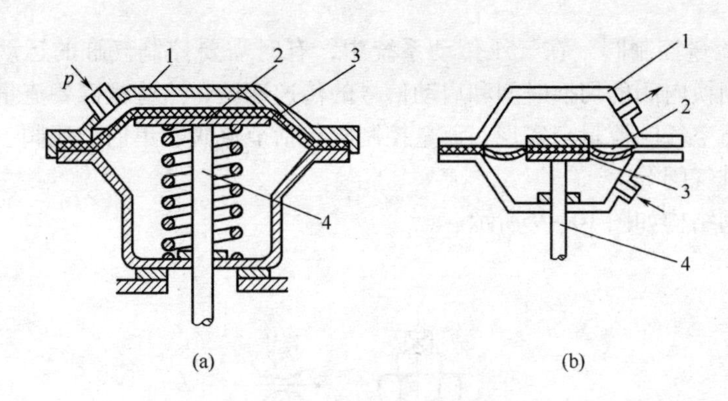

图 10－7 薄膜式气缸结构图

（a）单作用式 （b）双作用式

1—缸体 2—膜片 3—膜盘 4—活塞杆

三、控制元件

气压传动的控制阀与液压传动的控制阀类似，同样分为压力控制阀、流量控制阀和方向控制阀。

（1）压力控制阀 气源装置供应的压缩空气压力一般要高于系统中其他设备所需压力，而且气源压力波动比较大，所以必须使用减压阀将压力降低到设备需要的压力，并保持该压力的稳定。其他压力控制阀还有顺序阀、安全阀等。

QTY 型减压阀如图 10－8 所示。

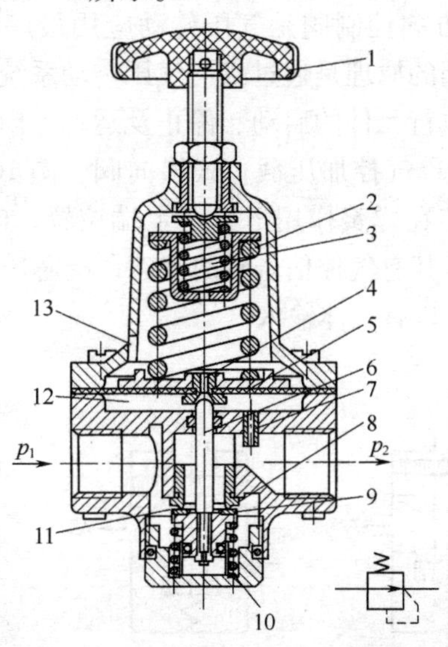

图 10－8 QTY 直动型减压阀结构及图形符号

1—手柄 2，3—调压弹簧 4—溢流孔 5—膜片 6—阀杆 7—阻尼孔 8—阀座 9—阀芯 10—复位弹簧 11—阀口 12—膜片室 13—排气口

（2）流量控制阀　在气压传动系统中，有时需要控制气缸的运动速度，有时需要控制换向阀的切换时间和启动信号的传递速度，这些都需要流量控制阀通过调节压缩空气的流量来实现。流量控制阀包括节流阀、单向节流阀、排气节流阀和快速排气阀等。

节流阀结构如图 10－9 所示。

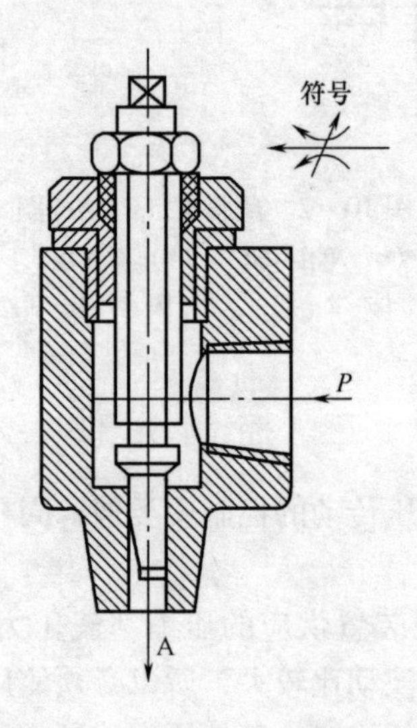

图 10－9　节流阀结构及图形符号

（3）方向控制阀　方向控制阀是气压传动应用最广泛、种类最多的一种气动控制元件。方向控制阀的原理是通过改变气压传动系统中的压缩空气流动方向和气流的通断，来控制执行元件的启动、停止及运动方向的气动元件。

如图 10－10 所示为单气控加压截止式换向阀，图 10－10（a）为其无气控信号时的状态，此时阀芯在弹簧作用下处于上端位置，阀 A 与 O 相连通，A 口排气；图 10－10（b）为其有气控信号时的状态，阀芯压缩弹簧下移，阀口 A 与 O 断开，P 与 A 接通，A 口有气体输入。

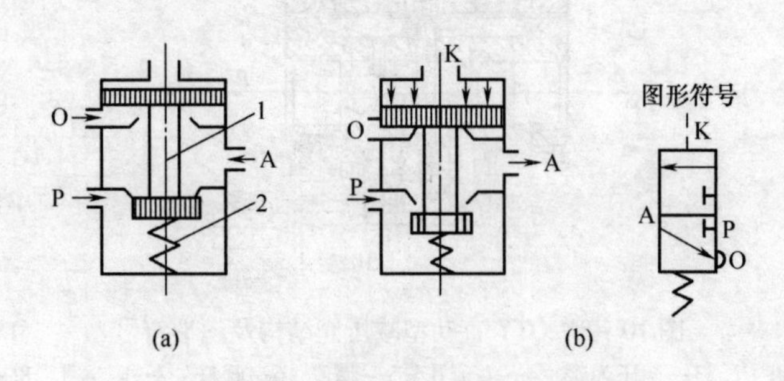

图 10－10　单气控加压截止式换向阀

如图10－11所示为直动式双电控电磁换向阀，当线圈1通电、2断电［图10－11（a）］，阀芯右移，P与A，B与O_2接通，A口进气，B口排气；当线圈1断电时，阀芯仍处于原状态；当线圈1断电，线圈2通电［图10－11（b）］，阀芯左移，P与B，A与O_1接通，A口排气，B口进气。若线圈断电，通路仍保持原状态。

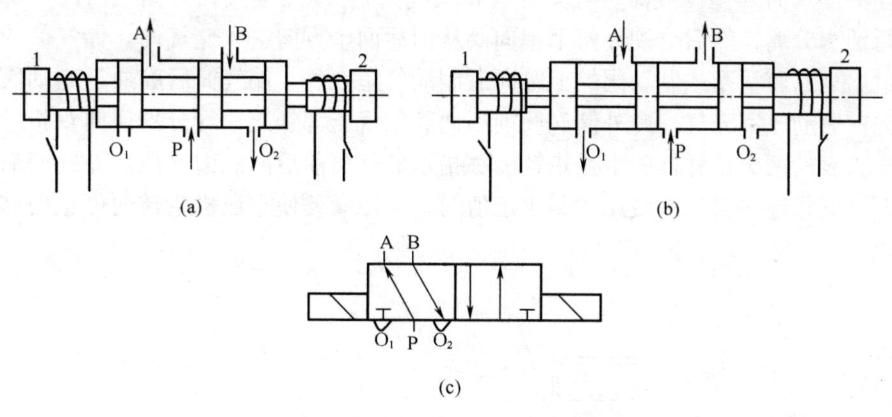

图10－11 直动式双电控电磁换向阀

第三节 气压传动在汽车上的应用

气压传动在汽车上的典型应用主要有气动门泵系统和气压制动系统。

一、气动门泵

气动门泵主要用于客车车门，目前客车的气动门泵类型有折叠门、外摆门、内摆门和滑移门，它们的气压传动系统设计大同小异，如图10－12所示为客车通用型气动门泵的气压传动系统图。该系统通过气源控制门泵（即气缸）直线运动，实现车门打开或关闭。

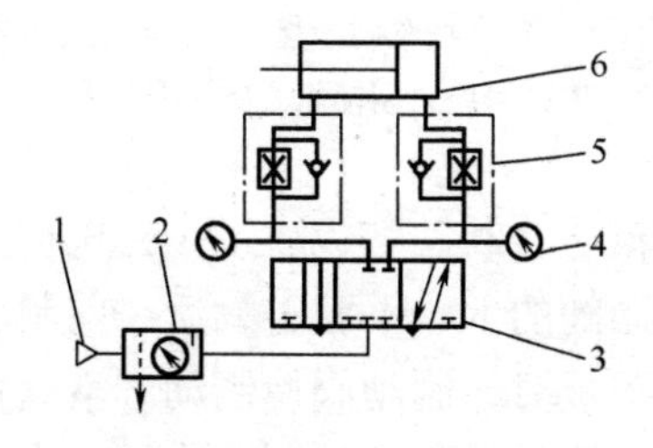

图10－12 通用性气动门泵气压系统图

1—气源 2—三联件 3—换向阀 4—压力表 5—单向节流阀 6—门泵

二、气压制动系统

气压制动系统适用于中型以上特别是重型的货车和客车的制动系统，气压制动能够在保证制动效果的情况下大大减轻驾驶员的工作强度。

如图 10－13 所示为解放 CA1091 型汽车双回路气压制动系统图。汽车发动机在运转的状态下带动空气压缩机工作产生压缩空气，压缩空气经单向阀进入并储存在湿储气筒（湿储气筒装有安全阀和放气阀）。压缩空气在湿储气筒内冷却并进行油水分离，然后分别经两个单向阀从前后两个方向进入储气筒。储气筒前腔通过串列双腔活塞式制动阀的上腔向后制动气室充气，储气筒后腔通过制动阀下腔向前制动气室充气。此外储气筒前后两腔的气压都经三通管分别通向双指针空气压力表的两个传感器腔，是指针能够指示储气筒前后两腔的气压。储气筒后腔与调压阀相连，当该腔气压达到规定值时，调压阀便使空压机空转而停止向储气筒供气。

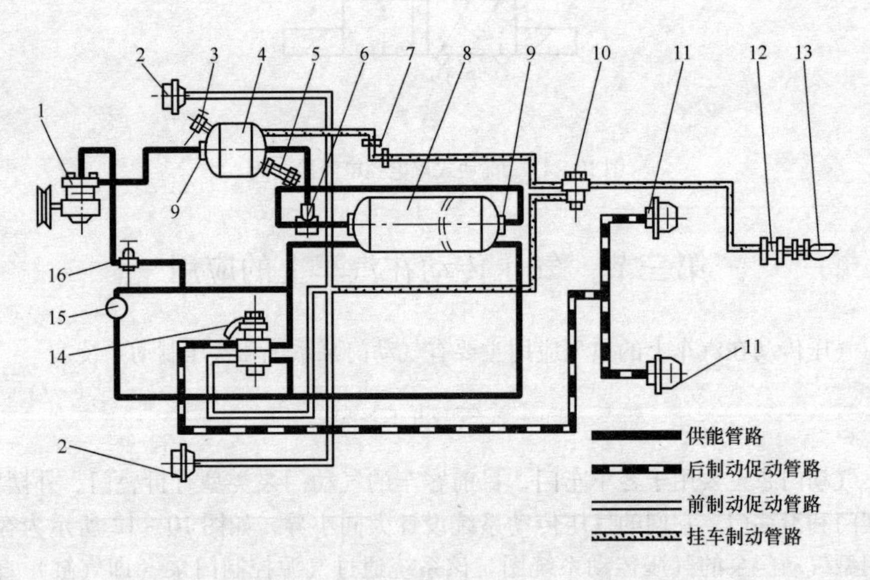

图 10－13　解放 CA1091 型汽车的双回路气压制动系统示意图

1—空气压缩机　2—前制动气室　3—放气阀　4—湿储气筒　5—溢流阀　6—三通管　7—管接头　8—储气筒　9—单向阀　10—挂车制动阀　11—后制动气室　12—分离开关　13—连接头　14—串列双腔式制动阀　15—气压表　16—气压调节器

当驾驶员踩下制动踏板时，制动踏板通过拉杆机构操纵制动阀，使储气筒前后两腔的压缩空气通过制动阀的上、下腔进入后、前制动气室，从而促动制动器工作；当驾驶员松开制动踏板时，制动阀使制动气室通往大气，以解除制动。制动气室建立的压力越高，则制动器产生的制动力矩越大。

该制动系统还有连接挂车的制动管路，驾驶员在操纵主车制动时，挂车制动系统也能够产生制动，而且当主车和挂车脱挂时挂车制动系统能够自动制动，使挂车能够迅速停车制动。

习　题

10－1　气压传动是什么传动形式？它有哪几种运动形式？

10－2　气压传动由哪几部分组成？各个部分起什么作用？

参考文献

石固殴．机械设计基础．第二版，北京：高等教育出版社，2008.
祖国海．机械基础．第二版，北京：中国劳动社会保障出版社，2007.
邓昭明．机械设计基础．第二版，北京：高等教育出版社，2000.
陈立德．机械设计基础．北京：高等教育出版社，2004.
陈海魁．机械基础．第三版，北京：中国劳动社会保障出版社，2001.